神戸新聞 昭和56年8月4日 火曜日

米相場の「旗振り通信」に使った

の遠眼鏡見つかる

真ちゅうで90センチにも

魚住の黒田さん宅で4本 県内では他になし

江戸時代から大正まで、大阪・堂島の米相場を、各地の米会所に数㌔置きの中継所で大きな旗を振って伝えた「旗振り通信」を、西宮のボーイスカウトがこの夏休みに大阪から岡山まで約二百㌔のルートで再現する計画を進めているが、当時に使われた遠眼鏡が明石の民家に大切に保存されていることがわかった。

「旗振り通信」に使われたフランス製の遠眼鏡と黒田さん夫妻＝明石町魚住町金ケ崎の自宅で

魚住町金ケ崎一二四一、無職黒田爽三郎さん(六三)方で、西宮のボーイスカウト関係者らの調べによれば、県内ではこれ以外には残っていないようだという。

黒田さん宅に残っている遠眼鏡はフランス製で全部で四本。いずれも真ちゅうでできており、伸縮自在。いっぱい伸ばすと長さは九十㌢にもなり、最大直径は五・五㌢。ずっしりと重く、中にはフードのような物がついている遠眼鏡もある。

黒田さんが先年亡くなった叔母つじさんから聞いた話だと、同地区の中継地点は黒田さん方の北約五百㍍にある岡畑という場所。地区では一番高い丘で、現在は畑になっているが、当時は「相場山」といわれていた。大阪・堂島の米穀取引所で相場が立つ日は決められた時間に相場山に行き、赤いもうせんを敷いて、この上で旗振り通信をしていたという。黒田さんの祖父にあたる楊野千代太郎さんが遠眼鏡で受け、黒田さんの父光次郎さん（いずれも故人）が旗振りをするなど役割分担があったらしい。また旗振り通信が終わったあと、家族らが交代で三、四㌔離れた土山や二見まで徒歩で仲買人に相場を知らせに行ったことも多かったという。

旗振り通信は地方の米相場や農家の出荷調整に大きな影響を与えた。早くて正確で安かったため電信、電話が発達した後の大正中期ごろまで続いたという。

爽三郎さんの先祖は寺子屋をしていたが、家が旧西国街道沿いにあったため祖父千代太郎さんの代から旅館経営を始めた。この傍ら旗振り通信にも参加したため、旅館の屋号もいつしか「めがね屋」と呼ばれるようになった。

「相場山の一つ手前の中継地点については異説があるようですが、私は高取山だと思います。昔は神戸富士と呼ばれて、ここからよく見えたもんです」と黒田さん。妻三代子さん(五九)も「よく上の姉がおもちゃ代わりに使っていました」と懐かしそう。

黒田さんは「わが家にとっては家宝も同然。これからも大切に保存しますが、当時を知るよい資料があったら教えてほしい」と言っている。

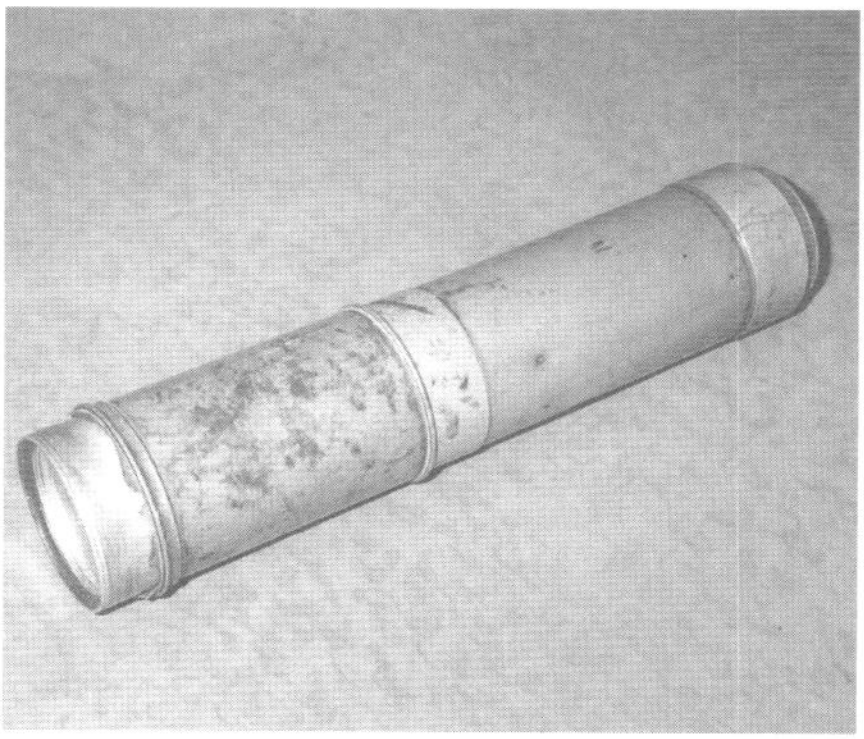

旗振り通信用の望遠鏡
（明石市・黒田家所蔵）

旗振り山

柴田 昭彦

相場振山〔姫路〕

旗振台（西大平山）

ナカニシヤ出版

桶居山（おけすけ）
(p.81)

天下台山
(のろし台)
(p.70)

天狗山
(p.101)

相場取山
（p.257）

大門山
（p.211）

きつねひら
狐平山
（p.223）

↑岩戸山（山頂直下）
（矢印は近江八幡市長田町方向）

↑岩戸山（山頂）（p.189）
（矢印は相場振山〔野洲〕方向）

石堂ヶ岡（クラブハウス前，石碑）（p.167）

多度山（三本杉）（p.219）

はじめに

山高きが故に貴からず、樹有るを以て貴しと為す（実語教）
故きを温ねて新しきを知る（論語）
為せば成る為さねば成らぬ何事も、成らぬは人の為さぬなりけり（上杉鷹山）
人は人吾は吾なりとにかくに、吾行く道を吾は行くなり（西田幾多郎）

ハイキングに親しまれている皆さんは、旗振り山について、よくご存じのことと思う。兵庫県神戸市須磨区にある、大阪堂島の米相場を旗振りで伝えたという旗振山は、ハイキングのガイドブックに紹介されていることが多い。また、須磨区の旗振山よりも周知度は低いが、大阪府交野市の地図には旗振山が載っており、気が付いた人もいることだろう。茨木高原ゴルフ場の中にある石堂ヶ岡は、一等三角点であることから有名であり、「米相場京え知らすに旗振りしここが昔の相場たて山」という石碑がクラブハウスの玄関にあることも広く紹介されている。

茨木市・高槻市の境界にある阿武山は、昔はミヤマツツジが全山を包み、その彩りの美しさから美人山と呼ばれたが、その山頂は相場の旗振り場としてよく知られている。

とまあ、いくつかの旗振り山は世間で知られているのである。

しかし、岡山・広島・下関とか、桑名・名古屋・津とか、ずいぶん遠方まで旗振りで伝えたというけれど、実際にどの山とどの山を中継して連絡したのだろうか。そういう疑問を持つようになり、図書館でいろいろと調べてみた。

その結果は……？

ほとんど、資料がないことがわかったのである。ある限られた一部の地域について調べた資料はあっても、全体像を明らかにしたものは全く見当たらない。中継ルートを紹介した本もあったが、あまり要領を得ないものであった。それならばと、自分で調べることにした。

その結果、郷土資料に眠っている旗振りに関する記述と、各地の公共機関、郷土史家の協力を得て、やがて、旗振り通信網の全貌が浮かび上がるようになった。

旗振り山についての成果は、平成一三年以降、「旗振り通信の研究」（『新ハイキング別冊　関西の山』に連載）に公表してきた。

まだまだ、未知の旗振り場は多いが、その探索も宝探しのように興味深いものである。今まで、一般にはほとんど知られることがなかった旗振りポイントが多数、姿を現した。

旗振り通信網の再現を貴重な知的財産としてとらえ、毎日、旗振り山に通った旗振りさんの苦労に思いを馳せながら、現地に立って展望を楽しんでみてはどうだろうか。

時の流れにより、かつては見晴らしのよかったはずの旗振り山も、今では全く展望のなくなった場所が増えているようだが、タイムトンネルを通り抜けて、旗振り通信の盛んに行われた江戸・明治・大正時代の山々を歩いてみるのも一興ではないだろうか。

目次

旗振り山

旗振り通信について

一　旗振り通信の沿革

旗振り通信というのは、大阪堂島や桑名の米相場を、見通しの良い櫓（やぐら）の上や山頂に設けた中継所で次々と連絡して、手旗信号によって、遠方各地に迅速に伝えたものである。

江戸時代半ば、大坂には日本各地の米が運び込まれ、その米市場は全国の米価の基準となっていた。そして、米価が諸物価の基本となっていた。つまり、米が事実上の通貨であった。したがって、諸藩や米業者、商人たちは、一刻を争って米相場を知ろうとして、さまざまな工夫をこらすこととなった。

当初、米相場を伝える方法として、飛脚が利用された。「米飛脚」「状屋」といい、胸に菅笠（すげがさ）を当てて走り出すと、到着するまで笠が落ちなかったというくらい速かった。とはいえ、大坂から江戸まで早飛脚で三～五日、普通の飛脚だと七～八日はかかったといい、場合によっては、その基準日数の倍以上かかることさえもあったから、一刻も早く知りたいという要求に応えることはできなかった。

大坂北浜から堂島へ米市場が移ったのは元禄一〇年（一六九七）のことである。元禄時代（一六八八～一七〇四）の大坂に旗振り通信があったかどうかは、わかっていない。

一説に、紀伊国屋文左衛門が江戸で色旗を用い、米相場の高低を通信したのが、旗振り通信の起源だとも伝えられている（「旗振信号の沿革及仕方」、『明治大正大阪市史　第七巻』所収）が、それが大坂に伝わったのかどうかも含めて真偽のほどは定かではない。

米取引には、実際に米の移動を伴う正米取引のほかに、帳簿上だけで操作する帳合米取引が堂島では行われて発展の原動力となった。

帳合米取引は、今日の先物取引と同じ仕組みで、取引所は客から担保の保証金を預かり、手数料を取って、取引(空売り、空買い)の最初の値段とのち(当日または数日後)の上下した値段との差額によって決済を行う。思惑どおりの値動きなら客は儲かるが、逆の動きだと保証金を失い、さらに差損金の支払いが必要となり、夜逃げ同然となるなど、悲喜こもごもの人生ドラマが繰り広げられた。

米相場の上下を迅速に知ることによって、決済のタイミングをつかみ、大儲けをしたいという願いが、旗振り通信という、世界にも例を見ない通信方法を生み出すことになる。

通常、相場通信の起源とされているのは、挙手信号によって相場を伝えたという角屋与三次の話である(三田村鳶魚「大坂町人の相場通信」、南方熊楠「旗振通信の初まり」)。

宝永三年(一七〇六)七月の「商いは千里を一目に見透かした遠目鏡」(『熊谷女編笠』一の二)によると、与三次は人夫を雇い、大坂から暗峠まで走らせ、目標の松に立ちそわせ、左右の手を動かして合図させた。人夫は、赤頭巾に赤布の小手を差していて、その手の動きで相場を合図するのである。それを郡山の問屋の二階から遠眼鏡で見て、相場の上下をいち早く知り、大もうけをしていた。人呼んで「見通し与三次」という。

堂島米市場跡記念碑
(大阪市中央区堂島浜1丁目)

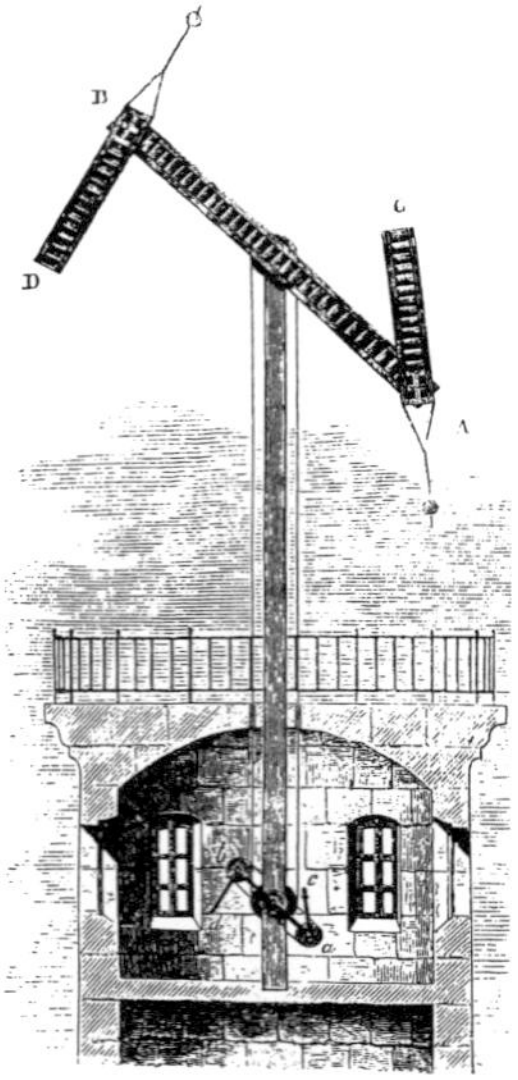

シャップの腕木通信機

フランスのシャップが、アルファベットを送信する仕組みの腕木通信を開発したのは一七九三年で、実用化は翌年であった。これは望遠鏡を用いて一〇km毎にリレーするもので、一九世紀前半に欧米各国で普及する（中野明『腕木通信』）が、堂島の視覚通信はすでに一八世紀初頭に発明されていたわけである。

もっとも、狼煙（のろし）信号は古代に行われ、手旗信号も戦国時代に行われている。相場通信の方法も、特定の個人の発明ではなく、米市場の発生と同時に、多くの人々が先を争って考案した産物であろう。

先の話には、落ちがついていて、ある日、人夫が酒を飲まされて、でたらめな信号をしたため、与三次は大損をしてしまったという。うまい話はそう長くは続かないというのは人の世の習いである。

南方熊楠によると、『大門口鎧襲』序幕（『日本戯曲全集』四九冊）に、遠眼鏡と旗振で相場を知らすことがあり、この戯曲は、解題に寛保三年（一七四三）板とその名題が見えるといい、これが旗振り通信の明記された、日本で最初の文献であろう。

延享二年（一七四五）頃、大和国平群（へぐり）郡若井村（現平群町若井）の住人源助が、その配下を大坂にやり、本庄の森（本庄の塚、大阪市北区本庄・豊崎）から信号によって、堂島の米相場の高低を表示させて、これを自ら十三峠より望遠鏡で眺めたと伝えられている。最初は、相場が安い時は森の北側、高い時は南側で煙を上げて、通信を行ったという。のちになると、煙のかわりに大傘を広げて立たせた。さらにのちのちになると、旗を用いて送信するようになったという。信号の場所は、のちには大阪駅近辺の墓地に変更したという（近藤文二「大阪の旗振り通信」、『明治大正大阪市史　第五巻』所収）。

以上のことから、旗振り通信の始まったのは、挙手信号の用いられた一七〇六年より後と考えられる。一七四三年頃には既に旗振りが行われていたようだが、一七四五年頃でも煙が用いられている。幕府が堂島米市場を公許した享保一五年(一七三〇)以降の発展に合わせて、あの手この手で相場通信の試みが行われたらしく、大傘、提灯、手拭、鳩などが通信に用いられた。手拭の振り方で通信する方法は、相模屋又市が利用していた。

安永四年(一七七五)閏十二月、江戸幕府が大坂三郷と摂津・河内の村々の者に対して、旗振信号禁止のお触れ書きを出しており、逆説的にいうと、当時、かなり広く旗振り通信が行われていたことがわかる。禁止令の目的は、米飛脚の生活権を守るためであった。

幕府は、その後もたびたび、米相場は飛脚が報知するものであり、「身振りならびに色品」「遠目鏡の移取り、合図」「高下を記し、鳩の足に括り付け相放し」などは、「抜け商い」であるから厳禁するとお触れを出している。

もっとも、幕府の禁止令は、摂津・河内・播磨の三国に限られていたようで、堂島から大津への通信には、飛脚に住吉街道を走らせて、大和川南岸の松屋新田(和泉国)に至り、ここから旗を振って、大和国十三峠、山城国乙訓郡大原野、比叡山、大津と中継して、禁止区域を避けたという。ここで大原野とある中継所については長らく場所が確定できていなかったが、平成一六年になって地元の古老の伝承で小塩山と判明した。

慶応元年(一八六五)九月、英仏蘭の公使等が軍艦に乗り、条約勅許を迫るために兵庫に来港した際、尼崎または六甲山上の旗振通信手がこれを沖合に発見して、旗振り通信によって、その急を、時の所司代に報じたことがあり、京都米会所の会頭北条某なる者が、これを機として功績に免じて従前の禁止を解

明治初年の堂島浜（屋上の櫓で旗を振った）
（『上方』第百五号より）

いてほしいと嘆願するに及び、その禁が解かれることとなった。

明治時代に入ると、旗振り通信は公然と行われ、一躍、隆盛を来し、浪速名物となった。取引所や平地では、屋根の上に組まれた櫓（一坪位の広さ）の上で大きな旗が振られ、山頂に設けられた中継所を経て遠方に送信された。

昭和五年実演の旗振り
（『上方』第百五号より）

大阪では明治二六年三月に電話が開通し、近畿各地の都市にも次第に普及してゆくが、当時、大阪・和歌山間は電話の接続に一時間以上かかり、旗振り通信なら三分間で伝わったというから、むしろ、明治中期には、安くて速くて、正確な旗振り通信は隆盛となった。

明治三六年になってようやく、大阪市内は電話を使い、市外へは旗振り通信を用いた。やがて、市内の高層建築が見通しを妨げるようになり、明治四二年の北区大火以後は、堂島の櫓は姿を消し、市内はすべて電話利用となった。市外では旗振り通信が続いたが、大正三年一二月に予約取引所電話規則が実施されて、市外電話の予約ができるようになると、電話の方が便利となり、雨や靄(もや)の日には使えない旗振り通信は消滅することとなった。

一部の地域では、大正六、七年頃まで旗振り通信が行われたが、これは旗振り通信員の職業維持のためであったという。大正七年には、旗振り通信は完全に消滅している。

二　通信の距離

大阪堂島の米相場を各地に伝えるのが主な目的であったが、逆に地方から堂島にも取引の通報がなされたといい、相互にネットワークが張り巡らされた。主要な通報地は、関西を中心として山陽道・東海道沿いにあり、九州地方や江戸への通信も語り継がれている。

一方、明治期の桑名の夕市も有名で、その米相場の影響は大きく、その相場は夜間に山上で松明(たいまつ)の火振りによって通報されたようである。これを「火の旗」と呼んでいる。

旗振り場の間隔は、さまざまであるが、遠距離に伝える場合には、通信時間の短縮のため、旗振り場の数は少ない方が効率的であり、スモッグのような公害のなかった時代は、雨や靄(もや)以外の天候であれば、相当、遠くまで見通しが利いたから、望遠鏡を用いれば、六里(二四km)先まで通信できた。もっと良い条件であれば、七~八里先まで見えたというが、旗振りは毎日のことであるから、七里以上先に設置した例はごく少ない。江戸時代は十三峠から一一里半先まで見通したというが、当時でも極限に近い業(わざ)で、明治時代には八里に変更している。明治時代に利用された旗振り場の距離を計測してみると、長い場合でも、三里半(一四㎞)から五里半(二二㎞)までであった。平均は三里(一二㎞)程度であるが、一～二里ぐらいの場合も多かった。したがって、一里(四㎞)から五里半(二二㎞)といえよう。

雨の後は濃霧が発生しやすいので、その場合には、通信の可能な低地に旗振り場を随時、設けたという(六甲山・比叡山等)。

現代の空では、四里先の見通しはかなり条件が良くないと無理で、都市部では一里以下、郊外で二里から三里が限界ではないだろうか。

三 通信の所要時間

堂島から和歌山へ三分で伝わったということは、よく知られている(「旗振信号の沿革及仕方」)。これは十三峠を経由したものである。天保山経由の場合、和歌山まで六分を要していた。

京都まで四分、大津まで五分(青山莒子(まさこ)による。平成一四年八月一八日、大津市歴史博物館で行われた景観セミナー)、神戸まで七分(古谷勝「火と馬と旗(十二)」)、桑名まで一〇分(平岡潤による。川合隆治「旗振り通信について」)、三木まで一〇分(山田宗作「三木の眼がね通信」)、岡山まで一五分(岡長平『岡山太平記』)、広島まで四〇分足らず(樋口清之『こめと日本人』)と伝えられている。神戸については、実際は三～五分で通信できた。

これらの通信時間と中継ポイント数から考えてみると、旗振りで送信を一回行うのにほぼ一分でこと足りたということになりそうである。もちろん、熟練した旗振り通信員が、スムーズに伝達できた場合である。一分で平均一二㎞先に届くことから概算すると、平均時速七二〇㎞である。

昭和五六年に岡山ルートの旗振り再現実験が行われたが、およそ二時間前後かかっている。もちろん、

オカニチ　昭和56年12月7日　月曜日

旗振り通信成功

大阪―岡山間 167.2㌔

2時間20分で伝達

米相場27地点中継し

「やったぁ、見事に成功したぞ」―。電信のなかった江戸時代中期から明治、大正時代まで、米相場を短時間のうちに全国に伝えるため、山の頂上で旗を振って情報を中継した"旗振り通信"を六十数年ぶりに再現しようと、ボーイスカウトや郷土史家らが六日、大阪市から岡山市までの百六十七・二㌔間で「旗振り通信」を実施。霞ややもやなどの天候や高層ビルに影響され、予想（四十分）を大幅に上回る約二時間二十分を要したが、米相場を正確に伝えることが出来、関係者らは再現の成功に大喜びした。

この日、大阪市から岡山市までの百六十七・二㌔間に設けられた二十七中継点には日本ボーイスカウト西宮地区のローバースカウト（旗振り通信係）、郷土史家ら関係者五十人が参加。午前十時、大阪市北区堂島浜一丁目の堂島米相場跡から、実数字と合数字を組み合わせた米相場情報の第一信を発信。＝たたみ一畳大の旗（白、黒、赤の三本）を左右に振り（右が十の位、左が一の位）、それを双眼鏡で見て次に送る仕組み＝。大阪府、兵庫県の山々を経由、途中、諏訪山ビーナスブリッジ、五国（神戸市）付近は、濃い霞や天候の影響を受けたが、無事岡山県内へ。県内では天狗山（和気郡）、観音寺山、東大平山（備前市）、邑久権（邑久郡）、芥子山、岡山国際ホテル屋上（岡山市）を中継し、発信後、二時間二十分を経た同日午後零時十七分、最終中継地点の岡山市京橋町、森崎稲荷神社前に「本日の米相場はヨリつきで三十三円二十四銭なり」という情報が正確に伝えられた。

米相場情報は、同日午前十時、同十時半、同十一時の三回発信され、第二信が同日午後零時五十二分着（伝文は、本日米相場は大引け十二円十五銭なり）、第三信が同午後一時二十三分着（同イヤサカ＝ボーイスカウト用の相言葉でますます栄えるの意＝）と、すべて正確に伝わった。

最終中継地点で、これらの旗振り通信を受け取った同西宮地区ローバースカウトの清野尚樹さんは「本当に伝えることが出来るのだろうかと心配でした。時間はかかりましたが、相場が正確に伝わって来ることが実証出来て本当に嬉しいです」と。また、郷土史家の桑島一男さん＝岡山市中央町＝は「嬉しいの一語です。これも多くの人の協力のたまものです。予想より時間はかかりましたが、無事に届いて来れたものです」と、二人で握手しながら喜び合っていた。

一方、この日、旗振り通信発信と同時に、同じ内容の電報も発信され、どちらが早く伝わるか競われたが、今日は"文明の利器"電報が第一信（同日午前十時二十六分、所要時間二十六分）、第二信（同午前十時五十八分着、同二十三分）、第三信（同午前十一時三十九分着、同二十七分）と圧倒的に早かった。

ゴールインでがっちり握手する桑島さん（左）と清野さん

「オカニチ」昭和56年12月7日

中継点が倍増していることと、スモッグに影響されたことは割り引かなければならないが、当時、旗振り通信の仕事は立派な職業であり、特殊技能を要するもので、アマチュアがとても太刀打ちできない力量を備えていたことがわかるだろう。ちなみに、再現実験の時に同時に打たれた電報は岡山まで約二〇分で届いたというから、明治時代にはそれよりさらに五分も速く旗振りで伝達していたわけである。

大坂から江戸までは、箱根越え（三島・小田原間）が飛脚を用いたため、八時間（樋口清之『こめと日本人』）というが、早飛脚で三〜五日かかったのと比べても、はるかに迅速であった。

江戸時代には、大坂から広島まで手旗信号で二七分という記録が残り、大坂から江戸まで一時間四〇分前後で届いた（箱根では人間が走って伝えた）とある（樋口清之『うめぼし博士の逆（さかさ）・日本史1』）のは、同じ著者の『こめと日本人』と数値が違っていて不思議だが、広島までは最短記録、江戸までは飛脚区間を除いた所要時間に相当すると考えれば納得がゆく。

四　通信の道具

相場通信に用いられたのは、昼間は旗であるが、夜は、山上では火振りといって、松明が用いられ、都市近郊では提灯も用いた。堂島における正月の初相場では、弓張提灯を用い、蛍のようだったという（篠崎昌美『浪華夜ばなし』）。望遠鏡のなかった頃は、夜の合図で、火縄を用いたと伝わる（岡長平『岡山太平記』）が、類例がなく真偽不明である。

福岡県では、夜は烽火（のろし）の数の合図（火焚き、相場火という）を用いたという（紫村一重『筑前竹槍一揆』）が、昼間は旗を振っており、烽火を上げた数というのは不経済のように思われる。多分、火振りのことであろう。

望遠鏡と時計も通信には必須のもので、大正期には双眼鏡が用いられたこともあったようである。時計は定刻に通信するために重要であった。大正三年に、高安山の旗振り達は、双眼鏡を使っていたことを喜田貞吉が報告している。神明山（しんめいやま）（四日市市）でも双眼鏡が用いられた。いくら視力が良くても、肉眼での旗の確認は困難で大抵、望遠鏡を使用した。

旗振りのために用いられた望遠鏡というものが、各地で報告されている。この望遠鏡については資料に乏しいので詳細に報告しよう。

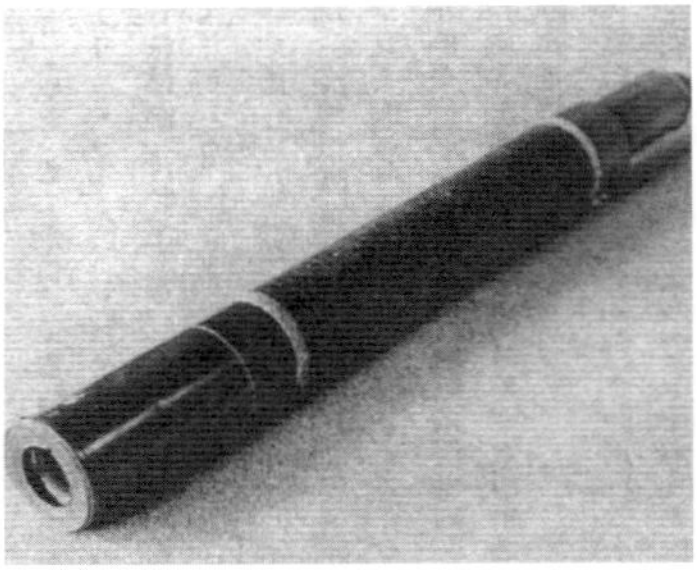

旗振り通信用の望遠鏡（鈴木家旧蔵）
（『蒲生野22』より）

野洲町（現野洲市）の鈴木家所蔵のものは、黄銅（真鍮）製で、縮めた長さ七〇cm、三段に伸ばすと一m、対眼部の直径三cm、対物部は六cm、重量は一・二五kgという（中島伸男「三重県向けの旗振り通信ルートについて」）。倍率は確認されていないが、対物レンズの直径が六cmで、三脚に固定して使用する場合の有効倍率を「口径cm×四・二」を用いて算出すると、理論上では約二五倍となる。

三重県の岸岡山で用いられた望遠鏡は、全長四八cmで、浜中家に買い

神戸新聞
昭和56年8月4日　火曜日
米相場の「旗振り通信」に使った
仏製の遠眼鏡見つかる
真ちゅうで90センチにも
魚住の黒田さん宅で4本
県内では他になし

「神戸新聞」昭和56年8月4日

大津追分其二　相場旗振・官林巡邏図
（『風俗画報』第百七十二号・明治31年）

取られてから、大切に保存されている（『鈴鹿市史３』）。

桑名市の杉山和吉翁は手旗信号の読取りに用いたドイツ製の望遠鏡を大事に所有していて堀田吉雄氏に見せたことがある（『桑名の民俗』）。

岡山県備前市日生（ひなせ）町寒河（そうご）には、長さ一二二cm、最大直径六・五cm（木製）のものと、長さ七五cm、最大直径四・五cm（真鍮製）のものが伝わる。対物レンズ六・五cmでの有効倍率は計算では二七倍、同四・五cmだと一九倍となる。ちなみに、倍率二〇倍で手持ちだと手ブレが起こり、五〜一〇倍と同じ程度にしか見えないことになる。

望遠鏡は『風俗画報』一七二号の相場旗振図にあるように、三脚に固定されて使用されたか、小屋の窓に設置するなどして、手ブレ防止の手段を講じて使用したはずである。通常の長さは一m程度であり、生駒山での二m（樋口清之『こめと日本人』）というのは例外というべきであろう。以上のことから、旗振り通信においては、望遠鏡は一五〜二五倍程度で使用されたものと思われる。

実際に旗振りに使用された望遠鏡を調べてみたいと思い、岡山ルートの再現のために西宮のボーイスカウト関係者らの調査によって昭和五六年に判明した、明石市魚住町金ヶ崎の黒田家の望遠鏡を見せてもらうこ

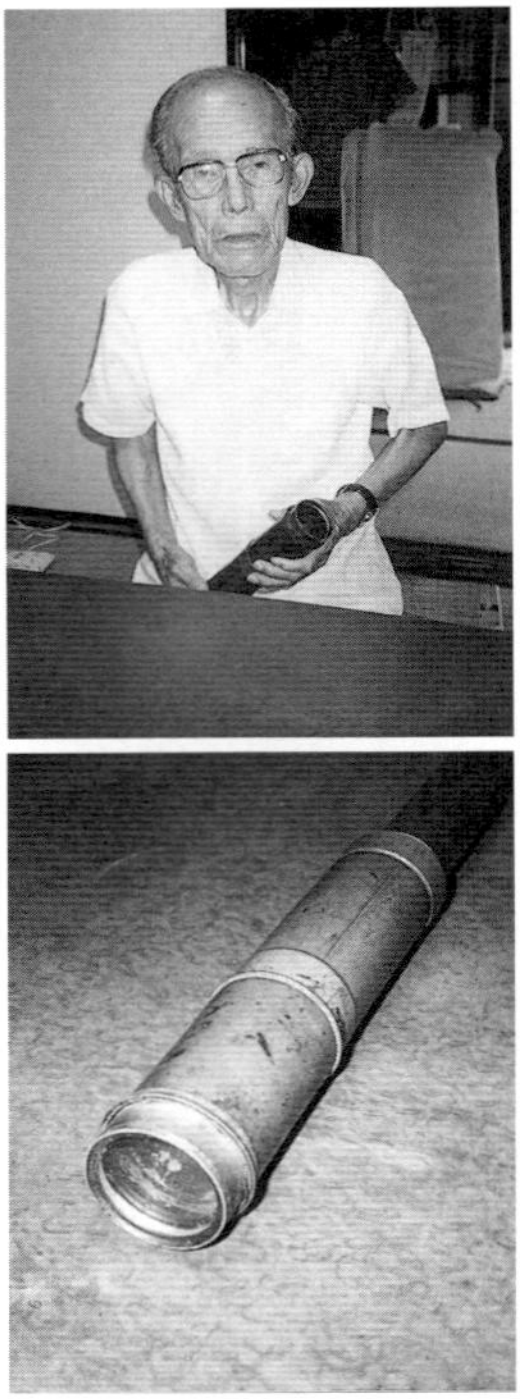

黒田実三郎氏と
黒田家所蔵の望遠鏡

とにした。

平成一四年八月二四日、ご自宅にうかがった。黒田実三郎さん（大正六年五月生れ、平成一七年八月没）は八五歳になったというが、とても元気そうであった。平成二年に明石市立文化博物館に三本寄贈したので、今では一本だけ手元に残したという大切な家宝である旗振り用の望遠鏡を長く伸ばして見せて下さった。

フランス製の望遠鏡（真鍮）で、伸縮自在、長く四段に伸ばすと九〇cmになり、最大直径は五・五cm。手にとると、ずっしりと重い。のぞいてみたが、遠距離でないと焦点が合わないので、映像ははっきり見えなかったが、今でも使えそうである。

この望遠鏡は、ＮＨＫの「ウルトラアイ」（昭和五九年三月五日放映）の実験で使用されたことがあり、ＮＨＫよりニコン広報課に光学性能の測定が依頼されている（依頼品は二台で、もう一台は最大長三九・七cm）。

昭和五九年四月一〇日付の眼鏡機器部技術課検査係（有村由紀雄）の技報によれば、この地上用望遠鏡の最大の長さは九三cm、対物レンズの外径は四六・六mm、倍率は約二五倍、実視界は五〇分、重量九〇〇gである。板金、ろう付け、はんだ付け等の技術が優れていて、製造に相当な日数を要したものと思われ、価格も高価なものらしい。分解能は二秒で、八三km離れた所に立てた、一m間隔で立っている二本の柱を判別できる性能に相当するという。ただし、もっとも良い条件の場合である。

黒田実三郎さんの妻、三代子さん（大正一一年二月生れ）は、筆者が、平成一六年八月七日に再度、訪問した時には、八二歳であったが、二年前と同様に、とても元気で、いろいろな話をして下さった。実三郎さんは入院しているとのことで会えず、残念ながら、一年後に亡くなられた（八八歳）。

　実三郎さんの伯母（藤原つじ、光次郎の姉、故人）の話では、決められた時間に地区で一番高い場所の岡畑（相場山）に行き、赤いもうせんを敷いて、この上で旗振りをしたという。祖父（楞野千代太郎、昭和四年没、享年七六歳）が遠眼鏡で受け、父（黒田光次郎、明治一二年～昭和三四年、享年八一歳）が旗振りをするなど役割分担があったという。父まで四代にわたって旗振りをしたらしい。曽祖父は楞野重右衛門（明治二五年没）である。曽祖父の父も重右衛門であった。楞野重右衛門の名前が『明石市誌上』の三六八頁に見えることは、実三郎さんが教えて下さった。祖父千代太郎の代で、旗振りは継続しながら旅館の経営を始めたので、屋号が「めがね屋」と呼ばれるようになったという。旅館は昭和初めにも経営していたが管理が大変だったという（三代子さん談）。今の家は昭和一三年に建て替えたものだという。

　当時の宿屋の「旅人宿　めがね屋旅館」と書いた看板は、平成二年に、明石市立文化博物館に寄贈されている。遠眼鏡三本は「大阪名所絵図」の旗振り図と共に常設展示室に並べられ、博物館の『総合案

黒田実三郎の父光次郎さん
（1879～1959）

「めがね屋旅館」の看板
（黒田家旧蔵）
（明石市立文化博物館）

内』に載っているが、宿屋の看板については包装されて収蔵庫に保管され、一般には公開されていない。

実三郎さんによると、旗振りは大正六、七年頃まで続いたという。高取山から中継したと思うとのこと。給金は日当で、当時はお米が貨幣がわりだったというが、具体的な数値はもうわからないとのことだった。

平地では明治期には公認されたため、櫓(やぐら)が設けられた(江戸期には設置できなかった)。山中では、旗振り通信員のために、雨がよけられるぐらいの小屋が設置されたところも多い。より高い位置で旗振りをするために、山中に旗振り台を設けた場合もある。丸太製のものや、石積みのものが報告されている。旗は、原則として、晴天時は小旗、曇天時は大旗を用いた。櫓台または低地では、背面に樹木・岩石等の障害物があって影となって暗い時は白旗を用い、それ以外や山上では黒旗を用いた。滋賀県石部町雨山(現湖南市雨山)では黒旗を用いたが、三重県の多度山とお経塚では「赤と白の二本の旗を振り回していた」という。江戸時代の『俳諧職業尽』(天保一三年、一八四二)には、伊勢・伊賀地方で「白赤等の幟を振てしらする」とある。近江と伊勢では組織が異なり、合図の方法も違ったためだろうと思われる。『桑名市史』で「色々の鮮やかな旗を振り」とあるのはどんな色だろうか。野洲市の相場振山では「黒わくの大旗」とある(『新風土記5』)。一般的には背景に対して目立つ色を白黒赤から選択したものと思われる。

旗は、昔は木綿製だったが、のちに金巾(カナキン)製となったという。大旗は、横九〇cm、縦一七〇cm、または横一二〇cm、縦二〇〇cm、小旗は横六〇cm、縦一〇五cm、または横一〇〇cm、縦一五〇cmのものを用いた(近藤文二「大阪の旗振り通信」)。つまり、大旗で一畳〜一畳半位、小旗で半畳〜一畳足らずである。別の資料では、「たたみ二畳ほどもある大旗」(『こうらの民話』)とあり、川合隆治(平岡潤氏からの聞き取り)によると、「旗は六尺(約一八〇cm)と六尺位で白色」であり、まさに二畳分の大きさであるが、見易くするためとはいっても扱いにくかったのではないだろうか。昭和五六年の再現実験では、横一一三㎝、縦二〇八㎝の旗が使用されている。やはり、一畳ぐらいが手頃であっただろう。

竿（さお）は普通に釣竿の先を折り取り、一四〇㎝から三〇〇㎝位のものを用いた（近藤文二「大阪の旗振り通信」）。なお、淡路島と徳島では、竹竿の先に白紙の采配をつけて振ったというような明治九年の新聞記事もあるが、そのような方法で視認できたのだろうか。

旗振り山の山頂には、旗竿を差し込んでおく穴があいた岩が残っていたり（野洲市の相場振山）、通信方向が判りやすいように岩に矢印を刻んだ跡が残っている所（小脇（おわき）山十三仏）もある。旗を振った台石（西大平山の旗振台）も知られている。これらも旗振り通信のための一種の道具であり、遺跡ともいえる。これらを見ると、旗振り通信の行われた時代にタイムスリップしたような気分に包まれる。

五　旗振り通信の方法

時代や業者の違いによって、異なった通信方法が存在したようだが、基本は、旗を体の右手や左手などで回転させて振って、その位置・回数と順序で、相場の値段や合い印の位・数字を伝達するものである。天保一三年（一八四二）の『俳諧職業尽』には「左の方へ六度右へ七度前へ八度後へ九度振時は米一石ニ付代銀六拾七匁八分九厘と知ると也」とあって、単純明快であるが、実際には、このままでは、簡単に他人に相場値段を盗まれてしまうことになったことだろう。

『安土ふるさとの伝説と行事』には、安土町の善住国一氏の記憶による、次のような旗振り通信の方法が紹介されている。

「信号が開始されるまでは、旗は常に倒して置く。

信号開始

発信地の旗が直立すると、受信地の旗も直立させて応答する。受信地の旗が直立したのを確認した発信地は、旗を上下左右に振って相場を通告する。

上げ相場　直立した旗を発信者の左横上にし二振り。

下げ相場　直立した旗を発信者の右横下にし二振り。

一銭　右横斜下。

二銭　右横。

三銭　右横上下二振り。

四銭　右横斜上。

五銭　直立。

六銭　左横斜下。

七銭　左横。

八銭　左横上下二振り。

九銭　左横斜上。

十銭　直立して二振り。

二十銭　右横。直立し二振り。

三十銭　右横上下二振り。直立し上下二振り。

四十銭　右横斜上。直立上下二振り。

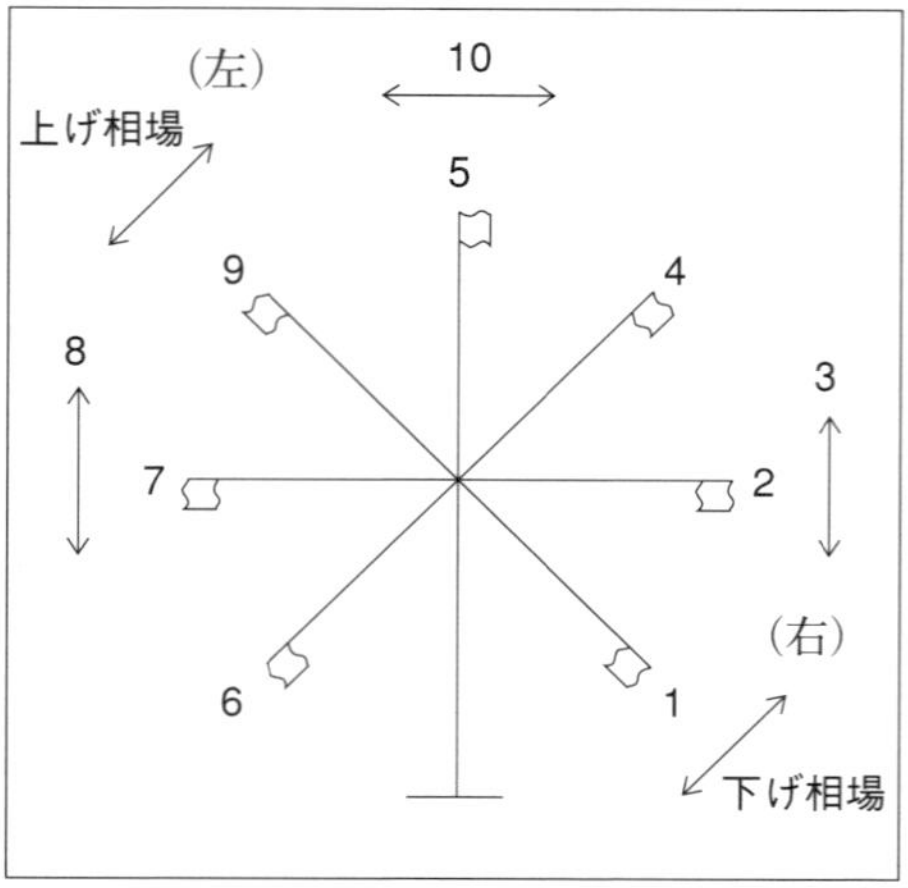

五十銭　直立し前に倒す。直立し上下二振り。
六十銭　左横斜下。直立し上下二振り。
七十銭　左横。直立し上下二振り。
八十銭　左横上下二振り。直立し上下二振り。
九十銭　左横斜上。直立し二振り。
一円　　直立の旗を大きく左右に振る。
復誦(ふくしょう)
直立した旗を左横に大きく倒し、直立に戻した旗をさらに右横に大きく倒す。受信相場額が、復誦によって間違いのない時は、発信地の旗は直立し上下に振る。復誦に間違いのある時は、直立の旗を左右に大きく振り前地に倒し、引続き発信する。」

この方法はやや複雑で、識別でも困難が感じられるのであまり良い方法ではないと思う。『こうらの民話』によれば、「今日の旗は、黄色だから三円高だよ」といった通信方法も用いられたというが、実用性が低いように感じられる。

それでは、各地で普遍的に用いられた通信方法はどんなものであったのだろうか。それは、近藤文二「大阪の旗振り通信」にある方法で、次のようなものである(昭和五六年の岡山ルートの再現実験で用いられたのもこの方法であった)。

通信は一方において、信号手が旗を振って信号し、他方には遠眼鏡でこれを望見し、さらにこれを旗で次に通信する。最初に発信したものも、また遠眼鏡でその信号に誤りがないかを望見する。その具体的な方法は次のとおりである(左右は振る人から見た方向)。

信号を開始する場合には、振り出しの合図として、旗を中央直線に振り下ろす。次に通信しようとする数字に応じて、右に振れば十位を表し、左に振れば一位を表すことにする。たとえば、十四円三十五銭を合図しようとする場合には、まず右に一回、左に四回振って、いったん旗を右に打ち返しておき、十四の合い印である五を左に五回振り、これをまた打ち返して右に三回、左に五回振って、三十五を通信した後、さらに右に打ち返して、三十五の合い印である四十一を右に四回、左に一回振る。この合い印は先に通信した相場の実数、十四と三十五が間違いないかどうかを確かめるために行うものである。実数一〜一〇〇に対応する合い印の数字(二一〜四五)があらかじめ決めてあって、間違いを防ぐ役目を果たした。通信に上等と下等があり、上等の場合にのみ、合い印が用いられた(上等の料金が高いことはいうまでもあるまい)。

旗を振る場合には、円を描くように振り、もし、発信した数字と違った数字を受信者がさらに他に発したことがわかった時は、発信者は旗を強く上下にしばき、次に左右水平に振って、その誤りを指示した。もし、右のようにありのままに相場を通信した場合、他に盗用されるおそれがある。そこで、台付(臺附)と称して、実際相場とは加減して通信するように協定した。たとえば、五日には十銭を加算し、六日には七銭を減算するとかいうふうにあらかじめ決めておき、日毎に変えるだけでなく、毎日の相場の節毎にこれを変えた。そして毎月あらかじめ作成したものを秘密で被通信者の手元まで送達しておくというふうにした。

水谷與三郎「旗ふり通信」には、台付のことを「玉入れ」と呼び、「特に打合せた日には十五銭をふっても十四銭だという風にしてやったものです」とある。

また、東京・兵庫・馬関(下関)等の地名、米油の種類、当期・中期・先期等の信号もあらかじめ協定

堂嶋の信号
(『風俗画報』第二百七十六号・明治36年)

しておき、毎月、変更していた(東京八、油三〇等)。後場早引・立会延引等は、文字を数字に変えるイロハ信号で知らせた(イ二、ロ三、……ン六七。後場だと「コハ」は「四六・四」で、濁音は数字の後に右側で二回上下に振った)。

相場の変動が激しい時には、まず、打切を符合(二つの数字)で通信し、次に節の符合を通信し、最後に相場を通信した。

旗振り通信は、米相場のみならず、油、株式相場、金銀相場にも用いられた。

守山では、明治一二年から旗振り通信が株式取引に用いられたという(『守山市史中巻』)。株式相場を通信する場合には、米相場とはまったく別の信号を用いたといわれる。

三井家では、旗振り通信を用いて、文化文政期(一八〇四~一八三〇)、主に金銀相場でもうけたと伝えられている(樋口清之『こめと日本人』)。

通信の回数は、一日に何回というように決まっておらず、地域差も見られたが、通常、一日に五~十回ぐらい、通信が行われていたようである(本書九三頁、一四〇頁参照)。

六　雨と靄の日の通信

電信電話の発達していない江戸時代から明治前期にかけては、雨天や濃霧、靄（もや）によって旗振り通信ができない場合は、通信可能になるまで待つか、米飛脚に頼るしかなかった。

明治後期になると、雨靄の場合は、値段は高くなるが電報を用いたという。水谷與三郎「旗ふり通信」には、次のようにある。

「昔は二厘五毛や七厘五毛もありました。二銭も変ると神戸へ電報打っても儲かった。」

「モヤの日は見通しがきかなかった。少々の雨降りでもふりました。かすんで見えぬ時は電報でやるか、晴れるのを待ってかためて一時に旗をふった。菜種の花が咲いて見えぬというのも霞むからです。」

旗振り通信が岡山で明治三十年代まで重宝された理由を桑島一男氏が次のように説明している（昭和五六年一二月七日付「山陽新聞」）。

「旗振り役は、明治政府公認のもとで相場師と呼ばれ、れっきとした職業だった。明治六年、岡山にも電信局ができたが、当時の電報は電文一文字が米一升といわれるほどだったため、安くて早い旗振り通信が主役として続いたという。」

明治六年の電報料金は、和文一音信二〇字で、岡山・東京間が二七銭だという（桑島一男『倉敷の電信電話』）。当時の米一石（＝百升）は三～四円、すなわち米一升が三～四銭である。地域や距離による違いはあるが、電文カタカナ二文字が三銭、すなわち米一升代金ということになる。明治前期頃には、電報は高価であったため、利用者からは、敬遠されたようである。

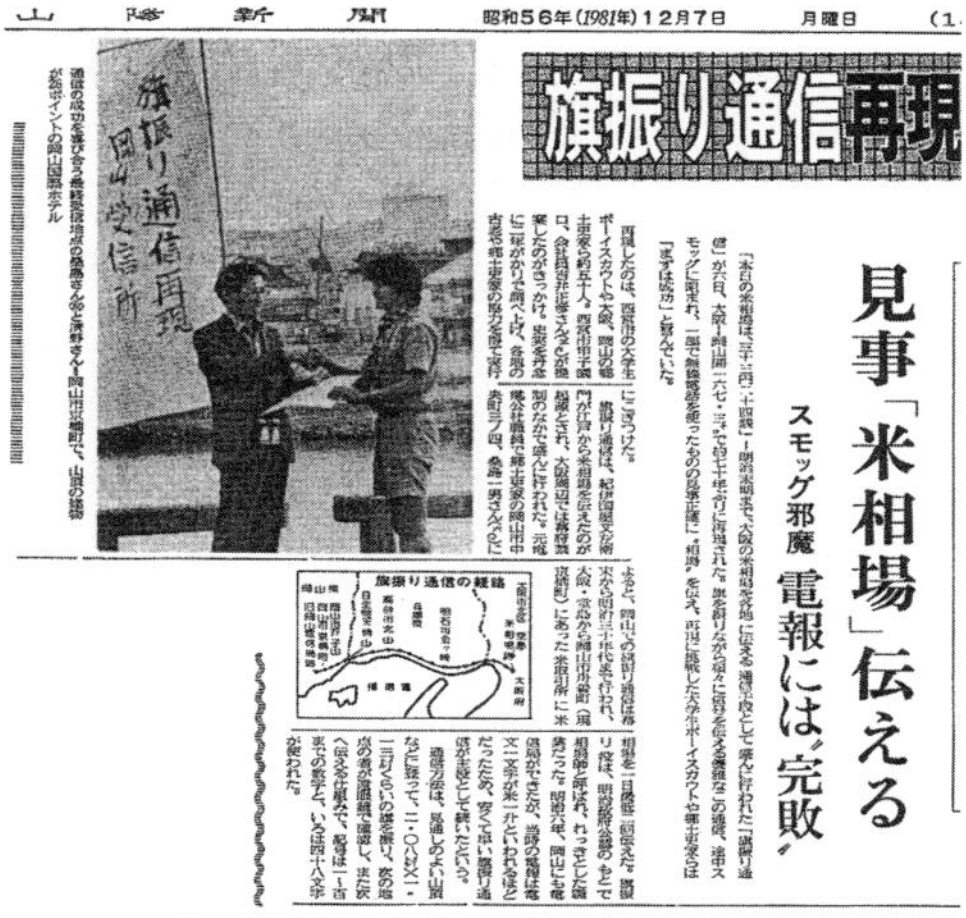
山陽新聞　昭和56年(1981年)12月7日　月曜日

旗振り通信再現

見事「米相場」伝える

スモッグ邪魔　電報には"完敗"

「山陽新聞」昭和56年12月7日

電話が各地に普及するようになると、市内で利用され、市外では呼び出しに長時間かかっても、旗振り通信が利用できない場合には、やむを得ず、利用したことだろう。大正三年以降は電話が便利になり、雨や靄では利用できない旗振り通信は、大正七年には自然消滅することとなった。

七　旗振通信員と通信社

旗振り通信の仕事は、江戸時代には公に認められていなかったが、明治時代になると公認されたので、立派な職業に位置づけられていた。西宮市の会社員、吉井正彦氏がボーイスカウト西宮地区ローバー隊員達と協力して行った兵庫・岡山における聞き取り調査（昭和五五～五六年）や、八日市市（現東近江市）の中島伸男氏による地元の古老への聞き取り調査（昭和五八～六二年）などによって、父や祖父、曽祖父が旗振りをしていたという証言や旗振りの目撃証言が得られている。

地元に定住していて、依頼を受けて旗振りをするようになったケースが多いと思われる。経済的に苦しくて、収入を得るために始めたという話も残されている（甲賀市土山町）。相場通信の仕事のおかげで裕福になったので、遠眼鏡をまつっていたという話もある（室生村＝現宇陀市）。一方で、旗振りさんは、地元の人ではなかったというケースも伝えられている（島本町）。雇用体系、所属組織によって、いろいろなケースがあったのではないだろうか。

明石市の黒田実三郎さんの祖父は旗振りを継続しながら宿屋を始め、「めがね屋旅館」と呼ばれるようになったという(一三ページ)。三木、社、明石では旗振りさんのことを「めがね屋」と呼んでおり、一定の地域で共通した呼称が用いられているのは興味深い。

天狗山(備前市日生町)の旗振りさんは「相場師さん」とも呼ばれていたというが、通常、「相場師」というのは、相場の情報をもとに投機的な取引をした業者で、旗振り通信の情報を利用した側である。桑名では大物の相場師は「殿さん」と呼ばれて豪遊したと伝えられている。

天狗山で旗振りをしていた人は、年に数回、岡山へ給料をもらいに行っていたという。通信社が旗振り人を雇って、通信業を経営していたわけである。「朝から、毎日五時間くらいは旗振りをしていたのと違うかな」という古老の証言(安土町)もあり、立派な職業として位置づけられていたことがうかがえる。

各地で、山中の旗振り場には雨露の防げるぐらいの小屋が設けられていたという証言があり(阿武山、金鳥山、金ヶ崎山、北山奥山等)、かなりの時間、滞在して旗振りの仕事に専念していたようだ。米相場の情報料や旗振り人の給金については文献には記録がないので、想像する他ないが、家計を支えるために引き受けたケースを考えると、当時としても、かなりの高給を得ることができたのだろうと容易に想像できる。その給料は明治時代には雇用主の通信業者から支給されたことだろう。その業者の歴史をたどってみることにしよう。

江戸時代末期には、平群郡若井村の源助の系統に属する通信業者の他に京都の大勝こと青木某が千里山線を運営していた。

明治初年になると、源助の系統に属する齋木勘兵衛が、十三峠線を廃止して、千里山線を利用するようになり、大勝と競合するようになった。齋木は米相場だけでなく、株式相場の通信も始めた。さらに、大津・彦根・長浜・伊賀上野・桑名方面にも通信を行った。

源助の系統に属する通信業者は、和歌山方面にも通信した。

一方、明治初年頃、尾張屋伊藤光造は神戸への通信を始め、明治一〇年頃、西政こと西尾政七がこれを継承し、天保山経由で、神戸と和歌山へ通信している。

沖宗・灰為等の店は、兵庫・姫路方面への通信を担当していた。

和泉尾崎で飛脚屋を営んでいた坂本屋は、慶応二年(一八六六)頃、堺に出て、飛脚業の傍ら、源助一派の幕下を雇い入れて相場通信を行い、その情報の配付を始めた。明治七年、名称を飛報社に改め、「諸相場」という新聞を明治一九年頃まで発行した。

飛報社は、明治一三、四年頃から西政の幕下を雇い入れて天保山線を使うようになり、明治二六年、堺と和歌山の取引所への通信権を得ると同時に、その名称を報知社と改めた。

紀州方面へは、齋木派の一線と、明治二五年に西政・沖宗・灰為が合併して設立した三共社の線とがあり、三線の競合となったが、報知社の持つ通信権の威力により、これら二線は自然廃業となった。報知社は奈良を通じて大和高田にも通信をなした。

こうして、明治二六年頃、大阪の旗振り通信業は、齋木が京都・大津方面、大勝が京都方面、三共社が兵庫方面、報知社が堺・紀州・大和・奈良方面を担当していた。

その後、神戸以西への通信権を有していた神戸の三和通信社が、三共社の手を離れて報知社と結ぶこととなったため、神戸以西では報知社より通信することになり、明治三三年、三共社はつぶれてしまった。

こうして、報知社は、西は全部、東は奈良並びに大和高田、南は和歌山に至る通信を支配することになった。堺と奈良の取引所は明治三七年頃に廃止されたため、同所への通信は自然消滅となった。

一方、東京でも、旗振り通信は行われていた。明治二〇年頃、東京日本橋蠣殻町の米会所から、日々の相場が各地方の米商人会所へ、旗振り信号で通信された。東京急報社は旗振り通信社とも呼ばれ、相場の速報を行った。

明治三二年頃まで、東京米穀取引所は毎日、堂島から米相場の高低を、江戸橋電信局に打電してくるので、東京急報社員が電信局に出向いてその電報を受取り、これを川向うの蠣殻町へ白の大旗で通報したという(『通信社史』、今井幸彦『通信社』)。

八　山名に残る歴史

相場通信を行った山は、地元で、旗振山、相場振山(ソバフリ山)、相場取山(ソバトリ山)、相場山、旗山、高旗山と呼ばれることが多い。相場ヶ裏山、相場の峰(むね)と呼んでいるケースもある。

「相場」と冠した山は百パーセント、相場通信の行われた山であるが、「旗」を山名に含む山は、相場通信と無関係の場合もある。

「畑山」は、兵庫県内にいくつかあるが、もとは「旗山」(旗振り山)であった。地元でも由来が忘れられていることが多い。

「高旗」を冠した山は江戸時代後期頃に利用された旗振り山のようである。甲賀市・伊賀市境の高旗山は旗振り山である。丹波市氷上町の霧山は別名「高畑」であるが、やはり旗振り山であった。

甲賀市・亀山市境の高畑山に旗振り伝承は知られていないが、『日本山嶽志』に「鈴鹿山」の別称として「高畑山、高旗山」と並べてあるのは、気になることである。由来を知りたいものである。

江戸時代には、旗振り通信を「気色見(けしき)」といい、相場が知らされることを「相場移し」といった。また、「米相場早移(はやうつし)」「遠見」とも称したという(『彦根市史下』)。色見山(備前市日生町(ひなせ))では通信の情報を盗んだと伝えられており、遠見塚(伊賀市)は旗振り場であった。

九　貨幣と米価

江戸時代には、関東においては金建相場、関西においては銀建相場であって、一種の為替相場の発生をみた。その中にあって、米穀は現物貨幣としての役割を果たし、相場を形成していた。

当時の貨幣の相場は、金一両＝銀六〇匁(もんめ)＝銭四〇〇〇文(もん)であったが、固定でなく需給関係により変動し、武士が俸給の米を売却するときは金一両がおよそ米一石一斗といわれていた。通常、大人ひとりが一年間で消費する米の量が一石だというが、江戸時代には、ひとりで一日に米五合を消費したというから、一年に一、八石となり、米への依存度は今以上に高かった。一石＝一〇斗＝一〇〇升＝一八〇リットル(＝一五〇kg)なので、一升瓶一〇〇本分が一石というわけである。米一升は銭六五文であった。幕末期の金一両は四斗から九斗ぐらいの間を変動していた。

江戸時代の米価は、西日本における銀貨による場合、米一石に付き、代銀いくらというように表された。たとえば、米一石代銀六七匁八分九厘などとする。

明治以降も、米価は一石を基準にして表し、米一石五円六七銭などとする。

旗振り通信の行われた時代のうち、主要な年次での一石あたりの米価を、一覧にしておこう(中沢弁次郎『日本米価変動史』)。

一七五〇年・・・五七匁七分
一八〇〇年・・・七六匁二分五厘
一八五〇年・・一〇三匁一分
一八六七年・・一貫四七五匁
一八六八年・・・四円五九銭
一九〇〇年・・一〇円七九銭
一九一四年・・一五円〇二銭

旗振り通信においては、この米価を四つの数字に置き換えて、暗号を用いて送信したのであった。

十　旗振り通信の再現

筆者が旗振り通信の再現について知ったきっかけは、川上博『神戸背山風土記　手近なうら山への招待』と池田末則『地名風土記―伝承文化の足跡』からであった。池田氏は次のように書いている。

「堂島から岡山市までの一六七・三キロを、昔どおりのルートで送信を試みたところ、約二時間で米相場が正確に伝わったという。ちなみに、旗は縦二メートル、横一・二メートルの白色のものが用いられた。この結果『気象条件さえ良ければ、現在でも手旗通信が可能であることを証明した』という(「毎日新聞」昭和五六年一二月七日付)」

これは、毎日新聞大阪本社版で、社会面(一二頁)に掲載されていた(本書三〇頁)。日本ボーイスカウト兵庫連盟西宮地区ローバー・ムート旗振り通信実行委員会（巽洋一委員長）のメンバー五〇人によって六日に再現されたという。最終地点では清野善樹副委員長と郷土史家の桑島一男さん（当時六〇歳）が通信を受け取ったという。この記事には、旗振り通信再現ルートが地図に示してあるが、二七地点のうち、一一カ所だけなので、すべての中継地点を知りたいと思った。

平成一二年、桑島氏に問い合わせてみたところ、奥さんから電話があり、主人は三年前に亡くなりましたとのことであった。

岡山県総合文化センターを通じて、日本ボーイスカウト西宮地区協議会に連絡した結果、旗振り通信の企画立案者である吉井正彦氏（西宮市の会社員、旗振り通信保存会）に連絡することができた。

吉井氏からは、再現実験当時の報道用資料としてまとめられたレポート「明治の『旗振り通信』を調査　12月6日（日）大阪・堂島—岡山間で再現へ～全長170km、26の中継地点を経て～」と、昭和五六年当時のテレビニュース一六本の録画編集ビデオテープが送られてきた。これらによって、再現時の中継地点を詳しく知ることができた。また、ビデオでは、旗振り通信の貴重な資料や再現実験の様子、旗振りをしていた人の子孫たちの生の証言にふれることができ、筆者が研究を進める上で大いに役に立った。

岡山ルートの再現実験（姫路までの実験を含む）については、その予告から結果に至るまで全国の地方版を含めると、六〇枚に及ぶ新聞記事（昭和五六年六～一二月）があり、その内容は吉井氏が提供した資料に基づいたものであった。

昭和五五年五月、吉井さん（当時三五歳）は「神戸新聞」（二七日）に掲載された兵庫探検総集編一二「旗振山」の記事から、旗振山に興味を持つようになった（昭和五六年七月一二日付「神戸新聞」）。早速、資料を集め始めたが、旗振り通信の資料は少なく、通信ルートも明確でなく、いわば「埋もれた歴史」であることに気がついたという。まとまった資料としては『明治大正大阪市史紀要』(近藤文二著、昭和七年刊)があるだけであった。そこで、現地調査を実施して、地元に埋もれた歴史を明確にすることにした。

昭和五六年からは、友人でボーイスカウト西宮第十六団の委員長をしている黒野恒彦さんに相談して、大学生(会社員を含む)で組織するローバー隊十三人を指導して、現地調査を開始した。文献をたよりに、地形図から旗振りに適した山を選び出し、神戸、姫路、岡山の神社や麓の集落の古老宅を訪ね歩き、聞き取りを行った(昭和五六年一二月二日付「朝日新聞大阪本社版」)。四月初めには武庫川堤—金鳥山—錨山の間でテストを行い、双眼鏡で旗を振る姿をとらえた(昭和五六年六月一八日付「読売新聞」)。こうして、五月までには、大阪から岡山市までの約二〇の中継点を洗い出すことができた。

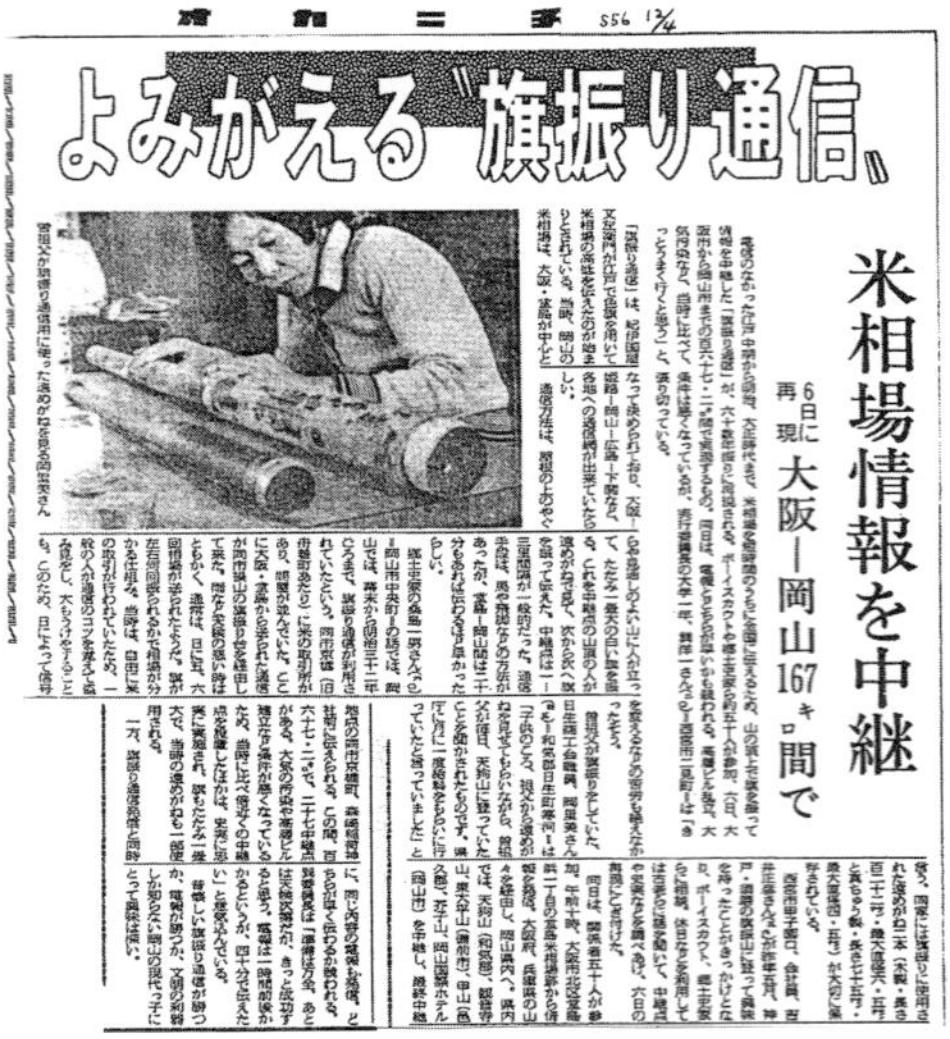
よみがえる"旗振り通信"

米相場情報を中継

6日に再現 大阪—岡山167キロ間で

「オカニチ」昭和56年12月4日

実際に旗振りをしていた人の生存はありえないが、子供の頃に見たことがあるという古老を各地で見つけ出せた。昔、使用されていた望遠鏡が、明石市魚住町の黒田さんの家に保存されていることが判明した(昭和五六年八月四日付「神戸新聞」)。また、日生町(現備前市)でも望遠鏡が見つかった(同年一二月四日付「オカニチ」)。岡山へ向かう幹線ルートから枝分かれして、兵庫県北へ向かうルートも判明した(同年八月一三日付「山陽新聞」)。

昔のままの岡山ルートは、筆者の考えでは、次のように想定でき、当時は一五分で伝えることができたという。

「堂島—辰巳橋—金鳥山—高取山—金ケ崎山—北山奥山—相場振山(姫路)—赤穂高山—天狗山—熊山—旗振台古墳—岡山市京橋」

昔のとおりの旗振り通信の再現は、現在ではスモッグや高層ビルのため不可能である。特に、大阪と神戸地区が大問題。そこで、吉井さんは高層建築を中継地点に用いることで、阪神間から抜け出せるように工夫した。さらに、途中に、新たな中継点を設け、中継点の数は昔の約二倍となった。

中継ルートが決まったので、望遠鏡を購入し、手作りの旗も用意して、山に登って、振り手と受け手の呼吸を合わせる訓練を実施した。フラッグのFと大阪・岡山間の通信記録二〇分にちなんで「F20計画」と呼ぶことにした。八月二三〜二六日には地方紙に再現実験の予告記事が掲載され、注目を集めた。

昭和五六年八月三〇日、堂島から姫路市までの一三地点を結んで約三〇人の隊員によってテスト通信が行われた。午前中に堂島から三回、午後は姫路から三回送信したが、尼崎と神戸、明石付近で通信は途切れてしまった。無線により先の地点から再開したが、一二円一五銭の相場が、三五分後、終点の麻生山(おさん)では、三五円三六銭に変わってしまうという送信ミスも生じた。翌日の新聞各誌に出たように、一〇〇m近い風とスモッグに阻まれて、実験は「再現失敗」に終わったが、神戸付近での送信の困難さ、信号の読取りの難しさが浮き彫りとなったといえる。

八月の実験結果から、距離は六㎞が限度とわかり、通信の難しい区間に新たな中継地を設定し、見えにくい所では白旗・黒旗のほかに赤旗も使用することにした。

昭和五六年一二月六日、一〇時に堂島より、米相場三三円二四銭という第一信が実行委員長から発信された。堂島から岡山市までの二八地点を結んで約五〇人の隊員によって、再現実験の本番が行われた。約七〇年ぶりの再現であった。送信と同時に電報を打って、旗振りとの競争も行った。堂島では吉井さん、諏訪山では郷土史家の落合重信さん、金ヶ崎では黒田実三郎さん、岡山市京橋町では桑島一男さんと実行副委員長がそれぞれ待機した。双眼鏡を用いて確認、天候にも恵まれたが、阪神地区でスモッグやモヤのために中継が困難になり、武庫川堤防でストップした。

堂島から金ヶ崎へアマ無線で送信、その後は順調に受信でき、二時間一七分で京橋町に到着したが、電報は二〇分で早々に到着していた。

午前一〇時三〇分の第二信（一二円一五銭）は二時間二二分、一一時三〇分の第三信（ボーイスカウトが使う掛け声「イヤサカ〈弥栄〉」）は一時間五三分と、いずれも阪神地区でスモッグに阻まれて、長時間を要したが、全一七〇kmのうち、金ケ崎—岡山間の一一〇kmについては、米相場は正確に伝えられて成功であった（同年一二月七日付「朝日・毎日・読売・サンケイ・京都・大阪・神戸新聞」ほか）。

岡山ルートの再現実験で設定された中継地点は、次のとおりである。＊印には、電々公社（現在はNTT）中継所がある。建築物の名称は

56.12. 7　毎日新聞

大阪 旗振り通信、届いた 岡山

江戸中期から大正初期まで大阪・堂島の米相場を、見通しの良いやぐらや山頂で旗を振って各地に伝えたという旗振り通信が六日、兵庫県西宮市のボーイスカウト団員らによって再現された。

堂島の米相場
西宮のBSが再現

大阪・堂島から岡山市京橋町間一六七・三キロ。昔のままの通信ルートで、途中、スモッグやもやのため、無線通信した区間はあったが、二時間前後で"米相場"は正確に伝えられた。

27地点、2時間で結ぶ
スモッグ地帯は無線使い

再現したのは日本ボーイスカウト兵庫連盟西宮地区ローバー・ムート旗振り通信実行委員会（吉井一委員長）のメンバー五十人。今年一月から兵庫、岡山両県の過去の中継地を調査。八月三十日に堂島から姫路市までの十七地点を結んでテスト通信し、この日、二十七地点を結んで行った。

旗は縦二メートル、横一・二メートルの白旗を使用。午前十時に大阪市北区堂島浜一、堂島米相場跡から「三十三円二十四銭」の"相場"第一信が発信され、七分後に約一一キロ離れた第四地点の尼崎市西大島、武庫川左岸堤防上に到達した。

ところが無風に近く、小春日和の陽気で、阪神間にスモッグや、もやが立ち込め出し、それ以西の通信が不能になったため、兵庫県明石市魚住町金ケ崎の第十一地点に堂島からアマ無線で送信、その後、最終受信地点の岡山市京橋町の旧岡山電信局跡までの十六区間一一〇キロは、無事旗振り通信が出来、発信から二時間二十分で着信した。

堂島からは午前十時半に第二信、同十一時半に第三信を発信したが、これらも二時間前後で最終地点に到達。ほぼ同時に打った電報が二十分で着き「文明の利器」にはかなわなかったが、気象条件さえよければ、現代でも旗振り通信が可能なことを証明した。

最終地点では同通信実行委員会の浜野尚樹副委員長（二三）＝関西大三年＝と郷土史家の岡山市中央町三の四、桑島一男さん（七〇）が通信を受け取ったが、桑島さんは「記録でしか見たことのなかった旗振り通信を実際に見ることができ、感無量です」と話していた。

武庫川堤防上で旗振り通信をするボーイスカウトの隊員たち

「毎日新聞」昭和56年12月7日（大阪本社版）

再現当時のものだが、住所表示は現在のものを用いた。

①堂島（北区堂島浜一丁目）米相場会所跡。

②福島（北区堂島三丁目）電々公社大阪データ通信局ビル二四階テラス東面で受信、ビル内を走り、西面で発信。高さ一二〇m。

③金楽寺（きんらくじ）（尼崎市金楽寺町）尼崎電報電話局金楽寺別館屋上。

④武庫川堤防（尼崎市大島二丁目）成文小学校の西、武庫川左岸堤防上。

④B西宮（西宮市六湛寺町）西宮市役所屋上。

⑤金鳥山（神戸市東灘区本山町北畑）鉄塔に体をしばりつけて送受信。

⑥六甲道（神戸市灘区）（六甲道駅南、メイン六甲屋上。〈好条件の場合は省略〉

⑦諏訪山（神戸市中央区）諏訪山ビーナス・ブリッジ。〈好条件の場合は福島がダイレクトで見える〉

⑧高取山（神戸市須磨区妙法寺）

⑨大蔵谷（神戸市垂水区南多聞台一丁目九）県住公社明舞高層住宅屋上。第二神明道路沿いに、ひときわ目立つマンション。

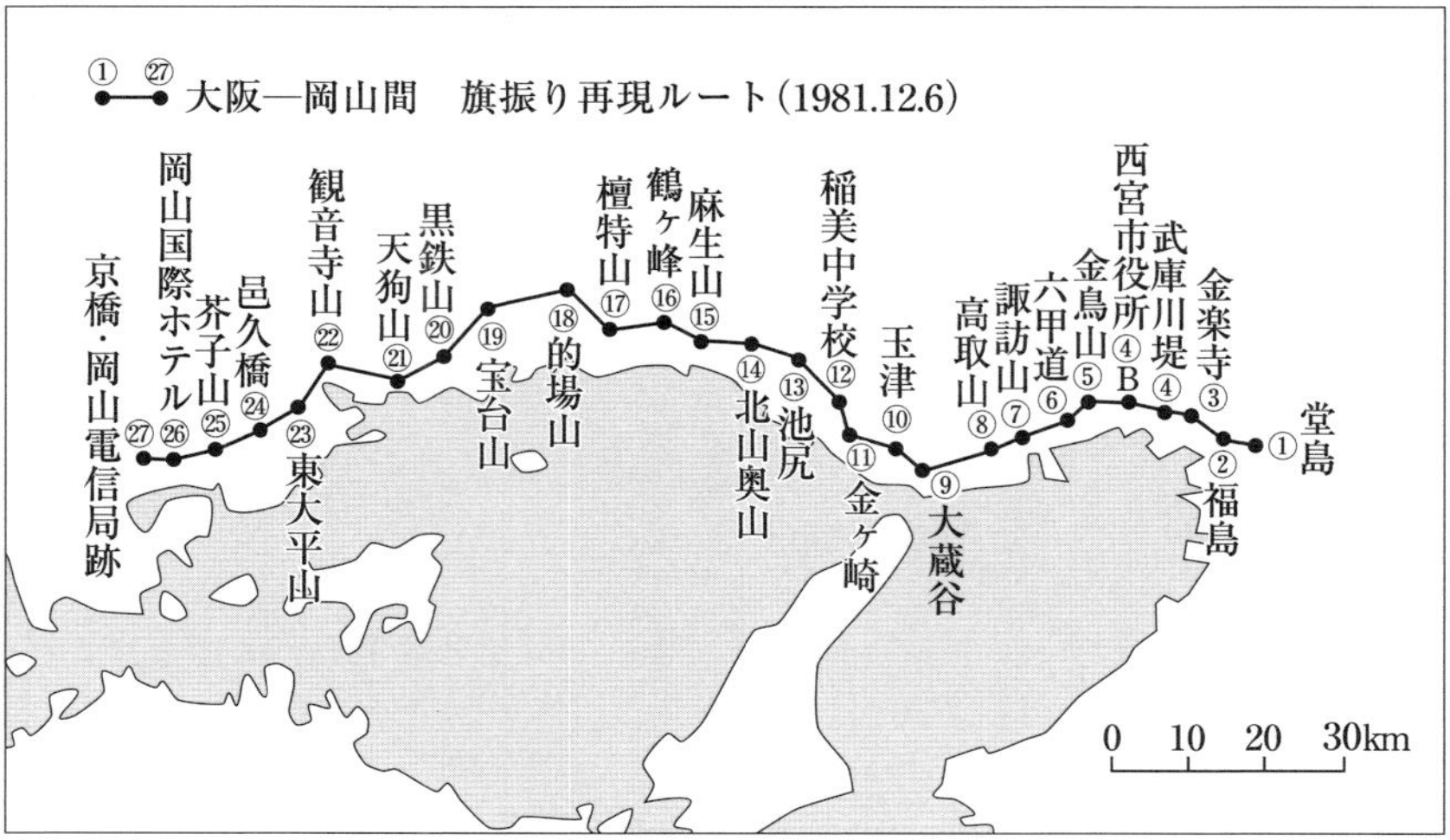

⑩玉津〔玉津療養所付近・旧垂水区〕（神戸市西区玉津町水谷）玉津病院の南西六〇〇m。
⑪金ヶ崎山（明石市魚住町金ケ崎） 明石市水道局西部配水場。
⑫稲美（稲美町岡）稲美中学校校舎屋上。
⑬池尻（加古川市平荘町池尻）池尻集落の北にある標高九六mの山の西峰。鉄塔がある。
⑭北山奥山（高砂市阿弥陀町北山・加古川市志方町西山境）標高一八三m。
⑮麻生山（姫路市奥山）標高一七二m・小富士山。
⑯鶴ケ峰（姫路市広畑区蒲田）標高二〇〇・三m三角点・鬢櫛山。
⑰檀特山（姫路市勝原区・太子町矢田部境）
⑱的場山（たつの市龍野町・揖西町境）＊ 史実の龍野町片山（標高二二七・八m）にかえて。
⑲宝台山（相生市若狭野町若狭野）＊
⑳黒鉄山（兵庫県赤穂市西有年）
㉑天狗山（岡山県備前市日生町）
㉒観音寺山（備前市・和気町境）好条件の場合は的場山が見える。
㉓東大平山（備前市・瀬戸内市境）＊
㉔邑久橋（瀬戸内市・岡山市境） 吉井川にかかる橋上。
㉕芥子山（岡山市目黒町・広谷境）航空局アンテナ有り。車で上がれる。受信地点より発信地点まで二〇m走る。
㉖操山〔岡山国際ホテル屋上〕（岡山市門田本町四丁目）史実の操山・旗振り台古墳では見通しがきかないため。

㉗京橋(旧岡山電信局跡)(岡山市京橋町三―七)森崎稲荷神社前、旭川西岸。

再現ルートの中継地点相互の距離は最短〇・六km、最長一一・四km、二八地点間の総計は一六七・三km、平均は六・二kmであった。

昭和五九年三月五日放送のNHKテレビ「ウルトライアイ」で、「信号」をテーマにした企画があり、旗振り実験を再現したことがあった。タイトルは「ウルトラ通信科学館」、内容は「再現・古代ののろし▽大阪―神戸旗振り通信実験▽光ファイバー徹底解明」であった。旗振り実験では、堂島を起点に七つの中継ポイントを経て、昔の兵庫米会所近くの新川まで伝えることができたという。これは吉井さんたちが旗振り通信保存会を結成して協力したものであった。

平成三年六月一四日に放映された「TVムック謎学の旅」(日本テレビ・読売テレビ系)は、テーマが「望遠鏡」で、その中の、関西大学の応援団の支援を得た大阪―大津間の「旗振り通信」の再現実験は、次のようなものであった。

「まず、堂島から千里山(吹田市)→阿武山(高槻市)→天王山(京都府大山崎町)→大岩山(京都市伏見区)→小関山・追分(大津市・旗振山)までの各所に見張台を設け、旗振実験の結果、堂島・大津間四七キロメートルを六分四五秒で送信することができた。つまり、時速四〇〇キロメートルとなることから、江戸までは約一時間二十分で送信することができるという。」(池田末則『地名伝承学』)

これは、五回分の送信の結果であるから、一回分は九・四kmを一分二一秒で伝えることになり、分速七kmということになる。

番組では、井原西鶴『好色一代男』の主人公が望遠鏡をのぞきに使う話が出てきており、白山晰也『眼鏡の社会史』に同じ話があり、「米相場と望遠鏡」の記事も載っているので、これをきっかけにして、日本テレビの企画が立案されたように思われる。

この実験に関して、吉井さんはひとことアドバイスをしただけなので、テレビ的に作られていて、史実とはやや異なるという。平成三年は、岡山ルートの再現から満一〇年に当たる。一方、筆者が「旗振り通信の研究」の連載を始めたのは平成一三年であり、再現から満二〇年であった。何か不思議な縁があるようである。さらに、本書の発行は平成一八年なので、再現から満二五年となった。

岡山ルート再現当時の新聞には、貴重な資料が含まれているが、雑誌・書籍にはほとんど公表されていないため、本書では、吉井さんの資料を利用して、できるだけ詳しく紹介させていただきました。

神戸・明石・徳島ルート

神戸・明石・徳島ルートの概要

明治の初め頃、神戸への旗振り通信ルートが作られ、明治一〇年頃に使われたルートは、「堂島、海老江(福島区)、天保山(港区)、尼崎、御影、神戸」であった。また、姫路方面へのルートもあり、明石までを示すと「堂島、尼崎辰巳橋、御影(金鳥山)、兵庫(取引所)、須磨(高取山・旗振山)、金ヶ崎(明石)」となっていた(近藤文二「大阪の旗振り通信」)。

篠崎昌美『浪華夜ばなし』と松永定一『北浜盛衰記』には、「大阪―稗島―尼崎―西宮―灘―兵庫―須磨―金崎」とある。稗島(姫島)では、民家の屋根に櫓(やぐら)を設けて中継した。

田中眞吾編著『六甲山の地理』には、「武庫川の堤からは六甲山地の南に派出する見張らしのよい尾根の突端に旗振り場を設け、ごろごろ岳(西宮)→旗振り台(東灘・北畑)→東山(旧葺合・中尾)→諏訪山(旧生田・中宮)→旗振山(須磨)から明石を経て岡山まで伸びていた」とあり、兵庫女子短期大学講師、小林茂氏(故人)の執筆である。

『角川日本地名大辞典・兵庫県』の「旗振山」には、「旗振り場は大阪・尼崎・武庫川堤・剣山(雷岳)・北畑・中尾東山・諏訪山を経て旗振山に至り、明石の旗山・神出旗振山へ続いた」とあり、同辞典の「金鳥山」の項目と共に小林茂氏の執筆である。

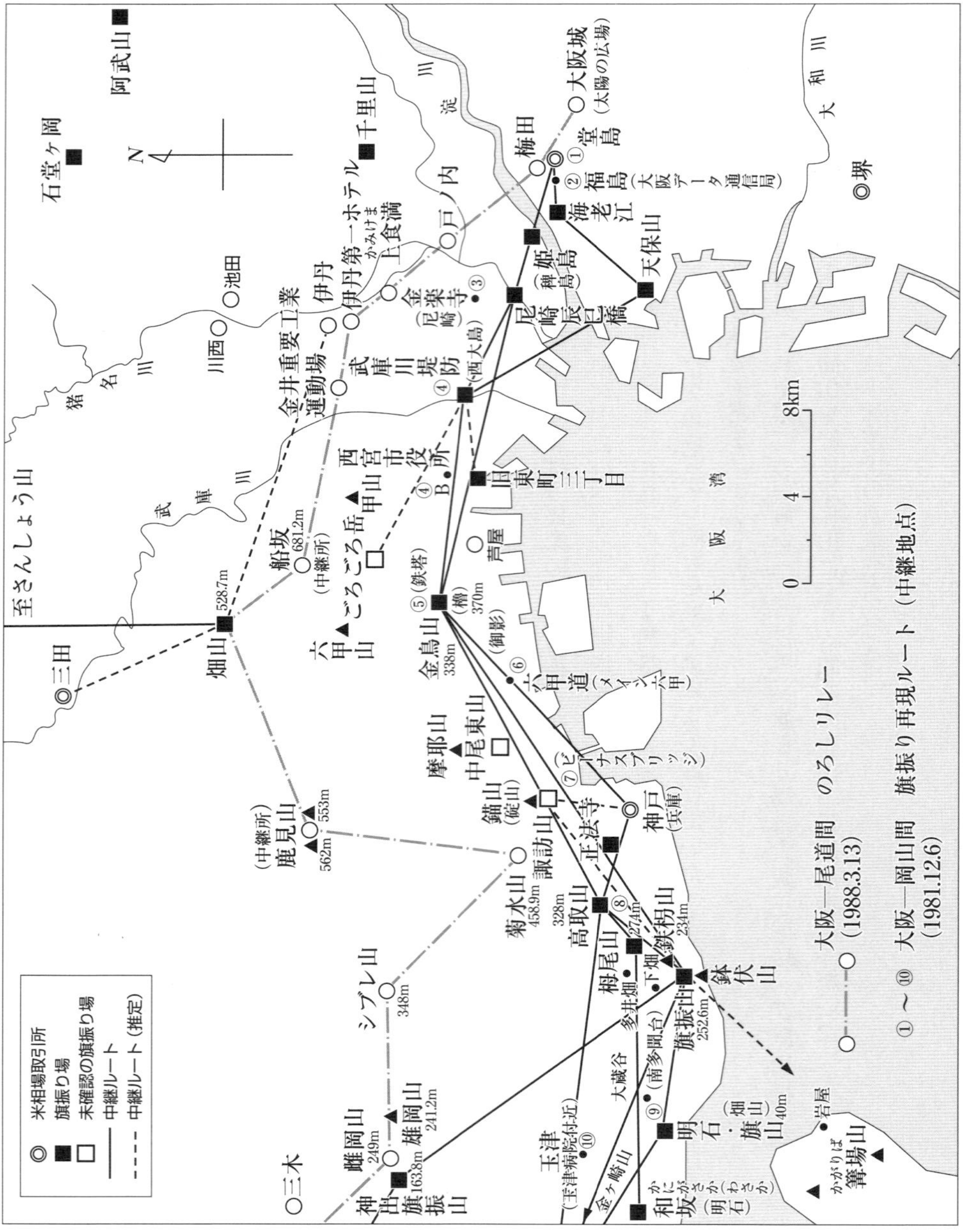
◎ 米相場取引所
■ 旗振り場
□ 未確認の旗振り場
— 中継ルート
--- 中継ルート（推定）
大阪—尾道間　のろしリレー（1988.3.13）
①〜⑩ 大阪—岡山間　旗振り再現ルート（中継地点）（1981.12.6）
大阪城（太閤の広場）
堂島
梅田
福島（大阪データ通信局）
海老江
姫島（稗島）
天保山
尼崎辰巳橋
金楽寺（尼崎）
武庫川堤防（西大島）
西宮市役所
旧東町三丁目
芦屋
金鳥山 338m
（鉄塔）（櫓）370m
（御影）
六甲道（メイン六甲）
ビーナスブリッジ
六甲山
ごろごろ岳
甲山
船坂 681.2m（中継所）
畑山 528.7m
三田
至さんしょう山
千里山
石堂ヶ岡
阿武山
伊丹第一ホテル
上食満
戸ノ内
池田
川西
伊丹
金井重要工業運動場
鹿見山（中継所）553m 562m
摩耶山
中尾東山
錨山（碇山）
諏訪山
神戸（兵庫）
正法寺
菊水山 458.9m
高取山 328m
鉄拐山 234m
鉢伏山
梅尾山 274m
下畑
多井畑
旗振山 252.6m
（南多聞台）
大蔵谷
シブレ山 348m
雄岡山 241.2m
雌岡山 249m
神出旗振山 163.8m
三木
玉津（玉津病院付近）
金ヶ崎山
和坂（明石）
明石（畑山・旗山）40m
岩屋
篝場山
堺
大阪湾
淀川
猪名川
武庫川
大和川
N
0 4 8km

以上のような資料等を参考にしながら、明治中期頃の神戸・明石ルートをまとめてみると、次のようになるようだ。

「堂島、尼崎辰巳橋、金鳥山、（兵庫米会所）、高取山、金ヶ崎山」

「高取山、須磨旗振山、明石畑山（旗山）、金ヶ崎山」

「高取山、須磨旗振山、神出旗振山」

「高取山、栂尾山、和坂（かにがさか）」

この他に、西淀川区姫島、武庫川堤防、西宮市旧東町三丁目（石在町東三公園）、ごろごろ岳（雷岳）にも中継所が設けられ、中尾東山（中央区）と諏訪山には、濃霧の発生によって金鳥山への見通しが利きにくい場合に備えて中継所が設置されたようである。

須磨旗振山または明石畑山からは、淡路島を経て、徳島に中継されたというが、具体的な旗振り場所は不明である。明治九年七月一日付の「東京日日新聞」等に、次のような旗振り地点だけが伝えられている（『明治ニュース事典』第一巻、『通信協会雑誌』大正三年二月号）。

「須磨、明石、淡路の岩屋、志筑、洲本、市村、福良、阿波の撫養（むや）、徳島」

淡路・徳島ルートについては、早期に中止となったらしく、実態がほとんどわかっていない。郷土資料や地元での聞き取りによる解明に期待したい。

最近は、インターネット検索によって、いろいろな調べ物をしたり、買い物ができるなど、大変、便利になってきている。旗振り山について検索を試みた結果、神戸市長田区片山町二丁目にある瓦屋山正法寺（がおくざんしょうぼうじ）が旗振り通信ゆかりの地であることが、平成一五年九月になって判明したので、ここに紹介しておこう。

大正時代、地元の素封家で知られる谷口家の当主、谷口万治郎翁の発心によって正法寺は創建された。その北側の丘の頂上に二階建ての楼閣、水晶閣があった。大正元年頃、谷口翁は、水晶閣で旗振りを行わせて、相場で財をなすことができたのだという。通信先は株式取引所（今の兵庫区下祇園町にあった）と考えられてきたが、筆者の立地調査によって、会下山（えげ）によって遮られるため条件が合わず、むしろ、神戸米穀株式取引所（今の兵庫区水木通三丁目）がふさわしいことがわかった。詳細については、住職の亀山俊彦（しゅんげん）さんによって平成一四年から開設されているウェブサイトおよび筆者の報告レポート「旗振り山と瓦屋山正法寺」（『歴史と神戸』二四三号）をごらんいただきたいと思う。

正法寺（長田区）

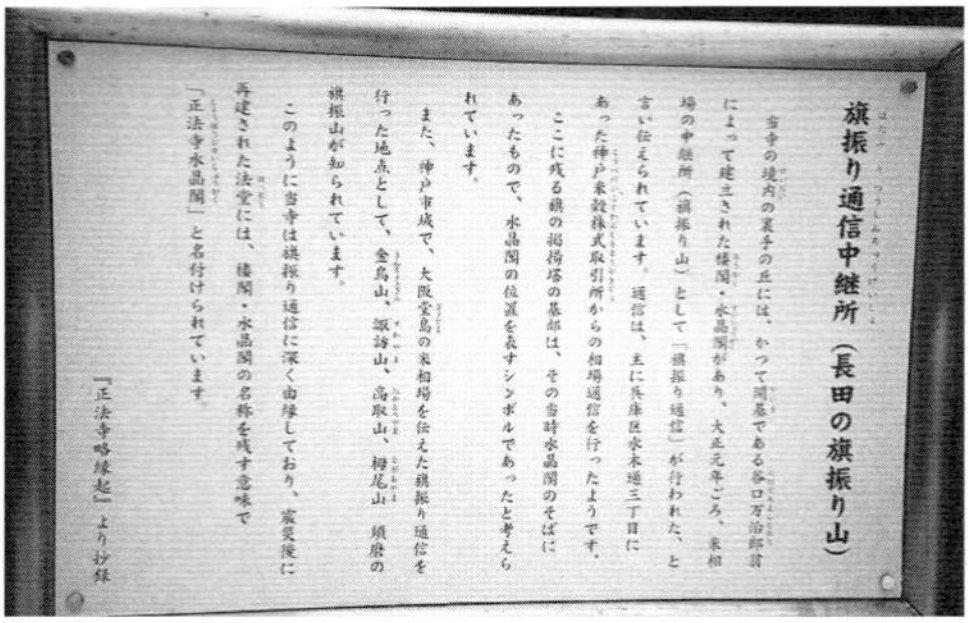

正法寺の案内板（平成16年6月設置）

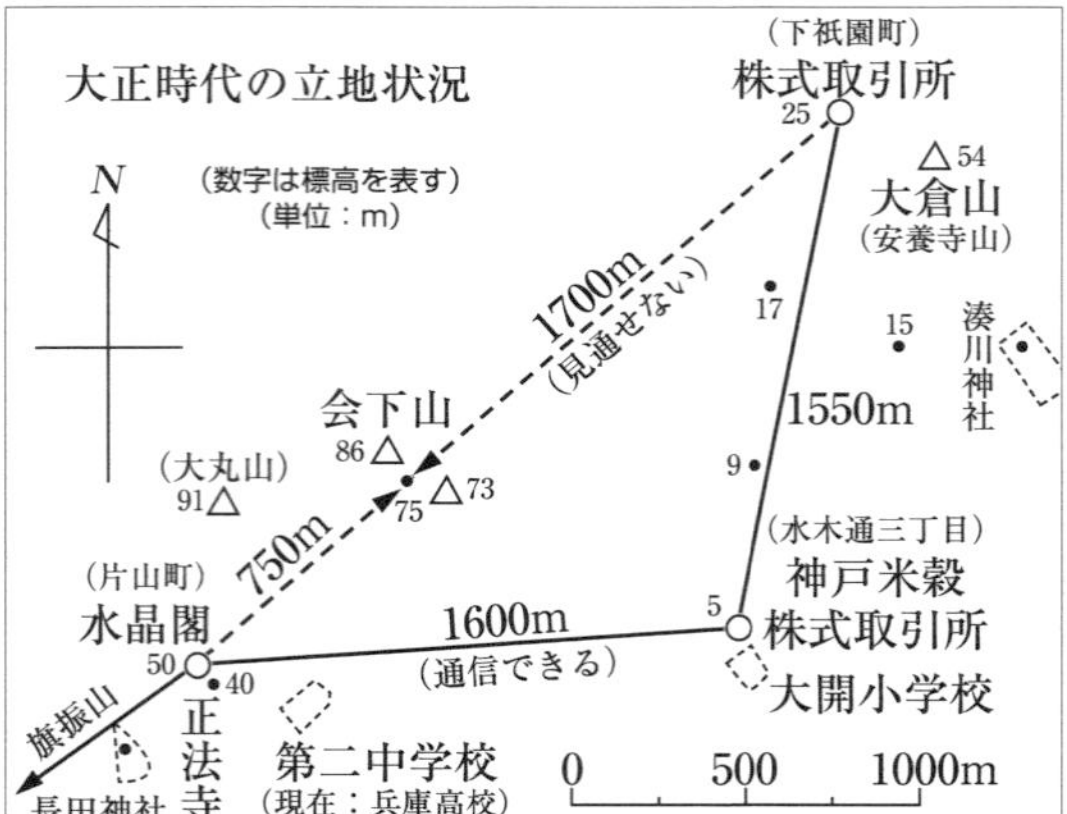

金鳥山

三三八m

金鳥山（東灘区本山町）に旗振り場があったことはよく知られている。『本山村誌』に次のようにある。

「北畑のうち金鳥山の東北の山の頂に今火の見櫓（やぐら）のある処を旗振り場と言う。ここに笹で屋根を葺（ふ）いた粗末な小屋があり、その前に望遠鏡を据えて、旗振りが旗を振って合図をしていた。嘗つて電信電話のない時分、堂島の米相場を一刻を争うて遠方へ報導（ママ）する機関の中継所であった。当時旗降（ママ）りは北畑に住み毎日山へ上下していたと言う。明治四十年頃までやっていたと言うから、うそのような話である。」

この営林署の火の見櫓跡の鉄塔は昭和初期の建設である。小林茂氏によれば、ここは明治八年頃に「金長山」と命名されたが、戦後は金鳥山に変わったという（『角川日本地名大辞典』）。

『六甲・摩耶』（ゼンリン）に、旗振り場は、火の見櫓から「急坂を下った左手の次のコブの南端」であったと記されているので、厳密に言えば、櫓の位置は旗振り場ではないことになる。

『六甲・摩耶』の執筆を担当された西宮明昭山の会の代表・原水章行氏に、金鳥山の旗振り場についておたずねした結果、次のようなことがわかった。

金鳥山の項を執筆したのは、当会の副代表で地元岡本生まれの佐野悦男さん（元教員）で、父と一緒にハイキングをしていた頃、朽ちた元旗振場の小屋が残っていて、父より教えられたという。旗振場跡は下から最初の送電線がコースを横切る地点から約三〇m南、広い尾根が三mくらい盛り上がった（コブ）地点で、ルートが西の方へ方向を変える曲がり角のところに東へ細い踏み跡がある。現場はそこから約二〇mほど入った林の中で眺望はなく、また建物の痕跡は何もないという。

火の見櫓の位置は、下から一番目の送電線と二番目の送電線の間で、二番目の送電線から下へ一〇〇m位の位置になる。したがって、まず下の送電線の手前に旗振場のあったコブがあり、下の送電線から一五〇m位上部、上の送電線との間に火の見櫓があることになる。

現地の鉄塔（火の見櫓）の根元には「旗振山（四〇四、六米）」と題して解説したプレートがあるが、実際の旗振り場はもう少し下にあって、その標高は三七〇mぐらいである。

山の中腹にある保久良神社の「ホクラ」は「火倉」からの転訛でノロシ台であったとも考えられるという（春木一夫『阪神間の謎』）が明確ではない。神社の境内付近は古代の祭祀の遺跡といわれ、磐境（いわさか）として祀った巨石が点在し、石器や弥生式土器も出土している。ここに来ると、何やらタイムスリップしたような気分になる。保久良神社の鳥居前の石灯籠は常夜灯で、江戸時代から灘の一つ火と言って、夜の海を行く船人の目印になったのであった。

コースガイド

ＪＲ東海道本線摂津本山駅・阪急神戸線岡本駅から北上して岡本八幡神社を目指す。花の季節によっては笹部新太郎ゆかりの桜守公園や、岡本梅林公園に立ち寄るのもよい。八幡神社の対岸の少し北に登り口がある。ほどなく、保久良梅林と保久良神社に出る。尾根道に入れば、次第に展望が開け、金鳥山の山頂となっている地点を通過する。もともと、山麓から見た場合の尾根の突き出し部分を金鳥山と呼んでいるだけなので、顕著なピークではない。左手に中継所が立っていて、目安となる。

金鳥山の少し先で、分岐点に出る（案内板がある）。道は三方向に分かれている。左に行くと山腹をからむような水平道となる。中央の谷道コースをとると、火の見櫓を通らないので、ここは右の道をとる。尾根伝いに進むと、道が北に方向を変える地点の右手にうすい踏み跡がある。左側に東灘区役所・消防署の看板が立っている。少し藪（やぶ）がちであるが、入ってみると、正面辺りに電柱があり、左手にやや平らな場所が見られる。笹（ささ）で葺（ふ）いた小屋はこの辺りにあったように思われるが、藪に覆われていて、何の痕跡も残っていない。旗振りの行われた明治時代には、遮るもののない広大な展望が開けていたことであろうが、今では南側の展望が少しあるという程度である。しかし、歴史的な場所でもあり、少なくとも、入り口付近に旗振り場の案内板でもあったほうが、場所の明示となってよいのではと思う。

しばしのタイムスリップのあと、縦走路に戻り、最初の送電線鉄塔から急坂を上がると、火の見櫓が当時のままに残っていて、再びタイムスリップさせられる。このような高い所にあるのは珍しい。昭和初期に本山・魚崎・本庄地区が合同で建て、鉄砲の音を使って連絡していたという（『六甲・摩耶』）。電話が発達するまで用いられた。ここを旗振り場と信じている人もいるが誤解である。火の見櫓の先で谷道コースと合流し、観望にふさわしい見晴らしの良い場所を通過する。

金鳥山の火の見櫓跡

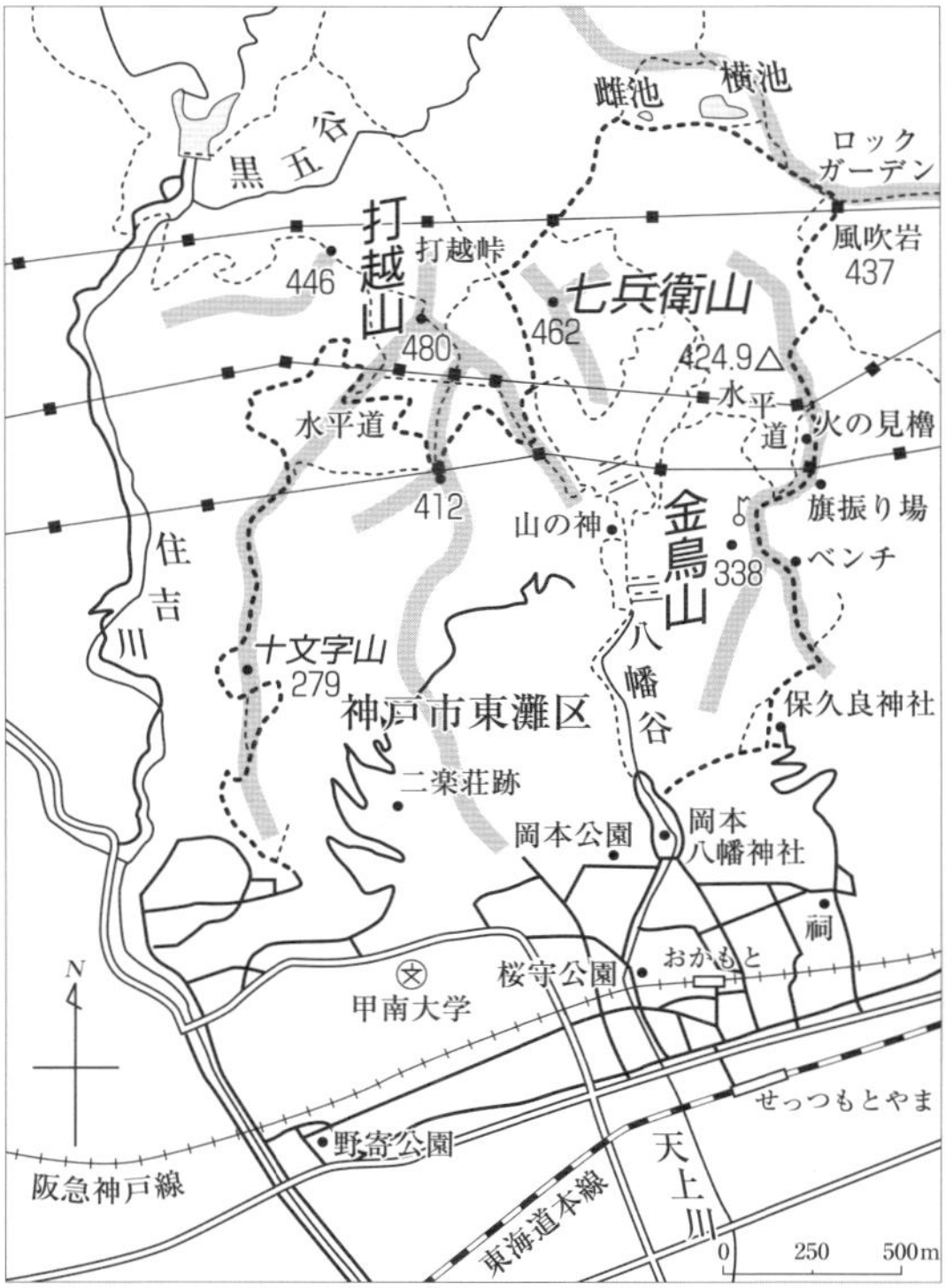

金鳥山の登山道（この右手に旗振り場があった）

その先で道が西から北へ向きを変えるところに巡視路があるが、三角点には通じていない。その場所から広い登山道をそのまま二〇mほど行くと、左手にあやふやな踏み跡があって登ってみると、紅白の測量用ポールがあり、三角点標石が見つかる。

金鳥山からは、いろいろなコースがとれるが、抜群の展望の楽しめる風吹岩、横池、打越峠、水平道、十文字山を経て、駅に戻るコースをおすすめしておく（地図参照）。打越山に寄るのもよい。六甲の山域はコースガイド・地図ともに豊富で、参考資料には事欠かないが、登山道の位置関係が正確なものは案外少ない。筆者の実地踏査の結果とよく合っていて信頼できると考えているのは、『六甲・摩耶』（ゼンリン）と『阪急ハイキング』（阪急電鉄）、『六甲全山縦走マップ』（神戸市）および『文化・レクリエーションマップ』（神戸市）であり、参考になる（ただし、時々、誤りが見つかるので万全ではない）。

ガイドブックでよく掲載されるのは、二万五千分の一地形図によるものである。現地調査に時間をかけた昔の地形図の山道は間違いが少なかったが、空中写真測量による今の地形図の山道表示は現地調査をほとんどしていないので、信頼性が低くなっている。全く架空の道が描かれていて唖然とさせられることもある。それに比べて、一万分の一地形図は都市近郊のみだが、山道の精度は比較的良好である（時々、間違いもあるが）。筆者は自治体作成の一万分の一の地図を参考にすることも多い。現在位置を確かめながら歩くには、やはり、一万分の一ぐらいの縮尺の地図でないと難しいだろう。自分がどこを歩いているのか、正確に知りたい人におすすめしておく。（平成一五年一月七日歩く）

《コースタイム》（計四時間一〇分）

JR摂津本山駅・阪急岡本駅（三五分）保久良神社（三〇分）金鳥山（二〇分）風吹岩（四〇分）打越峠（五〇分）十文字山（一時間一五分）阪急岡本駅・JR摂津本山駅

〈地形図〉一万＝芦屋　二万五千＝西宮

〈地　図〉昭文社＝「六甲・摩耶」

高取山

三二八m

神戸市須磨区と長田区の境界に位置している高取山は、その形から、神宿る神奈備(かんなび)山とされて、信仰の対象となってきた。それゆえ、「神撫(かんなで)山」とも呼ばれてきた。また、「鷹取山」とも記載される。早朝から多くの人が訪れる毎日登山で有名である。

高取山が、金鳥山や神戸の米市場からの信号を受けて、栂尾(とがのお)山、須磨旗振山、明石金ヶ崎山などに送信する重要な中継地点であったことは、古老の証言などで確認でき、まず間違いのない事実とされているが、なぜか、郷土史やハイキングのガイドブックなどを開いても、言及しているものは皆無である。須磨の旗振山がそのものずばりの名称であることから有名であるために、わざわざ取り上げられることがなかったのであろう。旗振り地点は伝わらないが、頂上近くの見晴らしの良い地点が利用されたことだろう。

なお、高取山は、かつて、「タコ取り山」と呼ばれたこともあるという民話伝承が残っている(玉起彰三『六甲山博物誌』、『神戸の町名』、田辺眞人編著『ながたの民話』)。この伝承は、タカとタコの音が近いところからつくられた話のようである(落合重信『地名にみる生活史』)。高取山は鷹取山とも書くが、巣にいる雛をとってきて、育て、鷹狩りに使うことから鷹取の名称が各地に生まれ、のちに高の字を使い、高取になったという(丹羽基二『地名苗字読み解き事典』)。神戸の高取山が鷹狩りの場所であったかどうかは不明である。

コースガイド

山陽電鉄・地下鉄板宿駅よりダイエーの前を通り、育英高校のすぐ下の「高取山参道」という表示に従い、左手の急な道を上がると、西の鳥居跡で、宅地のはずれで高取大明神に出る。左は高神滝に向かう滝道である。右をとり、表参道を行く。清水茶屋で豊春神社からの道と合流する。安井茶屋と潮見茶屋のところに神戸電鉄鵯越(ひよどりごえ)駅方面への六甲全山縦走路が続いている。

頂上の高取神社での展望は抜群である。荒熊神社から裏参道を下る。鉄塔の横を通り、ほどなく、直進する道から縦走路は右に分かれて下り、妙法寺住宅の一角に出る。野路山公園が右にある。この辺りはわかりにくいが、左へ細い道をたどり、モータープールのそばで右折して、左に池の内公園を見て、広い道に出て左折し、妙法寺の前を過ぎてから高架道の下を通る。長い階段を経て集合住宅の左を抜けて右折すれば、地下鉄西神線妙法寺駅にたどり着く。コースについては、『関西ハイキングガイド』(創元社)と『阪急ハイキング』、『六甲全山縦走マップ』に詳しい。

六甲全山の縦走は、登山家や登山団体によって、大正期から盛んに行われてきた。加藤文太郎や直木重一

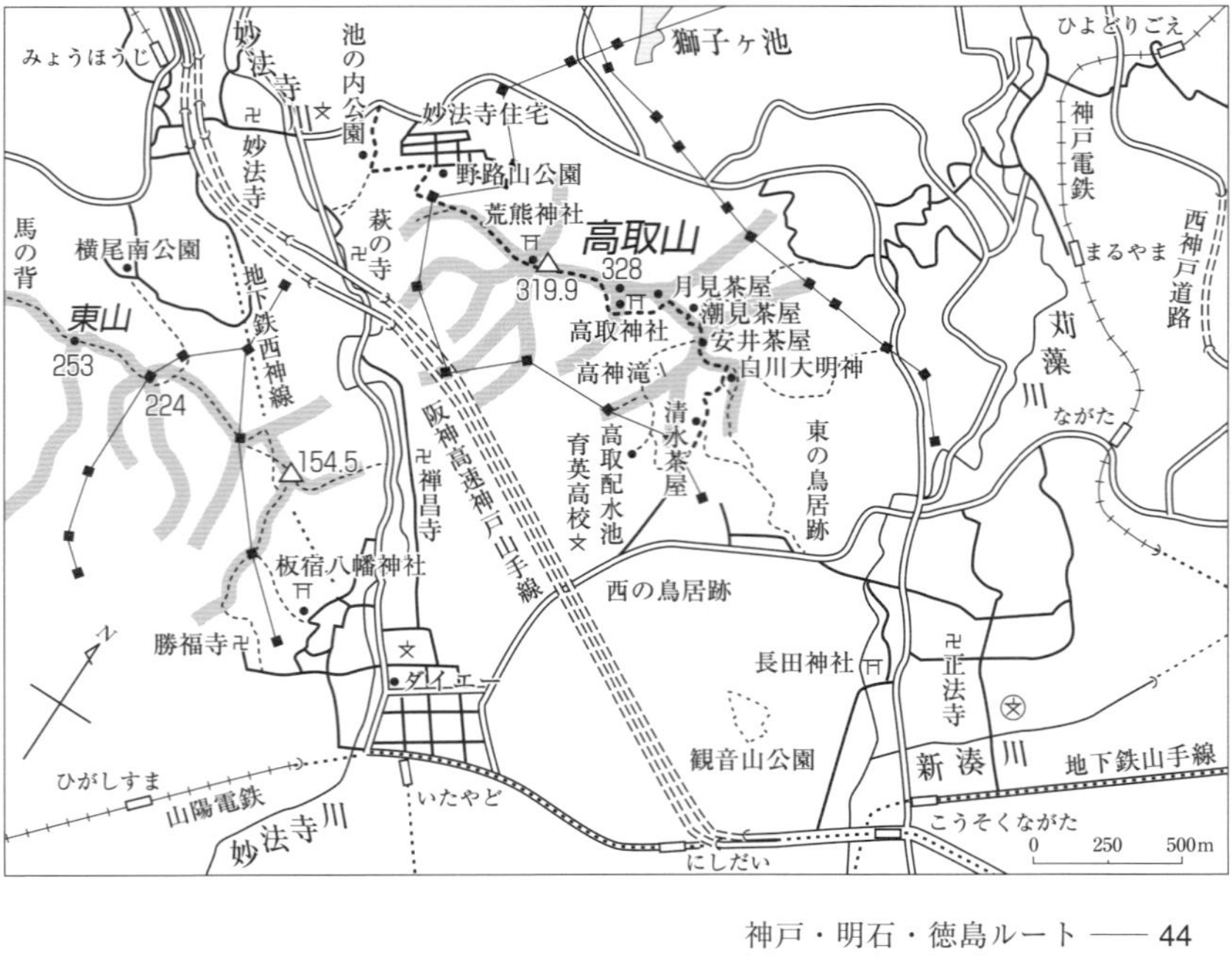

郎の六甲縦走は有名である。市民大会としての開始は、昭和五〇年一一月二三日(勤労感謝の日)のことであった。塩屋から宝塚まで全長五六kmの紅葉の全山を完走したのは参加者一五六〇人のうち一二九九人であった(六甲全縦市民の会『六甲全山縦走～25年のあゆみ～』神戸市)。以来、今日まで毎年実施されているが、縦走路は何度も変更されている。

　須磨アルプスの横尾山と高取山をつなぐコースはとりわけ、変貌が著しい。萩の寺から登っていたのが、一部参加者の境内における、記録に書けないレベルのマナーの悪さから、数年後、住職から通過拒否となり、モータープールからの登山となったが、再び、数年後、土地所有者から通過拒否となり、野路山公園からのコースに変更されたという。高取山西麓の縦走コースが奇妙な迂回を重ねているのは、こういった経緯があるのである。都市近郊に限らず、登山を楽しまれる人たちは、私有地を利用させてもらっているのだという意識をしっかり持ってもらいたいものである。

高取山山頂の高取神社

　六甲全山縦走への参加については、神戸市文化振興課や兵庫県勤労者山岳連盟に問い合わせるとよいが、健康とマナーにはくれぐれも気配りをよろしくお願いしておきたいと思う。

（平成一二年一二月九日歩く）

《コースタイム》（計二時間三〇分）
山陽電鉄・地下鉄板宿駅（一時間三〇分）高取神社（一時間）地下鉄妙法寺駅
〈地形図〉一万＝湊川・須磨・長田　二万五千＝前開・神戸首部・須磨・神戸南部
〈地　図〉昭文社＝「六甲・摩耶」

旗振山(須磨)・栂尾山

二五二・六m
二七四　m

米相場を伝達した山として、全国レベルでよく知られているのが、神戸市須磨区と垂水区の境界にある旗振山である。この須磨旗振山は、鉢伏山(二四六m)の背後にあり、三角点なので見晴らしもよい。高取山から送られた信号は、旗振山を経て西の方へ伝達され、明治後期には栂尾山(とがのお)(須磨区)も旗振場として用いられたことが知られている。旗振山・鉢伏山の辺りは、古代のノロシ場であったかもしれないといい、鉢伏山を一名「火の山」と呼んでいる(落合重信『地名にみる生活史』)。

落合氏は須磨旗振山に興味を抱かれ、「山陽ニュース」(昭和五一年四月)を初めとして、『埋もれた神戸の歴史』や『日本地名ルーツ辞典』に「旗振山」の記事を掲載している。

『六甲山の地理』には「境川と三ノ谷(鉢伏山の西)との間に『ひの山』と呼ばれた尾根があり、地名から、太宰府から京へ急を報ずる狼煙台の跡ではないかとの説もある。この尾根を少し登った所に『旗振り山』がある。大阪堂島の米相場を急報する旗振り通信の場で、元禄(一六八八～一七〇四)のころから明治四〇年(一九〇七)ころまで利用された名残である」(小林茂執筆)とある。『角川日本地名大辞典』の「旗振山」にも小林氏による同様の解説が見られる。なお、筆者の調べでは、元禄期に大坂で旗振りがあったかどうかは裏付けがとれていない。また、三ノ谷は、鉢伏山のすぐ東南に位置している。

川口陽之(きよし)氏の『赤石のくに』と『垂水史跡めぐり』(垂水区役所)によれば、須磨旗振山から、明石の旗山や、神出の旗振山などに信号を送って、三木や、加古川・岡山に伝えていたという。

旗振山の山頂の旗振茶屋の横に、現在、設置されている説明板には、「こゝ旗振山は、その名の通り昔、旗振通信をしていた場所である。江戸時代から大正初期電信が普及されるまで、こゝで畳一畳位の旗を振り、大阪堂島の米相場(米の値段)を加古川、岡山に伝達していた中継点であった事から『旗振山』の名が残っている。創業昭和六年三月　旗振茶屋」とあって、旗振山の由来を明確に知らせている。

川上博『神戸背山風土記』には、旗振山について「慶応元年(一八六五)ごろ、ここを中継所にして大きな白旗で伝達するようになった。大阪の堂島から武庫川堤、そしてここ旗振山で中継し、加古川の日岡山を経て、赤穂や岡山まで信号を送っていた」とある。ただし、筆者の調べでは、日岡山には旗振り伝承は残っていない。

旗振山の名称が相場通信の場所であったことに基づくということは、須磨アルプスを案内するガイドに必ず掲載されている。ところが、それに疑義をはさむ証言が郷土研究誌に掲載されている。

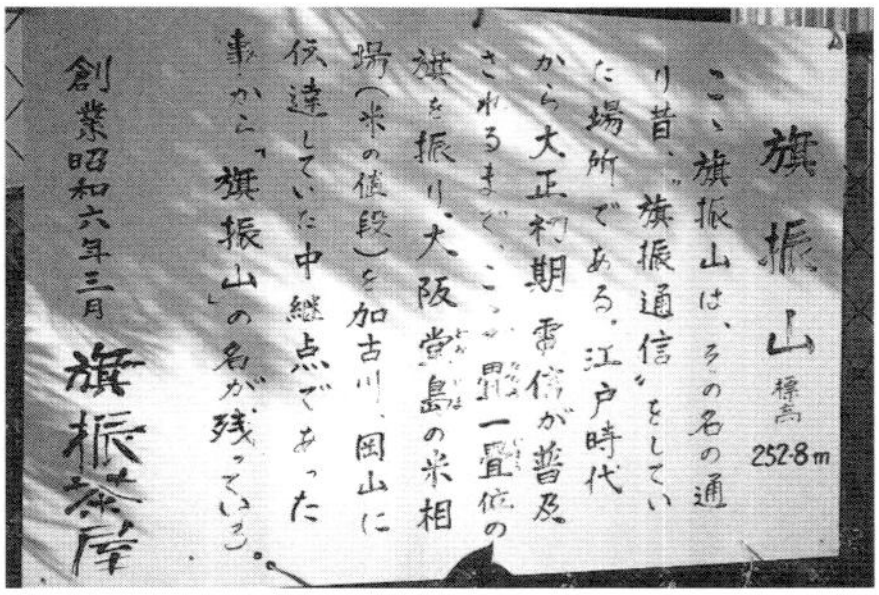

旗振り茶屋の横に設置された案内板

『歴史と神戸』(第一六巻第三号、通巻八三号)には、鷲尾治兵衛「旗振山について」があり、昭和五一年の聞き取りによる、次のような古老の談話が載せられている。

> 明治三四～三九年頃、多井畑(たいのはた)の宮慶兵吉が、山小屋を設けた栂尾山頂へ毎日登り、高取山からの信号を受けて、明石の和坂(かにがさか)(「わさか」とも読む)へ送っていたという。栂尾山頂には、旗振りのために削った平地があった(現在、展望台のある地点であろう)。地元では当時、栂尾山をソバトリヤマ(相場取山)と呼んでいたという。兵吉氏が止めたあとは、東須磨の人がやっていた。

下畑の林邦松(当時八七歳。明治二三年生れ)の証言によると、「下畑の旗振山を、下畑では古く鯛取山という。これは鯛取りに出た漁師が目じるしにしたから、とか。旗振山の名は、戦前、鉢伏山に航空燈台が建ったとき、この上に旗を立て、飛行の便に供したからである。米相場には何の関係もない」のだという。

これに対して、落合重信氏は、旗振山の呼称は大正期にすでにあるので、古老の記憶の誤りであり、鯛取山は古くからの旗振り場であって、のちに栂尾山に移ったのであろうとされた(『地名にみる生活史』『神戸の歴史 研究編』)。

一万分の一地形図「須磨」には、下畑海神社の東に鯛取山(一〇三m)の記載があり、旗振山とは全く別の山である。しかも、航空燈台で旗振りをしたのなら、鉢伏山が旗振山になるはずであるが、そうはなっていない。

栂尾山山頂の展望台

筆者は下畑の古老の証言があやふやであることを示すように思うが、いかがであろうか。

昭和七年一一月、伊豆十国峠に航空燈台が竣工している。昭和八年九月、東京・大阪間一六カ所に航空燈台が完成し、夜間郵便飛行が始まった。鉢伏山の航空燈台は日本最初というが、完成した年代の資料は見つけることができなかった。もし、旗振茶屋の創業である昭和六年三月より遅い建設であれば、古老の証言は誤りということになる。建設年代をご存じの方はご教示いただければ幸いである。

昭和五六年に岡山ルートの旗振り再現実験を行った吉井正彦氏によると、「須磨の旗振山に関しても、これは米相場のための旗振りではなかったのでは、という疑いもあり、別の山だったとの証言や裏付け史料を押さえています」(平成一二年一一月の返信による)とのことである。これは、鷲尾治兵衛「旗振山について」によるものであろう。

中谷吉次郎編『大蔵谷史』(昭和三五年)には、「次に清水、畑山となっておりますが堂島の米相場が立った時代より旗振り場があって須磨鷹取山旗場から須磨鉄枴山、今の山電展望台の旗場へ、それより大蔵谷旗山へ、そこから魚住村金ケ崎へ、その日の相場を旗を振り廻わして市場の状況を送り知らした今で言うなら旗の信号であります」とある。この中の「須磨鉄枴山、今の山電展望台の旗場」を、鉄枴山そのものと誤解する向きもあるが、鉄枴山から鉢伏山にかけての山塊を言うもので、山電展望台をキーワードにして考えれば、須磨旗振山と解釈するのが最も合理的である。つまり、旗山で旗振りをしていた古老の証言から、江戸時代より「高取山、須磨旗振山、大蔵谷旗山、金ケ崎山」という通信ルートが用いられたものと判断できよう。

須磨の旗振山にまつわる疑問は、もう今ではとても解決できないであろうと思われる。ただ、旗振りの条件は整っており、筆者には、旗振り場であったことを否定する根拠に乏しいと思われる。先述の『大蔵谷史』の他、次の資料が「鉢伏山」「一の谷」と記述しているのは、肯定材料と思われる。

兵庫県加東郡社(やしろ)町(現加東市)の上月(こうづき)輝夫氏は、大阪から、甲山、六甲山を経て、須磨の鉢伏山、神出の雄岡山、志方の城山、社と伝わってきたという聞き取り結果を公表している。

姫路歴史研究会編『姫路の山々』には、『別所村史』を典拠として、大平山の旗振り信号所からは、快晴のときは金ケ崎山を越えて、一の谷の信号が望見できたとある。一の谷の信号所とは、須磨旗振山のことであろう。

高取山を経て栂尾山から和坂への通信が事実とすれば、それはおそらく終点であって、姫路・岡山方面への中継点とはいいがたい。高取山からは金ケ崎山へ送信して姫路・岡山方面へ伝えた他、須磨旗振山へ送信して、明石旗山を経由したり、須磨旗振山から神出旗振山へ送信し、志方城山から社・三木へ伝えたルートや、須磨旗振山・明石旗山からは淡路島・徳島方面へ通信するルートが開設された時期もあったと考えられる。

年代や業者の違いによって、高取山や須磨旗振山から分岐して、さまざまなルートが用いられたために、一部の人の証言を聞いただけでは他のルートのことはわからず、真相が見えにくいのであろう。したがって、高取山、栂尾山、須磨旗振山がいずれも相場通信に利用された山であることは、諸文献から判断して、間違いのない事実と思われるのである。

なお、平成一七年四月二二～二三日、五月六～七日の「神戸新聞」夕刊一面に「旗振り山めぐり」が掲載された。写真を中心に、栂尾山、金鳥山、諏訪山、須磨旗振山が旗振り山として紹介されている。筆者も取材を受けて、資料を提供しておいた。インターネットで「ながたの旗振り山・正法寺」のページから、この記事を見ることができるだろう。

コースガイド

ＪＲ山陽本線塩屋駅・山陽電鉄山陽塩屋駅から出発する。北に向かうとすぐ突き当たって左折し、次の辻で右折する。この辻に「左毘沙門道」の石標がある。北上して橋を左に見て、「右毘沙門」の石標に従い右折、左に神戸信用金庫を見る。電柱に「とび出し注意」とある所ではそのまま北上し、次の「右毘沙門」の石標がある所で右折して、車の滑り止めのラインのある急坂を上がる。

左に石段を見たら、そのまま進んで次の分岐がうっかり間違いやすい所である。まっすぐ宅地の中へ進みやすいが、左の坂道のフェンスに「旗振山登山道」という標示があるので、坂を上がるとよい。山王神社が見えて、横に源平塚の案内板が立っている。ほどなく、毘沙門天神社に着く。塩屋の鬼門に当たるため、北方を守護する神をまつったものという。

明瞭な、よく整備された道をたどると、塩屋からの尾根道と合流する。この尾根道は、西麓の宅地からの登り口がわかりにくいが、一万分の一地形図「須磨」を参考にすれば、さほど困難もなく、とりつける。六甲全山縦走の元祖である道だが、私有地を通ることからトラブルがよく生じたという。昭和五〇年から始まった縦走大会においては、塩屋からの道は早朝の通過であるため、住民からの苦情も発生し、のちには、須磨浦公園駅からの出発に変更されたという。

ウバメガシの独特の景観を楽しみながら縦走すると、須磨浦山上遊園に出る。観光リフトの横を上がると左手に旗振毘沙門天があり、すぐ先が旗振山の頂上である。昭和六年創業の旗振茶屋は、休日の昼食時には賑わいを見せる。旗振山も高取山と同様、毎日登山でよく登られている。淡路島方面の見晴らしがよい。旗振りにふさわしい展望台と言えるだろう。鉢伏山から鉄拐山にかけては、背山散策路(山腹道)が整備されていて、妙見堂跡にかけて、いろいろな歩きが楽しめる。

尾根道をたどると鉄拐山に出る。自然石に彫られた道しるべを見ると「鉄枴山」とある。「枴」は誘拐の「かい」で、「曲がりくねった方法で、相手をだますこと」「くねくねと曲がっている様」、また「曲がったつ

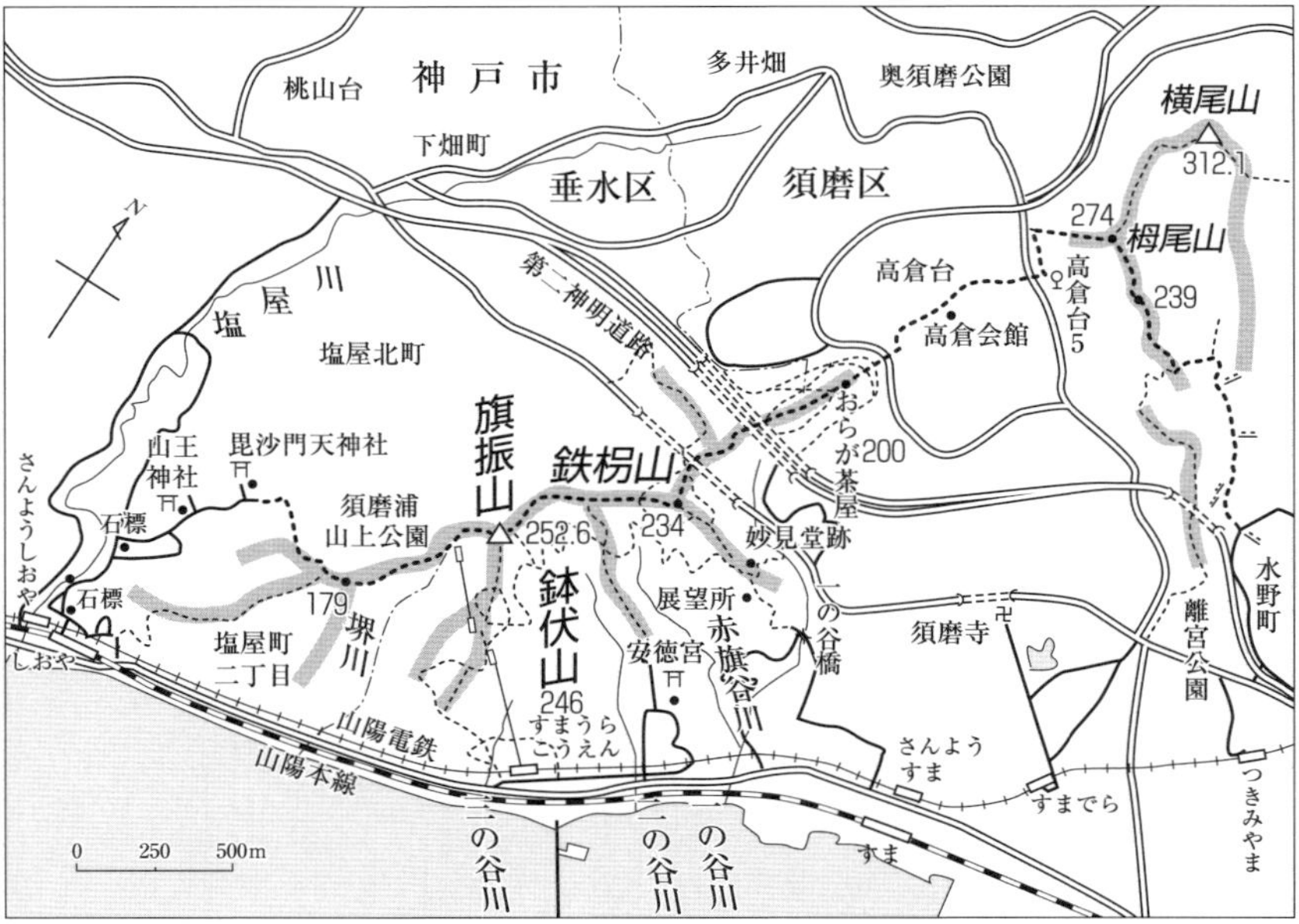

旗振茶屋(旗振山)

え」という意味もあり、これが「枴」の意味と一致している。「枴」は「曲がりくねった老人のつえ」を意味する。「鉄枴」は「鉄でできた曲がりくねったつえ」のことで、力の強い木こりが須磨に住んでいて、いつも鉄の枴(つえ)を持って山に入って大量の薪を背負ってきたことから、木こりを鉄枴と呼び、彼の登山を鉄枴山と名付けたと伝わっている(『六甲山博物誌』)。したがって、厳密には「鉄枴山」と書くべきであるが、「拐」も「枴」と全く同じ「つえ」の意味があることから代用されて、最近の地図では「鉄拐山」が頻繁に使用されるようになっている。現地の道標の表記は統一されておらず、両方が混用されているのは、以上のような経緯によっているのだろう。個人的には「鉄枴山」に統一するのが望ましいと思うのだが……。

『大蔵谷史』に「須磨鉄枴山、今の山電展望台の旗場」とあるので、鉄枴山が旗振り場であったと誤解する向き(『播磨　山の地名を歩く』の「畑山」)もあるが、鉄枴山が旗振り場であったという裏付けはなく、やはり、鉄枴山からの尾根続きで最高地点である旗振山が旗振り場であったと考えられる。

山名の考察で脱線してしまったが、鉄枴山の西で道は三方に分かれる。右をとれば、妙見堂跡を経て、鉄拐東口バス停に出る道と、見晴らしの良い展望台を通過して一の谷橋から潮見台町を抜けて山陽須磨駅に出る道が楽しめるが、ここは、左をとって、高倉山へ縦走路をたどる。ブナ科のウバメガシ林から一転して人工的な空間に出てしまう。

鉄枴山の南東は一ノ谷で、『平家物語』の義経の坂落し攻撃の舞台で有名である。多くの人々の考証があり、『平家物語』の文学としての舞台が一ノ谷であることは間違いないが、歴史的事実については鵯越え道が有力である(『須磨の歴史散歩』須磨区役所)。ひよどり展望公園付近が逆落し攻撃の舞台であろうという(野村貴郎『北神戸　歴史の道を歩く』)。

高倉山は、もとは標高二九一・五mであり、峠道の多井畑街道(明治一六年開通)が横断していた。以前は多井畑と須磨寺をつなぐ険しい山道があっただけであった。『須磨の近代史』(須磨区役所)には、この道の歴史的変遷がまとめられている。大正一二年に標高一八八mの多井畑峠の地下約二五mに長さ約一〇〇mのトンネルが開通している。

昭和三二年から海面埋立事業のため、土砂の搬出が始まった。昭和四〇年代にはポートアイランド(昭和五五年完成)の造成のために、大量の土砂が運びだされて、跡地に高倉台が造成された。景観の保持のため、かろうじて、山の形が残されて、標高二〇〇・一mの高倉山(おらが山)となっている。

高倉台団地の造成により、多井畑トンネルも消滅し、今の道路はトンネルより約一〇mも低い標高一五三mにある。ちょうど、栂尾山の西麓に多井畑峠とトンネルがあったわけである。

おらが茶屋の利用(土日祝日、六~一五時。トイレあり)のためには直進となるが、狭い階段の下降は厳しいので、山腹の迂回路をとるほうが楽である。さつき橋から、郵便局と高倉会館の間を通り抜けて、つつじ橋を渡る。階段を上がってすぐ左へ山腹道を通り、名物、心臓破りの四〇〇段の長い階段となる。見上げんばかりの、急な登りであるが、あわてずに行こう。

時々、立ち止まって振り返ってみれば、鉄枴山塊が見え、周辺の見晴らしもよい。疲れも吹き飛ぶようである。道標に注意して登ると、ほどなく、栂尾山の山頂に着く。展望台があり、パノラマ展望が楽しめる。双眼鏡を手にした人もやってくる。この場所に、明治三〇年代頃、小屋があって旗振り場となり、多井畑の人たちが「相場取山」と呼んでいたのもうなずける立地条件である。高取山から受けた信号は明石の和坂に送られていたという。

全山縦走路は、横尾山を経て、風化した六甲花崗岩(中生代白亜紀末、七〇〇〇万年前にマグマが冷えてできた深成岩)のむき出した馬の背の須磨アルプスに続いており、東山から横尾団地に出て、地下鉄西神線妙法寺駅に出られる。ここでは、あまり紹介されることのないハイキング道で月見山駅をめざそう。

栂尾山で展望を楽しんだあと、元の道を少し降りてすぐ、道標で水野町へ向かう。すべりやすい下り道に注意して尾根道をたどると、須磨離宮公園(有料。昭和四二年開園。大正三年造営の武庫離宮跡)方面と水野町方面への分岐点に着く。左をとり、北北東のため池のすぐ下に降り立つ。天井川に沿って、左に右にと明瞭な道をたどって、切り立った峡谷をしばし楽しみながら、堰堤の右側を二回越えると建物の跡地があり、豆分地蔵尊の祠の横に出る。広い車道に出て右折し、第二神明道路の高架下を行くと、旧神明道路との分岐点に出る。右へ続く旧神明道路を横断して、西へ歩くと六甲砂防工事事務所西六甲出張所があり、アンテナがそびえている。アンテナを左に見て南へ下り、道なりに進めば、山陽電鉄月見山駅に着く。東須磨と西須磨の境の高台(今の須磨離宮辺り)を「月見山」という。在原行平がここで月を賞したことから名付けられたという。

ここで紹介した水野町コースは『文化・レクリエーションマップ』(神戸市)にルートが載っている。小鯛叡一郎『京阪神ベストハイク・六甲の山』、『阪急ハイキング』、『六甲全山縦走マップ』は須磨アルプスコースから妙法寺駅への縦走コースが紹介されていて参考になるが、水野町コースは載っていない。水野町コースに危険な箇所はないが、あまり人が入らないので、静かな山好みの人のコースであることを申し添えておこう。慣れない人は、一般のガイドブックに載っているコースを選択されることをおすすめする。

(平成一五年一月一二日歩く)

《コースタイム》(計三時間一〇分)

JR塩屋駅・山陽電鉄山陽塩屋駅(一時間)旗振山(一〇分)鉄枴山(一〇分)高倉山・おらが茶屋(三五分)栂尾山(一時間)水野砂防ダム(一五分)山陽電鉄月見山駅

〈地形図〉　一万＝須磨　二万五千＝須磨

〈地　図〉　昭文社＝「六甲・摩耶」

畑山（旗山）（明石）

四二・四ｍ

明石市教育委員会編『ふるさとの道をたずねて』には、明石市大蔵谷東部、ＪＲ山陽本線朝霧駅北西へ三〇〇ｍに位置する畑山（旗山）について、次のようにある。

「朝霧川口を北へ（中略）坂を登りつめた台地が畑山で、山上にある畑と言うことで、この名がつきました。見通しが非常によいので、大阪の堂島の米相場のようすを知らせる旗を振る中継地として利用されたので、旗山とも呼ばれています。東の鉄拐山の信号を見て、西の金ヶ崎方面へ信号を送ったようです。」

服部英雄『景観にさぐる中世』には、次のような記述がある。

「神戸市東灘の保久良神社の山、明石市朝霧の旗振山、魚住金ケ崎町（ママ）の旗振山などがその山だったといい、旗振さんと呼ばれる人がいて、手旗信号を行なっていた。」

「子供の時に旗振さんについて山に登り、実際に旗を振るところを見たことがある人は、現存しているという（明石市教委、山下俊朗（ママ）氏の御教示）。」

筆者は、詳しいことを知りたいと思い、山下俊郎氏（明石市立図書館）に電話で確認してみた（平成一二年）。旗振りさんが住んでいたのは、明石市大蔵八幡町の旧街道に面した北側の家だという。山下氏は、平成三年前後に調査を行っている。話を聞いたおばあちゃん（水道屋さん宅）は子供の頃、隣に住んでいた旗振りさんについていって、旗振りを目撃したという。朝霧駅の北方三〇〇ｍ余りにあった小さな山の上で旗を振っていたとのことであった。大蔵谷旗山と呼んでいる。土俵のように丸く、下に石があって飛ぶとどんどんという音がしたそうで、周辺より一段高くなっていて、清灰色の粘土が見えていたという。山下氏はおばあちゃんに案内してその場所を教えてもらったが、今では土取りのために原形をとどめていない。場所は南から登ると道が少し方向を変える所の右手で、道の東側だという。その地点からは淡路島の展望が大きく開ける。土取りをしていたのは藤本さんで、須恵器が出土して、それが場所的に一致するので古墳跡であることは間違いなく、円墳であったらしいという。東山遺跡の一部である。「遺跡畑山」の標柱がある場所はずっと北であり、明らかに違う。ちなみに、山下氏は『新明石の史跡』の執筆者のひとりで、日本考古学会会員であり、現在は明石市立文化博物館の館長である(平成一七年)。

「遺跡畑山」の標柱

中谷吉次郎編『大蔵谷史』には、「須磨鷹取山旗場」「須磨鉄枴山、今の山電展望台の旗場」「大蔵谷旗山」「魚住村金ケ崎」という順に通信されたことが記載されている。この中の二つ目の旗場は、須磨浦山上遊園の上部に山電展望台があることから、その近くに位置する須磨旗振山を指している。鉄枴山頂に見晴らしはないし、近くにも展望台はないから、鉄枴山そのものを旗振り場とするのは、『大蔵谷史』の間違った読み取り方であろう。

松が丘四丁目バス停の少し北の尊神神社近くの道路脇に、この『大蔵谷史』の内容を引用した「遺跡畑山」の標柱がある。この標柱には旗振り場の一つを「須磨鉄枴山」としているが、鉄枴山で旗振りが行われた形跡はなく、須磨旗振山が正しいと思われる。鉄枴山の標高は須磨旗振山よりも低い。標柱の立っている場所は、旗振り場を示すものではなく、畑山遺跡を案内するためのものである。標柱の略地図には南方にある旗振り場付近に「畑山」の記載がある。実際の旗振りポイントは、尊神神社の南西約二〇〇ｍにある。

「畑山」は昔のノロシ場と考えられている。山上にある畑という意味であり、現地には畑が広がっているが、旗振り山を意味する言葉である「旗山」とも書かれる。小字名は東山で、大蔵谷の東の山の意味である。おそらく、古くからの呼称は東山で、江戸時代に旗振り山となってからは「旗山」と呼ばれるようになり、旗振りが中止となってからは「畑山」と書くようになったと考えるのが合理的であろう。今では、畑山の北部は、朝霧公園と宅地に変わっている。なお、川口陽之氏は朝霧公園を旗振り場としているが、実際のポイントではない。

「畑山」については、播磨地名研究会編『播磨　山の地名を歩く』で旗振り場として紹介されている。

コースガイド

ＪＲ山陽本線朝霧駅から大蔵谷旗山（遺跡畑山、東山遺跡）を訪れてみよう。駅前の広場から北へ延びる広い幹線道路（昭和四二年開発の松が丘の明舞団地のために造られた道路）の西端を北方へ歩き、診療所のある建物（サニープレイス朝霧）と薬局のある建物（ビラ朝霧）の間の道へ入る。舗装がとぎれて地道となり、右手に土砂採取場跡が見える。空き地はモータープールで、道の脇には粘土層が見えている。旗振り場は、土砂採取場跡の上のほうであろう。広い道に出て少し上がれば、海と淡路島の素晴らしい展望が広がり、東側が旗振り場跡である。

周辺が宅地化している中にあって、タイムスリップしたごとく、両側に畑が広がっていて、今でも文字どおりの畑山である。ここから東に須磨の旗振山が見え隠れしているが、西の金ケ崎山の方は建物に隠されて見つからない。『明石の史跡』や『新明石の史跡』によると、宅地造成中の昭和三八〜四二年頃、弥生式土器・石鏃（せきぞく）や、須恵器・土師器（はじ）など古墳時代の遺物が発見され、東山遺跡と呼ばれている。畑山の台地一帯は昔から父祖たちが生活を営んだ土地なのであった。

　旗振り場跡から朝霧公園へ向かおう。北東へ道をたどると、松が丘四丁目バス停に出る。道を横断して鉄塔のそばに出る。左手の小山の上が尊神神社で、道路脇に「畑山」の標柱が立っている。右手（北東）に進むと小さな丘があり、ここが朝霧公園となっている。散策や休憩に手頃である。帰りは再び畑山からの展望を楽しみながら道なりに下り、線路沿いに朝霧駅へ戻る。防風壁のある歩道橋は大蔵海岸に通じており、花火大会での悲劇の舞台となった。海岸では陥没事故も起こった。過ちは繰り返さないでと切に願う。

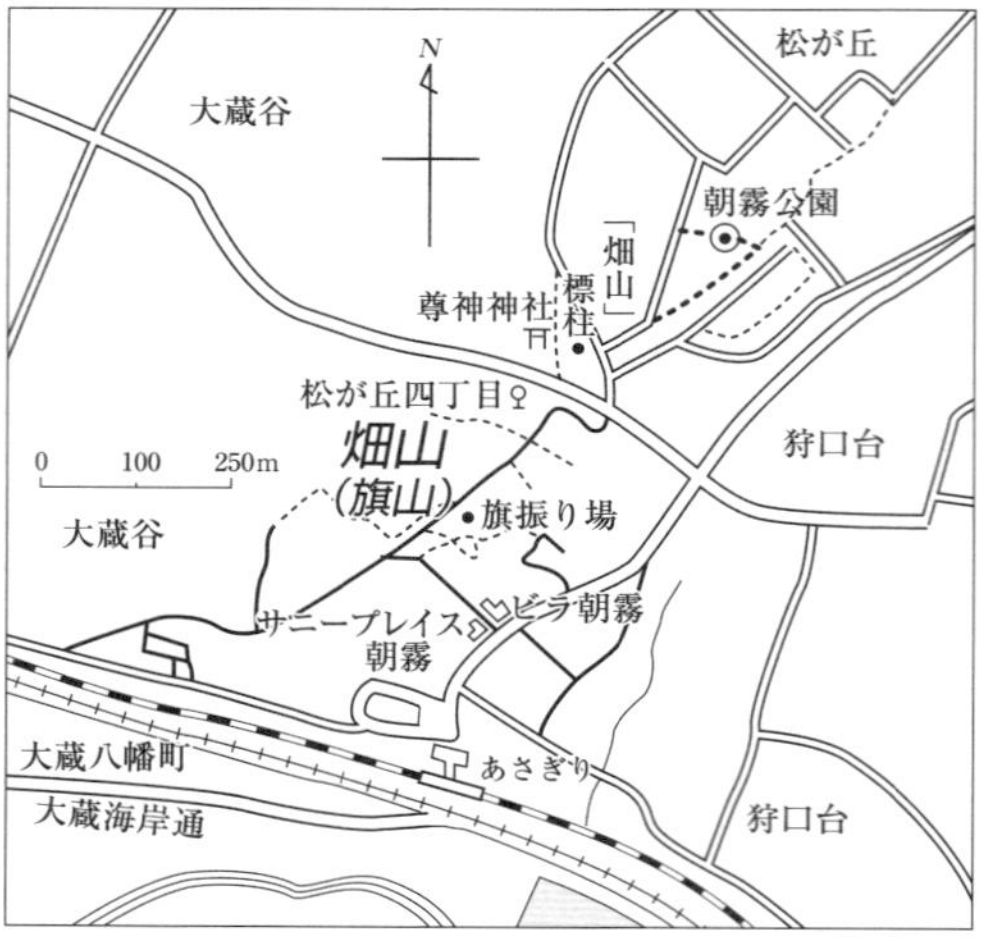

　紹介したコースは軽い散策程度なので、一万分の一地形図「垂水」を参考に、狩口台（古くからの狩場であったことから狩口の地名が生じた）のきつね塚古墳や、松が丘公園（古墳がある。住宅開発により移築された横穴式石室）を訪れてみるのも一興であろう。次の金ケ崎山と組み合わせて一日で巡ってみるのもよい。

（平成一三年一〇月二〇日歩く）

畑山（明石）

《コースタイム》（計四五分）

ＪＲ朝霧駅（一〇分）大蔵谷旗山の旗振り場（五分）遺跡畑山の標柱（五分）朝霧公園（一五分）ＪＲ朝霧駅

〈地形図〉　一万＝垂水　二万五千＝須磨

金ヶ崎山

八〇・一m

明石市魚住町金ヶ崎にあった旗振り場は、明石市の最高峰「金ヶ崎山」(もとは八二m)の山頂である。山下俊郎氏によると、金ヶ崎には「めがね屋」という旅館があって、旗振り通信に使ったという望遠鏡も残っていたという。

岡山ルートを再現する実験を行った吉井正彦氏と西宮ローバー隊員らの調査(昭和五六年)によって、金ヶ崎山(現在、山頂に明石市西部配水場がある)で黒田実三郎氏(調査当時六四歳)の祖父楞野千代太郎さんが望遠鏡で受け、父光次郎さんが旗振りをするなど役割分担をしていたことが明らかにされた(昭和五六年八月四日付「神戸新聞」)。

フランス製(真鍮)の望遠鏡四本のうち、三本と「めがね屋」の看板は平成二年に明石市立文化博物館に寄贈され、望遠鏡三本は常設展示されている。あと一本(最大長九三cm、倍率二五倍)は黒田三代子さん(平成一七年で八三歳)が今でも家宝として大事に保管しておられる。

筆者は平成一四年八月二四日に黒田家を取材して望遠鏡を見せてもらうことができた。金ケ崎の土井一夫氏は、黒田夫

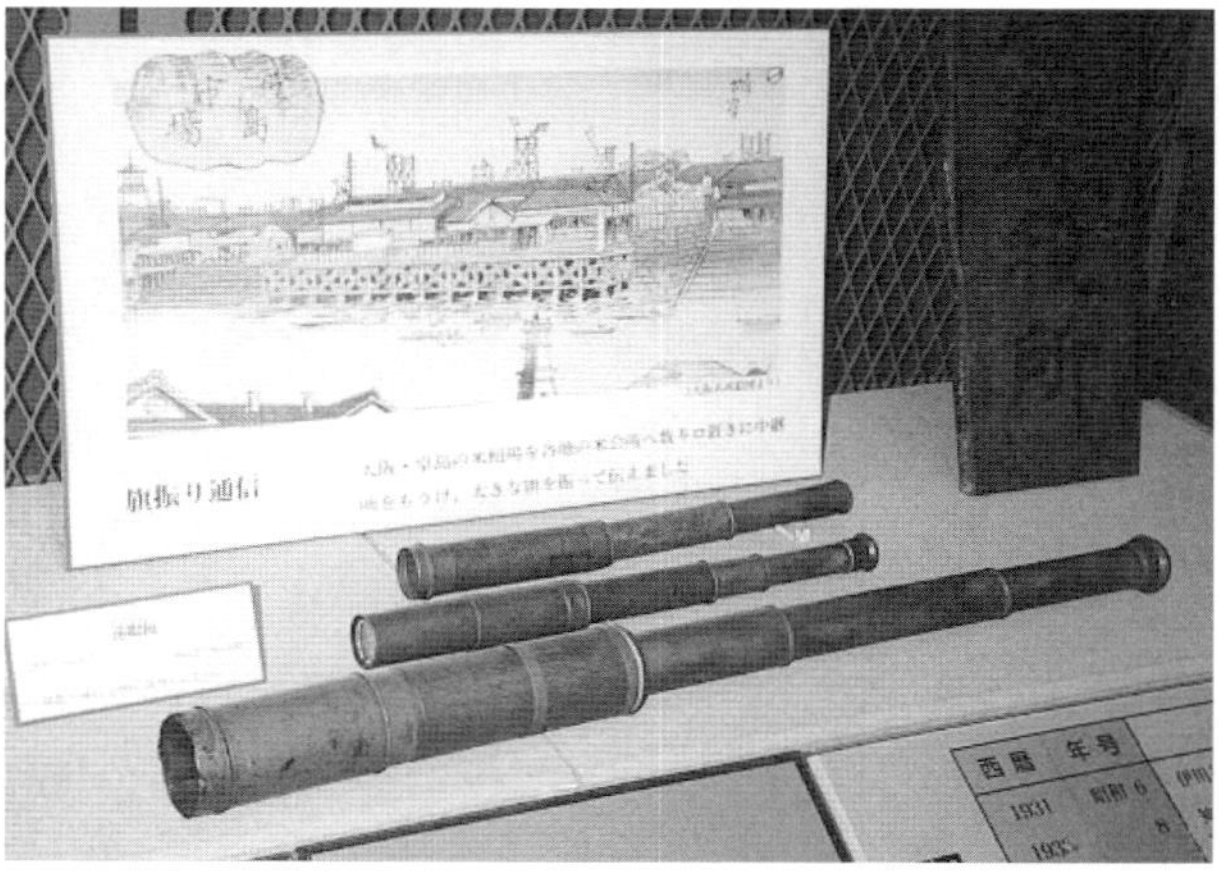

明石市立文化博物館に展示されている望遠鏡（黒田家旧蔵）

妻の話では、一〇一、二歳だという。土井家は黒田家のすぐ近くである。土井氏の話によると、小さい頃(日露戦争のあった明治三七〜三八年頃)に旗振りを目撃したといい、山頂に小屋があって、旗振りさんは窓から首を出して遠めがねでのぞいていたという。その後、二年後の黒田三代子さんへの取材時(平成一六年八月七日)の話でも、土井さんは元気であるということであった(一〇三、四歳)。残念なことに、実三郎さんは平成一七年八月二日に亡くなられた(八八歳)。

『歴史と神戸』二二巻六号に再録された「三木の眼がね通信」(山田宗作『東播タイムス』昭和三〇年)の記事によれば、明石市魚住村の最高地点を「鳥辺山」と呼び、通称「相場山」と唱え、旗ふり達の姿を見掛けたのは約五〇年前(明治三八年頃)の事で、東方の鷹取山から受けて、高砂に送ったという。その少年時代の目撃者とは、明石市大蔵在住の陶芸家、小倉千尋氏(明治三三年〜昭和三七年)で、魚住村金ヶ崎の出身であった。土井氏の目撃した年代とほぼ同じであったのは、偶然とはいえ、興味深い。

コースガイド

金ヶ崎山に登るには、JR山陽本線魚住駅から歩き、宅地を抜けて頂上の配水場に達することができるが、ここでは、JR大久保駅からアプローチする方法を紹介しよう。

JR大久保駅前を北へ国道まで歩いて右折すると、ベンチの並んだ国道大久保バス停に出る(一時間に四便)。ここから神姫バスに乗って、福里・加古川方面に向かい、四分乗車して、金ヶ崎バス停で降りる。北へ進んで旧西国街道に突き当たり、左折し、少し進むと左手に黒田家がある。

実三郎さんの先祖は寺子屋をしていたという。家が旧西国街道沿いにあったため、祖父の千代太郎さんの代から旅館を始めたという。その傍ら、旗振りの仕事も行ったため、いつしか屋号も「めがね屋」と呼ばれるようになって、常連さんに親しまれていたという。宿屋の廃業後もしばらくはお得意さんだけを宿泊させることもあったらしいが、昭和一三年には、今の家に立て替えたということである。妻の三代子さんの話では、旅館の維持・管理は、部屋の数も多くて大変だったという。

　黒田家の先で右折して、金ヶ崎山へ向かう。分岐があり、左の平らな道は金ヶ崎自然公園への道である。自然公園には貴重な自然が残されている。アカマツ林とコナラ林が中心で散策路が整備されて、昆虫採集、散策、バードウォッチングに利用されており、立ち寄るのもよいだろう。右の坂道を上がり、次の分岐では右をとり、突き当たりで左折して、まっすぐに進むと明石西部配水場に着く。

　正面に丸いタンクが見えるゲート前で、タンクの右手に三号池の設備があり、その手前に白い標柱があって、三角点(八〇・一m)の場所を示している。その場所は配水場内にあり、無断で立ち入ることはできない。

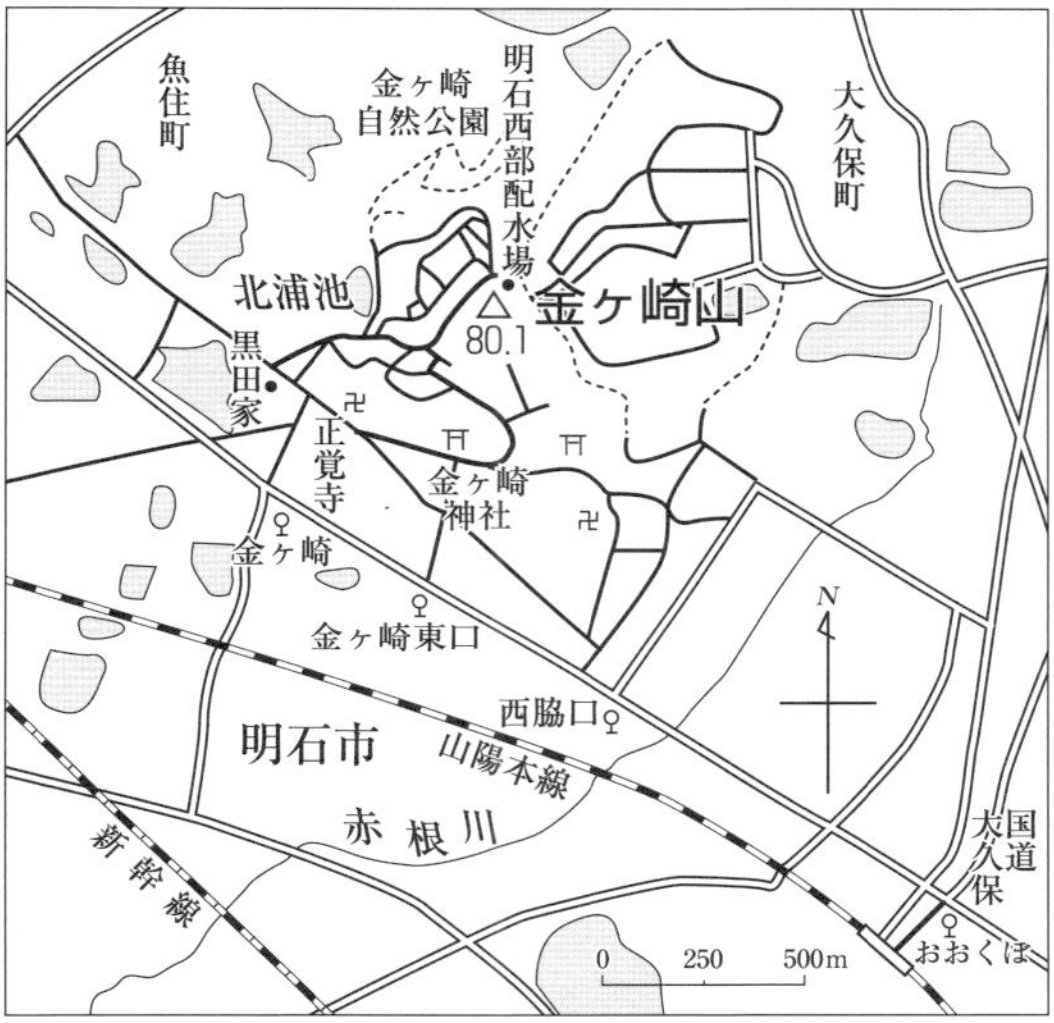

金ヶ崎山山頂（明石西部配水場）
中央に三角点がある

　配水場のできる前には、標高が八二mあり、付近で一番高い丘で、見晴らしが良かった。今でも、明石市の最高地点(八〇・一m)であり、展望は開けている。山頂付近の小字名は岡畑といい、旗振りの行われた時代は「相場山」と呼ばれていた。

　実三郎さんの伯母つじさん(光次郎さんの姉。故人となっているが、旗振りのことに詳しかったという）によれば、決められた時間に相場山に行き、赤いもうせんを敷いて、その上で旗振りを行ったという。通信の終わったあとは、家族らが交代で三、四km離れた土山や二見まで徒歩で仲買人に米相場を知らせに行ったことも多かったという。早くて正確で安かったため、旗振り通信は、電信・電話が発達してきても、大正中期頃まで継続された。

配水場から元の道を戻り、途中で左折して、東へ下る。右は金ヶ崎団地である。左手（北側）は大久保町西脇鳥ヶ谷といい、今では宅地化されてカスケディアヒルズとなっているが、かつて、鳥ヶ谷温泉で賑わった所である。明治四〇年に鉱泉が見つかり、温泉旅館が開業し、春には桜の花に覆われ、戦前は神戸あたりからの多数の観光客でにぎわったが、戦後は次第に廃れていったという（『失われた風景を歩く　明治・大正・昭和』）。今は昔である。地元でも記憶している人はわずかという。

そのまま下り、西へ進むと金ヶ崎神社に着く。もとは黒岩神社（明治四〇年に住吉神社を合祀して、金ヶ崎神社に改称）と呼ばれ、御神体は一・八mの黒岩という。この石は、昔、東国からの旅人が持ってきたものをここに安置したもので、年々太って大きくなるという不思議な伝説が残っている。旅に出るときに、安全を祈って境内の石を身に付けて行き、願いがかなえば倍にして返すとよいという言い伝えがある（『新明石の史跡』）。境内西端の石柱に「鳥ヶ谷温泉」の寄進があって、かつての繁栄の名残りが見える。

金ヶ崎神社

神社の西に向かう。西国街道と合流する地点に「左太山寺道」と刻んだ古い道しるべが残る。これは、今の神戸市西区伊川谷町前開にある太山寺への江戸時代の参詣道の起点を示すものである。姫路から西国街道をやってきた人々は金ヶ崎で参詣道に入り、今の大久保町大窪、松陰、鳥羽新田、野々池、玉津町出合、今津、伊川谷町潤和、上脇の惣社神社を経て太山寺へ参詣したのであった。

西国街道に出ると、北側に正覚寺がある。室町時代の開基という。観音堂には「一寸八分の観音さま」を安置している。かぶと観音ともいい、俵藤太秀郷（たわらとうだひでさと）がカブトの前にこの一寸八分の観音像をつけて出陣して平将門を滅ぼしたと伝えられている。寺を開いたのは秀郷の子孫、佐藤時信だという。本堂には本尊、阿弥陀如来像をまつっている。街道を少し西へ進み、左折して、金ヶ崎バス停からバスに乗り、大久保駅か終点明石駅に出て帰る。

明石畑山（大蔵谷旗山）を訪れたあと、金ヶ崎山に登るというプランが手頃であろう。もの足りない向きには、金ヶ崎自然公園の散策を加えることをおすすめしたい。

（平成一七年八月一九日歩く）

《コースタイム》（計五五分）
金ヶ崎バス停（二〇分）配水場（二〇分）金ヶ崎神社（一五分）金ヶ崎バス停

〈地形図〉　二万五千＝東二見

姫路ルートの概要

大阪堂島の米相場は、遠方へ伝える場合、旗振りの回数をできるだけ減らすような工夫がなされたことだろう。可能な限り、通信距離を長く設定して、所要時間を短くすることが要求されたからである。情報が早いほど、利益に結び付いたはずである。

姫路ルートの場合、「堂島—尼崎辰巳橋—金鳥山—高取山—金ヶ崎山」と四回で伝わってきて、五回目で高砂、六回目で姫路に到着したという。神戸の相場は高取山に伝えられた。高取山からは、金ヶ崎山と須磨旗振山に伝わった。須磨旗振山からは、明石畑山（大蔵谷旗山）と神出旗振山に送信され、明治初期には淡路島にも伝達されたようである。

それでは、高砂の旗振り場は具体的にはどこにあったのだろうか。近藤文二「大阪の旗振り通信」によれば、それは宝田となっている。だが、加古川市・高砂市地域に宝田という地名は存在しない。

ＪＲ山陽本線には宝殿（ほうでん）駅がある。生石（おおしこ）神社の石の宝殿にちなむもので、その北の高砂市阿弥陀町魚橋には、旗振り伝承のある魚橋山があるのである。ここが宝田中継所であろう。

『増訂印南郡誌』には、次のようにある。

「最も永く続きしは魚橋山にして、維新前より継続し大正三年十二月に之を止めたり。当所の信号は

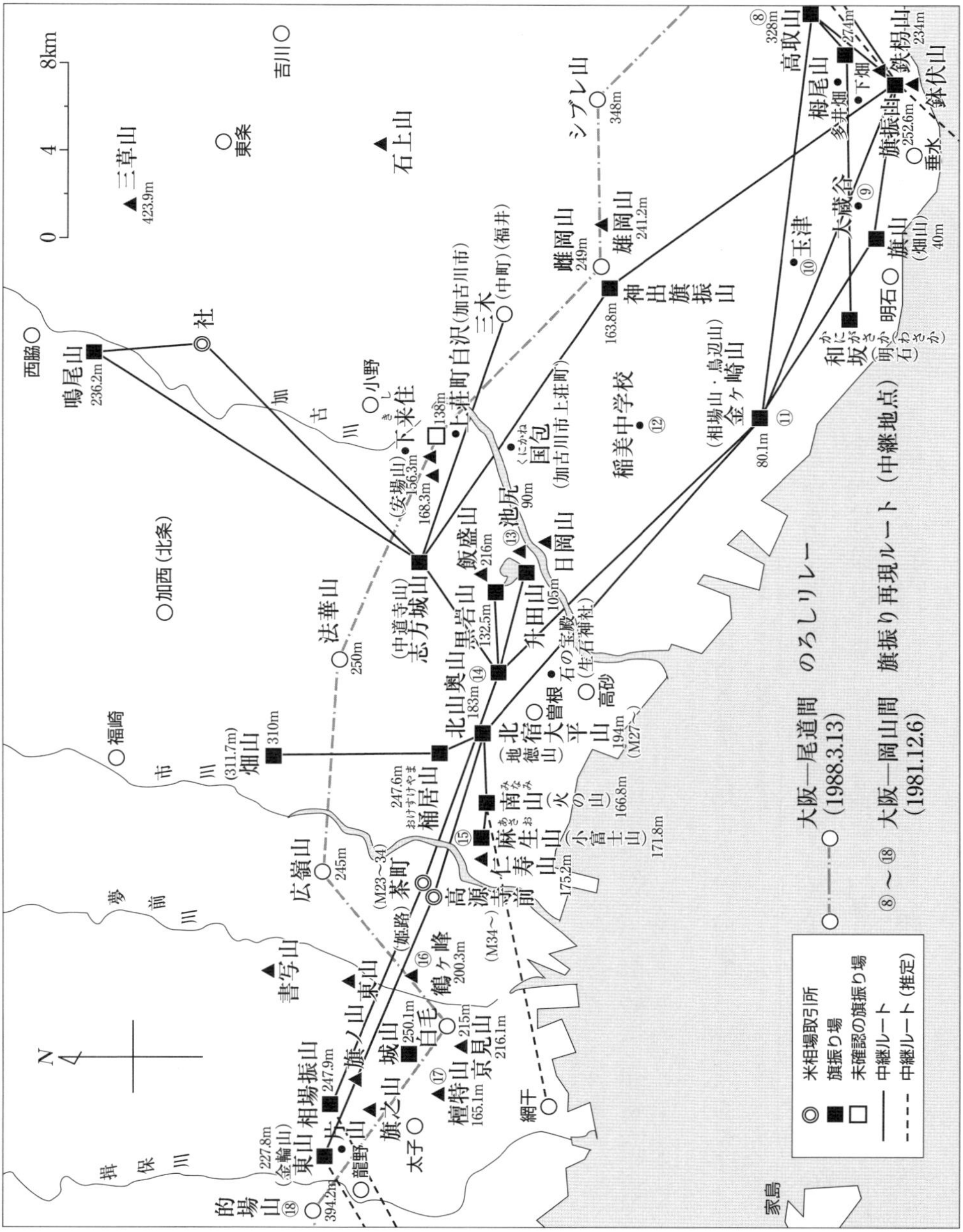

大阪—尾道間　のろしリレー
(1988.3.13)
大阪—岡山間　旗振り再現ルート（中継地点）
(1981.12.6)
⑧〜⑱
米相場取引所
旗振り場
未確認の旗振り場
中継ルート
中継ルート（推定）

65 —— 姫路ルートの概要

大阪の信号を兵庫に受け、或は兵庫市場出来の相場を信号して鷹取山より明石郡金ケ崎山を経て当所に受け、之を姫路市場に信号するものなり。而して当所の旗振をなしたる人は、魚橋村長谷川清吉（後略）」

「ふる里の山名絵地図、高砂市北部」によると、地元で魚橋山というのは地形図の一〇二mピークである。ここは旗振り場ではない。そのさらに北方の一八三mの山を地元では北山奥山と呼ぶ。ここでは、金ケ崎山から受信して姫路市内に送信したものと考えられる。また、北山奥山は、加東郡方面への旗振り中継地点としても機能し、志方城山を経て、鳴尾山（滝野町・西脇市境）、社町へ送信されたと伝わる。

『別所村史』原稿（昭和二七年編）には、次のようにある。

「本村に於ても北宿村大平山の頂上で、明治二十七年頃から旗振りが開始されて大正六年頃まで行なわれていた。電信電話の相当発達した当時に於てすら、尚敏速で且つ正確であるので重要視されていたのである。本村の人でこの旗振り信号に従事していたのは、楞野信三・吉田元三郎・小林栄次の諸氏であった。小林栄次氏の談によれば、北宿村大平山より、快晴のときは一の谷の旗振り所が直接望見出来たそうである。信号の経路は、大阪堂島―尼ヶ崎―御影山―一の谷―金ケ崎山―北宿大平山―姫路―姫路近傍の順次で受信されていた。」

大平山（おおひらやま）中継所は、姫路市別所町北宿と高砂市阿弥陀町地徳との境にある。姫路では「おへらやま」と呼び、標高一九四・〇m。高砂では地徳山と呼ばれている。

魚橋山（北山奥山）、北宿大平山などの旗振り場については、木谷幸夫「姫路付近の旗振り山について」（『歴史と神戸』一六三号）に詳しい。木谷氏は兵庫県中世城館の調査団に参加され（昭和五四〜五六年）、西播磨の山々を踏査し、旗振り伝承についても文献や聞き取りの調査をされて、姫路市域の大平山、桶居山、畑山での伝承を示された。
大平山からは、直接、姫路に伝えるとともに、桶居山を経由して、畑山（姫路市豊富町・山田町・加西市）に伝えられた。その先の中継地点は不明である。落合重信『兵庫の歴史―明治維新から戦後現代まで―』の中に「この途中分かれて但馬に達するものもあった」とあるが、具体的なポイントにはふれていない。畑山から北へたどれば但馬に入るので、このルートに言及したものとも考えられるが、今までのところ、但馬方面に旗振り場は見つかっていない。

木谷氏によると、麻生山、檀特山、京見山、書写山は、見晴らしの良い山々だが、旗振り伝承は見つけられなかったという（伝承は見つからないが、京見山で旗振りが行われた可能性があると木谷氏はいう）。

畑山の旗振り場の跡（三角点の少し南）

『逓信協会雑誌』大正三年二月号には、旗振り場として「姫路、曽根、網干」とある。

火山（御着火の山、南山）については、落合重信氏は「御着樋の山」の表記で、旗振り地点としている（『地名にみる生活史』）。寺脇弘光・報「御着付近の旗振り通信」（『歴史と神戸』一一八号）によると、寺脇氏の親戚（姫路市別所町佐土）の隣家の九〇歳を過ぎたお爺さんの記憶では、この人の子供のころ（明治三〇年代）まで、相場の動きを知らせる旗振りが、南山の頂上で行われたという。北宿大平山から信号を受け取ったということである。

麻生山（播磨小富士山、一七一・八m）、鶴ケ峰（広畑区蒲田、二〇〇・三m。『姫路の山々』によれば、山名は鬢櫛山）、檀特山（一六五・一m）は、吉井正彦氏らによる岡山ルートの再現実験（昭和五六年）の時に中継地点として利用されている。木谷氏の推論に反して、吉井氏の聞き取り調査では、麻生山における旗振りの証言が得られており、間違いなく中継地点であったという（吉井氏からの平成一二年一一月の返信による）。麻生山は姫路近郊（平地）への連絡に用いられた中継地点のように思われる。

姫路米穀取引所については、木谷幸夫「姫路付近の旗振り山について」に詳しい。明治二三年に姫路米穀市場が茶町（現在の北条口付近）に開かれ、同三四年には光源寺前（現在の駅前町付近）に姫路米穀取引所が設立された。

明治維新から魚橋山の相場通信所が設置されて姫路に伝達されたが、ここからさらに岡山方面に送信するための中継所があったはずであるが、それがどこなのかは、従来、明らかにされていないように思われる。

麻生山の山頂と展望

神戸新聞社学芸部兵庫探検・総集編取材班著『兵庫探検・総集編』（神戸新聞出版センター、昭和五六年一〇月二五日発行）に「旗振山」の項目がある。これは、昭和五五年五月二七日付の「神戸新聞」の「旗振山」の記事の再録であるが、内容をよく調べてみると、新聞記事にない次のような文章が追加されていることに気付いた。

「姫路市太市（おおいち）駅近くにある相場振（そばふり）山も旗振山だったと、地元では言い伝えている。」

おそらく、「神戸新聞」の旗振山の記事の読者から寄せられた情報で、出版の際に追加されたものであろう。この相場振山（姫路）こそ、魚橋山(北山奥山)から受信した地点に他ならないだろう。相場振山の呼称は、古くからの旗振り場であることを物語る。ここからは、姫路の米市場も北山奥山も見通せるので立地としては最適であったことだろう。

さらに、相場振山は岡長平氏の研究で次の中継地点とされる赤穂方面の山々も見通せる立地にあるのである。落合重信『地名にみる生活史』によれば、その旗振り地点は赤穂高山と記載されている。落合氏はその根拠となる情報を公表していないが、地元に伝承があったのだろう。実際、赤穂高山のすぐ近くの山に旗振り場が設けられたことが判明しており、まず間違いないのではないだろうか。

したがって、明治二七年以前の中継ルートは「大阪堂島―尼崎辰巳橋―金鳥山―高取山―金ケ崎山―北山奥山―相場振山(姫路)―赤穂高山」と考えられる。

筆者の推定では、大平山に中継所ができてからは、やや西よりに旗振り場を移し、相場振山(姫路)の西方、たつの市龍野町片山の北に位置する金輪山(こんりんやま)(二二七・八m)で旗振りを行うようになったのではないかと思う。赤穂への通信距離が少しでも短くなるからである。

吉井正彦氏らの調査によれば、龍野では、「通信を盗み見た人が捕まる『盗眼事件』の記録が残っている」(昭和五六年七月一二日付「神戸新聞」)ということである。

大平山に中継所ができた明治二七年以降の姫路方面への通信ルートは、証言から推定すると、「大阪堂島―尼崎辰巳橋―金鳥山―高取山(または須磨旗振山)―金ケ崎山―大平山―金輪山(龍野)―赤穂高山」となり、さらに岡山へ中継されたのだろう。

なお、相場振山(姫路)と金輪山での旗振り時期についての裏付けはとれていないので、明治後期にも、相場振山(姫路)が機能していた可能性はあるかもしれない。相場振山の伝承は、地元では現在でも語り

天下台山の山頂

継がれているからである（筆者も平成一三年の現地調査の時、地元の太市で伝承を聞いている）。ちなみに、北山奥山での旗振りは、大正三年末まで行われたが、岡山での旗振りは明治三一年までだったという（岡長平による）。

相場振山（姫路）および金輪山と、赤穂高山との距離は二〇km前後あるので、霧の発生などの場合、視認が不可能になりやすい。そこで、その間に中継所がなかったかが問題となる。

平成一六年一二月、相生市の天下台山の北尾根のとんび岩が米相場の中継所であるという情報をインターネットで得たので、当事者に問い合わせてみた。その証言は、ＨＰ「とんび岩通信」を運営している男性（昭和二二年生れ）の父（大正六年生れ）が祖父（明治二二年生れ）から聞いていたものであった。

いろいろな状況から、その男性は、信号中継所は天下台山の頂上から三、四〇ｍ低い北西側斜面の旧登山道横の「のろし台」ではないかという。のろし台は五〇年前と同じ姿で残っていて、コンクリートと石で作られていた（口絵写真参照）。今のところ、ここが旗振り場と裏付ける証言は見つからないが、地点はともかく、天下台山が旗振り場であったことは、まず間違いないであろう（「旗振り通信の研究」㉔）。

北山奥山・大平山（地徳山）

一八三m
一九四m

『志方町誌』には、魚橋山の中継所が次のように紹介されている。

「相場中継所　横大路南方山頂の太閤岩から峯続きを少し西へ歩くと、通称大谷から登り着いたところに、六畳敷き程の僅かに土盛りしたあとがある。小松が繁って、注意せぬとそれと判りにくいが、ここは昔、米相場中継所の小屋が建っていた場所である。その頃は六十余りの老爺がただ一人、一メートルばかりの望遠鏡で明石の方を見ては外に出て大きな旗を振り、姫路の方を見ては旗を振り、一日のうち幾度となく繰り返していたものだ。明石と姫路の中間にあって米相場の中継をしていたのである。天気のよい日は村からでも旗を振っているのがよく見えたもので、それは明治時代のころの話である。電信電話の発達が旗振りを不要にしたのである。」

この記述だけでは、旗振り地点ははっきりしない。木谷幸夫「姫路付近の旗振り山について」には、次のように具体的な場所が示されている。

「魚橋山信号所跡へは、加古川市志方町横大路南の峠集落から登ることができる。中腹の高圧鉄塔から南へ稜線を進めば、天正年間、羽柴秀吉が志方城攻略の本陣を置いたと伝えられる太閤岩にでる。この地点から、さらに五〇〇メートルほど尾根筋を進むと、西に北宿大平山、東に金ヶ崎山を望見できる平坦地がある。相場中継所と推定される所である。」（天正年間は一五七三～九二年）

つまり、太閤岩から西へ五〇〇m進んだ地点が、魚橋山であり、現地で確かめてみると、そこは地元の高砂では「北山奥山」と呼ばれているピークで、標高は一八三mである。

北山奥山（ここに米相場の中継所があった）

『増訂印南郡誌』によれば、維新前に各地に設けられた信号所においては、いわゆる「グズリ」など、信号者に対して金銭の強請などが行われたために、一定の場所に永続して行うことができなかったという。明治時代に入ると、強迫の心配がなくなったので、明治初年からは各地で、決まった場所で継続して行われるようになった。一番長く続いたのが魚橋山信号所で、維新前から大正三年末まで通信が行われたという。大阪からの信号は兵庫市場を経て、高取山、金ヶ崎山、魚橋山、姫路市場へと伝えられた。

魚橋山信号所で旗振りをしたのは、魚橋村の長谷川清吉であった。清吉が子供の時、いつも魚橋山に遊び、ここで行われた旗振りの真似をしているうちに、知らず知らずにこれを覚えたのだと生前いつも話していたというから、若い頃からこれに従事していたのだろう。清吉は大正元年に亡くなり、その後二年間は、息子がこれを受け継いだというが、予約電話の開始された大正三年一二月を最後として旗振りを止めたという。

大平山（北宿大平山、地徳山）で旗振りが始まったのは明治二七年頃のことで、金ヶ崎山からの信号を受けて、姫路に送ったという。大平山の旗振りは大正六年まで継続されたという。『播磨　山の地名を歩く』には、山の西麓、姫路別所高校の南、横池の東畔に建てられた「大平山旗振り所跡」の石碑が紹介されている。

コースガイド

高御位山（播磨富士）は、古くからの磐座信仰で知られ、その特異な岩稜は目を引き、「播磨アルプス」とも呼ばれてハイカーに親しまれている。見晴らしの良さから人気のエリアで、高砂市の全山縦走コースも設けられている。コースガイドは多いが、北山奥山と大平山（地徳山）の両方が旗振り場であったことを紹介しているものはほとんどない。

高砂市の全山縦走コースは、北池から北山奥山を経て、高御位山、鷹の巣山、地徳山、豆崎奥山からＪＲ山陽本線曽根駅、さらに牛谷から日笠山連山を経て、山陽電鉄曽根駅に至るものである。縦走路は展望がよく、あきることがないが、急坂のアップダウンがあり、案外、時間がかかるので、余裕のあるコースをとったほうがよい。今回、二つの旗振り山を一度に楽しめるガイドコース一本と、山麓からのびる登路を利用した縦走コース三本を紹介する。なお、鷹の巣山の山名同定には市販のガイド記事に混乱が見られるので注意を喚起しておきたい。

Ａ　まず最初は、二つの旗振り山を楽しめる手頃な

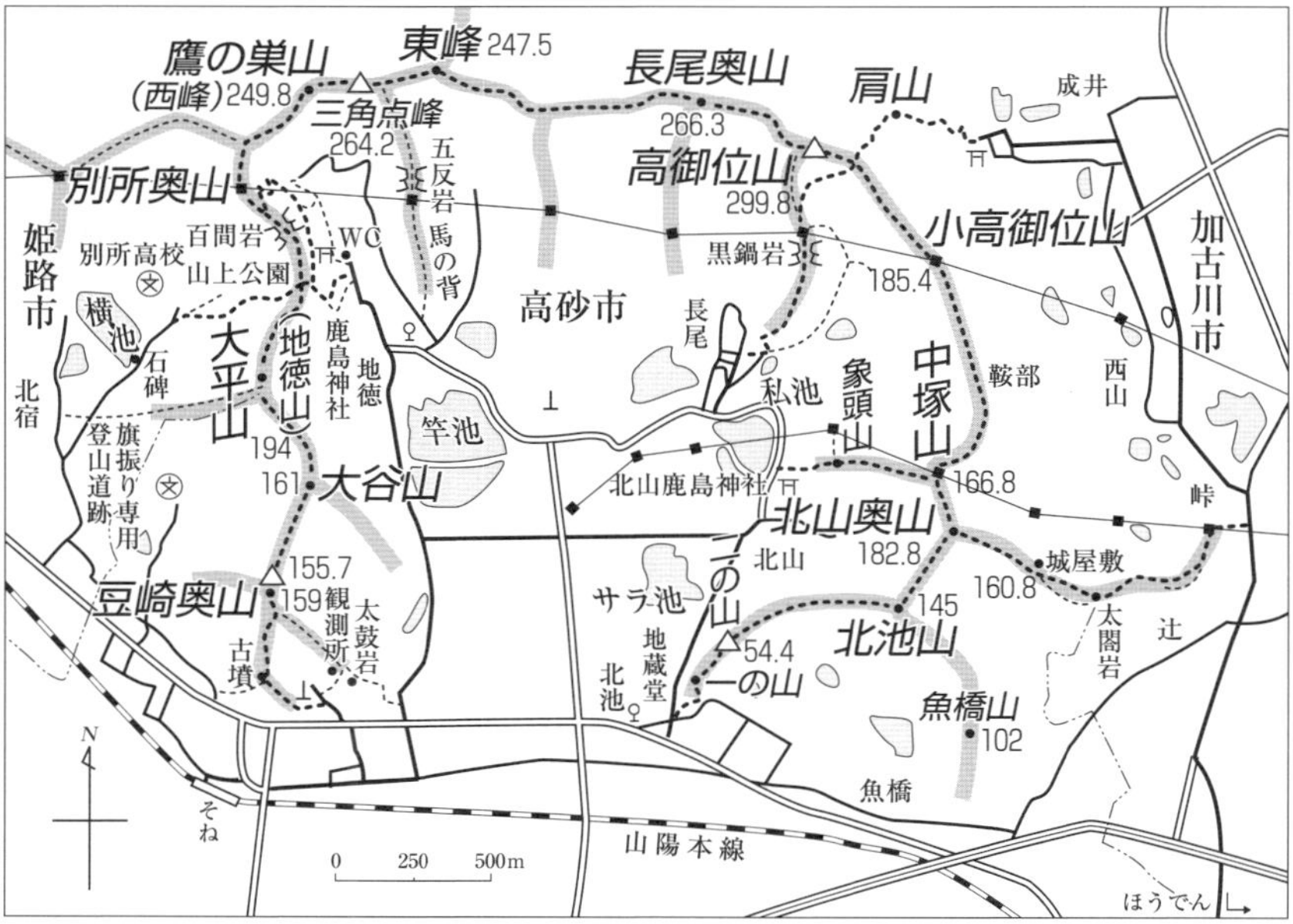

コースを案内しよう。JR山陽本線宝殿駅前から加古川市西神吉町辻を抜けて、志方町横大路に抜ける峠の集落に着く。駅前からタクシーを利用するのもよい。『志方町誌』には「鴉峠・烏峠」とあり、烏が多く棲んでいたのでつけられた名前と推定されているが、今では単に「峠」と呼ばれているようだ。峠の東側には地蔵堂がある。西側から急坂の巡視路を上がると、すぐ鉄塔に出る。左の縦走路に入り、鞍部から登り返すと見晴らしの良い太閤岩に着く。秀吉が志方城を攻めた時、ここに本陣をおいて采配をとったという言い伝えが残る(『志方町誌』)。ここから西に進むと踏み跡が二本になるが右の方をたどると、「米相場中継所跡」という案内プレートがあり、右に入ると、『志方町誌』に基づく中継所跡の解説板がある。ここは「城屋敷」と呼ばれていて、山城跡の削平地があり、標高は一六〇・八m、太閤岩から西へ約一五〇mほど上がった地点である。しかし、ここは、東側(明石金ヶ崎山)はともかくとして、西側(姫路)を見通すことはできない立地である。次の通信地点は姫路米穀取引所であるが、姫路市内はもちろんのこと、大平山中継所すら見ることはできない。ここは条件に合わない場所である。なぜ、ここに「米相場中継所跡」の表示があるのだろうか。それは、解説板から考えてみれば、先に出典として掲げた『志方町誌』の記述の解釈によったものであろう。

　太閤岩は、通称「小谷」という横大路集落所有の山の頂きにあり(『志方町誌』)、通称「大谷」はその西の大きな谷を指すものであろう。したがって、「大谷から登り着いたところ」とは、鉄塔のある中塚山(一六五m)から北山奥山(一八三m)にかけての稜線ということになるだろう。北山奥山からは、姫路市内も、大平山中継所も見通すことができ、旗振りの条件にぴったりである。

　木谷幸夫氏も、太閤岩から西へ約五五〇mの場所にある北山奥山を中継所と考えている。現地の案内板は

太閤岩
(城屋敷の山頂へ至る尾根にあり、見晴らしがよい)

『志方町誌』の「太閤岩から峯続きを少し西へ歩く」という表現に惑わされ、通信方向などの重要な立地条件を無視して誤った場所に設置したものだろう。正しい場所に移設されることを希望するものである。

北山奥山で広大な展望を楽しんだあと、北へ向かい、鉄塔の立つ中塚山から道標に従って西へ急坂を下る。象の頭のような岩場がある。文字通りの象頭山（八八m）である。そのまま山頂の岩場から下ると、北山鹿島神社の北側に出る。左に出て、サラ池の北側の道を西進する。播磨アルプスの景観がよい。突き当たりを右折して、地徳の鹿島神社に向かう。かしわ餅の店が並ぶ。素朴なだんご餅の味わいである。鹿島神社は播磨国分寺の守護神として創建され、霊験あらたかという。

大平山旗振り信号所跡の碑

鹿島神社の左手から登り、上で左折して山上公園の峠に出る。左右に縦走路があるが、別所方面の道に下る。やがて姫路別所高校の南側に出る。横池の畔の道路脇に石碑が立っている。碑文には、『別所村史』に基づいて、次のように刻まれている。

「大平山旗振り信号所跡の碑

明治二十七年頃から大正六年まで、この東の大平山頂上に、堂島と兵庫の米相場を姫路に伝達するための手旗信号所が置かれていた。その信号の経由は、堂島―尼崎―御影山―一の谷―魚住金ヶ崎山―北宿大平山　姫路で、北宿の村民三名がこれに従事していた。

平成十一年九月吉日　別所町北宿自治会」

旗振り信号所を示す記念碑としては、石堂ヶ岡の相場たて山の石碑がよく知られている。

その後、元の道を引き返し、公園の峠から右折して南のピークに向かう。登り切ったところが大平山（地徳山、一九四m）である。信号所跡は、山頂から稜線を少し南下した岩場に囲まれた平坦地で、金ヶ崎山と姫路市内が望見できる立地である。昭和六二年以降、木谷氏が数次にわたる現地踏査を行い、明治以降の陶器・土器の細片を多量に採集し、北宿集落からの最短距離の専用登山道の痕跡も確認されている。公園の峠に戻り、鹿島神社バス停から乗車して、JR加古川駅に着く。

（平成一四年一二月二三日歩く）

B　JR山陽本線加古川駅前神姫バス四番のりばで、県立病院・平津経由鹿島神社行き（一時間に一本）に乗車、北池バス停で下車する。少し戻り、鳥居の方へ向かう。右手に松尾山延命地蔵堂があり、ここが登り口である。しばらく行くと、道が下りになるところがある。ここで左手に登路がある。わかりにくいのはここだけで、あとは、全山縦走ハイキングコースの表示に従って尾根筋を進めばよい。岩場では、白ペンキの目印がある。

一の山（松尾山）で展望が開け、岩と低い灌木が目につく。連山縦走では、好展望の岩場が随所に現れ、竜のようにうねる背後の山稜、山麓の池などが目を楽しませてくれる。やがて、峠方面との分岐点（北山奥山、旗振り場）に着く。中塚山（鉄塔）の方へ向かう。鉄塔では、北山鹿島神社からのハイキングコースと出合う。そのまま縦走コースをたどる。次の鞍部への急坂の下りは要注意だ。鞍部には道標がある。

鞍部から登り返して小ピークを過ぎ、さらに鉄塔の上の岩場では、右手のリボンの目印に従って上がり、小高御位山（小高山）を越えたら、ひと登りで案内板の立つ分岐点付近に到着する。この案内板には鷹の巣山は二五〇mピークとして記載してあり、この表示は正確である。西へ石段を登れば、高御位神社奥宮の鎮座する山頂に達する。

高御位神社は欽明天皇一〇年（五四九）三月六日の創建と伝えられる。現在の奥宮の社殿は、昭和五八年四月の火災による消失の後、一二月に再建されたものである。

『峯相記』（一三四八年）には、「生石子と高御倉は夫婦を顕し給へり」とある。江戸時代の略縁起には、生石神社の石の宝殿と共に、高御位神社には大己貴命（大国主命）と少彦名命の二神を祭るとするが、間壁忠彦他『石の宝殿』によれば、『万葉集』の巻一・三五五の歌と短絡して結び付けたことによって生じた誤りのようである。

『播磨名所巡覧図会』（文化元年、一八〇四）には、「高御座山（…山上に神祠有り）これ、石宝殿に祭る所の一座、高座明神の坐す山なり。例祭、九月十九日。……さて山を高御座と号くるは、神座の儀なり」「高御位山上に名石多し。一の門・二の門・おん丸など曲折峨々として太古神座の遺跡疑ふべくもあらず。…神幸一夜の間、里民ここに群参し、…人皆大音に告げて帰る」などとある。

南側の断崖の下は岩場でロッククライミングの練習場になっている。縦走路や山腹から見るこの岩場はまるで砦のようで、迫力がある。山体は石英粗面岩からなる。頂上は三六〇度の大展望が開け、淡路・四国まで見渡せ、素晴らしいの一語に尽きる。大正一〇年(一九二一)一〇月一七日のグライダー関西初飛行の偉業をたたえる「飛翔」の記念碑(昭和三六年建立)があり、地元志方町の青年、渡辺信二(当時二一歳)による、この断崖からの三〇〇mの滑空の成功を伝えている。渡辺は大正一二年に日本最初の民間飛行士となったが、三年後、郵便飛行中に神戸沖で殉職した。

「飛翔」の碑
(高御位山山頂)

山頂から分岐点まで引き返し、道標に従って左折して志方町成井方面への参道をジグザグに下る。平成八年に発生した山火事の焼け跡がまだ残っているが、桜の木の植樹が行われて、景観も戻りつつある。

山麓には高御位神宮の本殿があり、熊野修験の行場に通じている。お滝、井泉、護摩場、牛岩などへの案内柱がある(山頂は天御柱)。本殿を辞し、右へ出て、地図に示したように、車の往来の少ない旧道を南下して、西山、峠、辻を経て、JR宝殿駅へ出る。

(平成九年一二月二八日歩く)

C　地徳の鹿島神社または北池バス停から出発して長尾登山口から高御位山に登り、稜線を西へ縦走して、三角点ピークと鷹の巣山を経て、鹿島神社に下るコースは最もポピュラーなもので、鹿島～長尾ハイキングコースと呼ばれている。

長尾の集落を北東に抜けて、私池の北に出る。池の北西から北に延びる道に入ってすぐ右折して山道に入る。尾根伝いに登り、黒鍋岩に出る。すぐ上に鉄塔があり、東側の谷は鯛砂利という。鯛が尾を上に向けた形に見え、砂利が多いところから付いた名前である。鉄塔から尾根伝いに登り、途中から右にトラバースして縦走路に出る。左へ上がり、高御位山の山頂に着く。見晴らしは最高で、登山者の人気は抜群である。この縦走路を紹介したガイドブックは多いが、山名についてきちんと考証したものはほとんどなく、鷹の巣山の場所が曖昧になっている。ここで整理して明らかにしておきたいと思う。

高砂市内の山名の現地呼称の調査は古老を対象にして、高砂緑地問題研究会によって進められ、松本文雄『ふる里の山名復活―高砂での試み―』に、その成果が公開され、『ふる里の山名絵地図』の「高砂市北部」(一九八八年)と「高砂市西部・牛谷/曽根地区」(一九九一年)によって明確にされている。

連山の南方から二六四・二mの三角点ピークを眺めると、その直下に大小二個の巨岩、夫婦岩が見える。三角点ピークについては高砂市内の二百数十名もの古老に伺っても名称が発掘できなかったのにもかかわらず、国鉄山岳連盟編『駅から登れる山』(一九八三年)の三三七頁の地図に「鹿島山」と記入(高砂工場山岳部、本岡敏夫執筆)されて以来、通称として採用されるようになったようである。

平成一〇年当時、三角点ピークには、「鹿島山、別名…鷹ノ巣山とも申します。兵庫登山会」とした表示が立ててあった。松本文雄氏によれば、おそらく鹿島神社のことを地元の方々が「かしまさん」と呼んでいるのを聞いて、登山者が山名と誤解して地図に記入したものと思われる。したがって、鹿島山は本来は実在しない山名なのであるが、無名ピークでは困る向きもあるようで、「通称鹿島山」とするガイドが残っている現状である。筆者はこの通称は全くの架空のものなので、ガイドの執筆者には使用しないでほしいと思う。

平成一五年七月に三角点ピークを訪れると、最近のガイドブックで鹿島山は間違いと指摘されているためか、兵庫登山会の鹿島山という表示は撤去されていた。鹿島山の表示が一つだけ残り、あとは全て鷹ノ巣山と表示されていた。これも厳密にいえば間違いの表示であるが、三角点ピークに呼び名がないのは落ち着かないという理由もあるように思う。

三角点ピークの西側には二四九・八mピークがあり、その直下には、巨大な鷹の巣崖(江戸時代に鷹が巣を作っていたことに由来)があることから、正式名称を鷹の巣山と呼ぶ。つまり、三角点ピークは、狭義では鷹の巣山とは呼ばないのであり、現地の表示は正確ではないと考えられるのである。ただし、広義では、鷹の巣山と呼ぶのもやむをえないかもしれない。この辺りは定義によるだろう。

三角点ピークの東側には二四七・五mの無名ピークがある。便宜上、(鷹の巣山)東峰と俗称されているが、鹿島山東峰という呼称が誤りであることは、松本氏グループの調査で明らかになっている。

以上のことを整理すると、高御位山から西に縦走すると、長尾奥山を経て、鞍部から桶居山への分岐点を過ぎると、通称東峰と呼ばれる無名ピーク(二四七・五m)に着く。次に馬の背への分岐点を通過すると、三角点峰(二六四・二m)である。坂を下りて登り返すと、そこが鷹の巣山(二四九・八m)ということになる。

しかし、最高点の三角点に山名がないのはガイドの上で説明しにくいので、便宜上の命名として、西隣の山名を借用して「鷹ノ巣山」が用いられているわけである。

三つのピークが並んでいることから、「広義の鷹の巣山の山塊」と位置付けることもできるので、あえて命名しておくならば、「東峰」「三角点峰」「西峰(鷹の巣山)」とするのが妥当ではないかと思う。

鷹の巣山からは反射板のある別所奥山に出る。この辺りは縦走コースが見渡せて爽快な気分が満喫できるぜいたくな憩いの場といえよう。この縦走コースでマウンテンバイクをかついで行くタフな人とすれちがって、目を丸くしたことがある。確かにすばらしい展望コースだが……。やめてほしいものである。ここの景観に自転車は似合わない。

鉄塔を過ぎると下りとなる。百間岩にさしかかったら、急坂を下るのも面白いし、左へ迂回するルートをとって楽に下るのもよい。阿弥陀山上公園の峠に出て、鹿島神社に着く。バスに乗り、姫路駅または加古川駅に向かう。一時間に三本ぐらいの便がある。また、JR曽根駅まで歩くのもよい。

(平成一四年五月三日・平成一五年七月二九日歩く)

D　JR曽根駅から鹿島神社へ歩く。鹿島神社からは山上公園の鞍部に出て、白ペンキの豆崎とある案内に従い稜線コースに入る。振り返ると、鷹の巣山連山が目に飛び込んでくる。展望のよい岩場があって楽しく歩ける。

地徳山は、高砂市阿弥陀町地徳での呼称で、その背後の山である。姫路歴史研究会編『姫路の山々』によると、姫路市別所町北宿では「大平山」と呼ばれている。この山頂の少し南の岩場に囲まれた平坦地で大阪と兵庫の米相場を姫路に知らせる旗振り信号所が置かれた。木谷幸夫氏が昭和六二年以降、ここで明治以降の遺物を採集し、北宿集落からの旗振り用登山道と思われる痕跡も確認できたという。

笹まじりの道を稜線伝いに行くと豆崎奥山の先で分岐点がある。左は縦走路で太鼓岩（空洞があるのか大きな石で叩くとよい音がするという。四月の節句登山の場所）があり、左へ降りると麓（駐車場）に出るが、わかりにくいので、右をとり、天井石のこわれた古墳（古墳時代前期）の所に出よう。ここの分岐で赤テープに従い右へ降りる道がガイドブックにはよく紹介されている（麓の登山口は民家の横で見落としやすい）が急坂であるので、まっすぐ尾根筋の踏み跡をたどって降りてみよう。踏み跡ははっきりしており、古墳の位置から考えて、このルートも古くからの道ではないだろうか。この古墳のある場所は豆崎東山といい、経塚山ともいう。下で墓地に出る。五輪塔などがある。南下して車の少ない安全な道をたどって、JR曽根駅に向かう。

なお、横山晴朗『はりま歴史の山ハイキング』（神戸新聞総合出版センター）は、播磨アルプスをはじめ、播磨の山々を丁寧にガイドしており、おすすめしておきたい。

（平成一〇年一月六日歩く）

《コースタイム》

A　（計三時間三〇分）　JR宝殿駅（三五分）峠（四〇分）北山奥山（一五分）北山鹿島神社（三五分）鹿島神社（一〇分）横池（三五分）大平山（一〇分）鹿島神社バス停

B　（計三時間三〇分）　北池バス停（五〇分）北山奥山（一時間一〇分）高御位山（三〇分）本宮（一時間）JR宝殿駅

C　（計二時間五五分）　北池バス停（三〇分）長尾登山口（三五分）高御位山（五〇分）鷹の巣山（一時間）鹿島神社バス停

D　（計二時間五分）　JR曽根駅（四〇分）鹿島神社（一時間）豆崎奥山（一五分）JR曽根駅

〈地形図〉　二万五千＝加古川

桶居山

二四七・六m

桶居山(おけすけやま)は、姫路市別所町佐土新(さづちしん)の北東にある山で、どこからでも目立つ三角形の秀麗峰である。

高橋秀吉『大正の姫路』には、次のように紹介されている。

「姫路の中心部から見える東の山並みに、一段目立って見える三角形にとがってそびえる山、オケスエ山が本名だが、子供達はなまってオケスケ山という。二百米そこそこであるが頂上から四方も展望され、米の取引相場の通信に旗振山として要地とされていたのも昔話となってしまった。」

桶居山

『姫路の山々』によれば「地元では、おけすけ山とよばれ、桶伏山、桶据山、桶助山、斉藤山、などの別名がある」という。

桶居山の山頂の平坦地では、宮本武蔵が天狗より兵法を習ったとも伝えられている(『播磨鑑』)。事実かどうかは定かではないが、武蔵の生れたのは、播磨国米田村(よねだ)(高砂市米田町)という説が有力で、姫路でも足跡を残しているので、可能性はあるかもしれない。

『播州名所巡覧図会』には、鷹巣山とあり、国主がここで鷹を採ったという。「桶居山ともいふ」とあり、同一の山とわかる。

『兵庫県飾磨郡誌』によれば、桶伏山ともいい、険しい岩山で、形から名付けたという。

堂島米市場での取引のさま。柄杓で水を撒いて、相場立合いの終了を伝えている。(『摂津名所図会』部分)

桶伏山とは、桶を伏せたような山容からの命名で、江戸時代、大坂堂島の米市場用語として、桶伏直段(ねだん)があった。桶伏直段とは帳合米取引における当日の最終値段をいい、相場立合終了後も居残って売買する者に対し、水を半時ごとに三回撒(ま)いて退去を促し、二回目の撒水の時、場の中央に桶を伏せたことに由来する業界用語であった。

最近は漢字の表記そのままに「オケイヤマ」と読む人が多くなっているが、「オケスエヤマ」が本来の読み方であり、地元での訛称である「オケスケヤマ」が我々の採用すべき読み方ではないかと思う。山名に関心を寄せる人は増えているが、武内正『日本山名総覧』には「オケイヤマ」とあり、地元の人々がよく用いている呼称を採用していないのを残念に思っていたが、平成一六年に発行された『三省堂日本山名事典』は、『姫路の山々』を参考としたらしく、「おけすけやま(おけいやま)」を採用している。

国土地理院の山名資料は大部分、地方自治体の提出した資料(地名調書)によっているが、実際には、役所に精確な山名資料は整備されていないことが多く、結果として、地元での呼称が反映されていないケースがかなり生じている。

『三省堂日本山名事典』(二〇〇四年)は、二万五千分の一地形図に記載の山名と峠を網羅した初めての山名事典であるが、『コンサイス日本山名辞典』(一九七八年、二〇万分の一地勢図記載の山名を収録)のコンセプトを継承しつつ、武内正氏のデータを採用したものである。国土地理院および市役所・町村役場の山名資料によっているが、膨大な量があり、誤ったまま収録されているものが見られる。地方史の資料と地元での調査によって、十分な考証を経た記述が望まれる。筆者の気が付いた関西(京都・滋賀・大阪)の山の誤りをごく一部、参考までに紹介しておこう(改訂時には、反映されるものと思う)。

○居母山—「いぼやま」は全くの誤読。地元では「いもやま」としか呼ばない。

○岩阿沙利山—「いわあじゃりやま」と読む人はいない。「いわじゃりやま」と読む。

○大倉谷山—「オークラノ尾」と呼ばれてきた。オノクラ谷はあるが、大倉谷はない。

○かさとうげ(傘峠)—昔から「からかさとうげ」と呼ばれてきたピークである。ただし、京都大学では「かさとうげ」と読むことに決めているようである(『京都府の山』)。こうして、歴史的な読み方は忘れられ、平易な読み方が普及していくことになるのだろう。

○からとやま(からすたにやま)—山本武人『比良の詩』にあるように、「からとやま」が正しく、「からすたにやま」は誤読。

○くじほうがだけ(籤法ヶ岳)—「せんぼうがたけ(懺法ヶ岳)」が理に適(かな)った表記である。『日本山嶽志』『紀伊続風土記』には「懺法岳」と明確に記載されている。「籤法ヶ岳」は『紀伊国名所図会』に見える誤記。

○ダンノウ峠—「ダンノ峠」が正しい。長い間、地形図が間違っていたが最近訂正された。

○ちみやま（知見山）―通常、「おくがおいやま（奥ヶ追山）」と呼ばれる。地元で「獣を追う」ことから命名されたもの（内田嘉弘氏からの手紙による）。「奥ヶ追山」は誤記。
○にしやま（さいやま）（西山）（瑞穂町＝現京丹波町）―地形図に「さいやま」となっており、にしやまは、明らかな誤読。しかし、地元では、さいだんやま（西谷山）と一貫して呼んでいる（内田嘉弘『京都丹波の山（上）』による）。
○にょうふごんげんさん（女布権現山）―地名の「女布」は「にょう」と読む。したがって、「にょうごんげんさん」のはずである。
○ハナノ谷段山―「ハナノ木段山」が正しい（『続　京都の地名　検証』参照）。
○ボンテン山―「ボンデン山」が正しい。
○ゆやがだけ（ゆうやがたけ）―地名の「湯谷」は「ゆや」と読む。「ゆうや」とは言わないので「ゆうやがたけ」はおかしい。

コースガイド

ＪＲ山陽本線御着駅から北へ向かい、西国街道に出合い、右折して東進する。街道筋らしい家並みが続く。左に大歳神社と延命寺を見たら、その間の道をたどって北進する。播但連絡道路の下を通り抜け、深志野バス停から北へ一五〇ｍほど進んだところの右手に登山口がある。そこはガソリンスタンド（ＪＯＭＯ）から五〇ｍ南の地点である。登り口には錆びた文柱がある。岩場の急坂となり、歩きやすいところをたどっていくと西側の展望が開けてきて、姫路の町並みが広がる。ずっと尾根伝いの道で見晴らしがよい。ここの北斜面一帯は大谷山国有林である。小さなピークをいくつも越えていく。やがて、三角形の桶居山が近付いてきて、山頂の手前は岩場となっていて、面白い形の奇岩が現れる。登り切ると、桶居山の山頂である。ここからの展望は素晴らしい。北には次の送信場所の畑山がはっきりと見える。南南東には鉄塔が連なり、その一つにやや重なるように、信号が送られてきた大平山のピークが見えている。

平成一二年八月一三～一四日に山火事が発生して噴煙を上げ、桶居山の南西斜面と北尾根の辺りは今でも痛々しい。それでも次第に緑の草木が生えてきて、自然は再生しつつある。急坂を下り、登り返すと道は右に折れて、南東方向の尾根道を行く。次の二二一mピークから尖った桶居山の見事な姿が見える。「第一火力線37」の鉄塔で道は分岐している。

桶居山の奇岩

前方の高圧線鉄塔ピークへ向かう右の登り道は尾根伝いに続き、中池の北で下って、新池の西側から別所町別所の集落に出られる。ここでは、左のプラ階段の

巡視路を下る。クレー射撃場から音が響いてくる。鉄塔を過ぎ、一八二mピークの手前で右へ林の中の道を下る。巡視路は谷へ下って行くが、縦走路は急な道を登り返して行く。尾根道はやがて、高御位山の縦走路に合流する。東峰から三角点ピーク(中峰)にいったん登ると、前方に鷹の巣山(西峰)が続くが、手前の道標に従い、五反岩から鉄塔に下り、馬の背の岩尾根で、左右の素晴らしい展望を満喫しながら駐車場に下りる。鹿島神社前バス停から帰る。

高御位山の縦走コースに比べると、桶居山のガイドはごく少ない。『すぐ役立つ四季の山　西日本70コース』に紹介がある(読み方は「おけいやま」となっている)。『関西周辺ハイキング』にも簡単なガイドがある。

平成一五年に出版された『はりま歴史の山ハイキング』には桶居山のガイドが掲載されている。このガイドでは「おけすけやま」の読み方も紹介しているけれど、正式(?)な読み方は「おけいやま」としている。

こうして、地元での独特の読み方が否定されていくのは、伝統的な言語文化の破壊なのではないだろうかと疑問を感じる。その点、『三省堂日本山名事典』が「おけすけやま(おけいやま)」を採用しているのは良心的といえよう。

地元の立場からすれば、書籍類に活字となって発表されたもの、官庁の公表したものが正しいと受け止めるようになり、方言による呼び名に自信をなくすような現象も全国的に起きているときく(古老が自分の使う呼び名が公式のものではないと考えてしまうなど)。ガイドブックにおいてはなおさらのこと、山名は丁寧に考証して、限りない愛情を注いで執筆してほしいと願う。

(平成一四年四月一三日歩く)

《コースタイム》(計三時間)

JR御着駅(三〇分)登山口(五〇分)桶居山(三〇分)鉄塔分岐(五〇分)馬の背分岐(二〇分)鹿島神社前バス停

〈地形図〉　二万五千=姫路南部、加古川

相場振山（姫路）

二四七・九ｍ

神戸新聞社学芸部兵庫探検・総集編取材班著『兵庫探検・総集編』の「旗振山」の項目には、次のような文が見られる。

「姫路市太市駅近くにある相場振山も旗振山だったと、地元では言い伝えている。」

筆者は、この記事だけでは、相場振山の位置がわからないので、姫路市教育委員会に尋ねてみた。文化課の担当者より、「地元に問い合わせましたところ、所在は『西脇』地先で、三つの池の内、真中の池より西北の山を相場振山と呼んでいるとのことです」（平成一三年七月二三日付）との返信が得られた。手紙に添えられた地図によると、西脇集落の西北方向の二四七・九ｍの山を相場振山と呼ぶようである。南北に並んだ三つの池（総称「開キ池」）の真中（弁天池）から見ると山頂は真西になるが、山塊は西北方向を含んでいる。ちなみに、ここは三等三角点であり、点名は「入野山（いりのやま）」である。

中継方向は明らかでないが、北山奥山、大平山、姫路米穀取引所、南山、麻生山（あさお）のいずれからも受信できる立地にある。西脇を含む太市地区は江戸時代には龍野藩領で、太市村が姫路市に編入されたのは昭和二九年であることから、相場振山は岡長平氏のいう龍野の中継地点である可能性がある。送信方向は、岡氏によれば赤穂とあり、落合重信『地名にみる生活史』では、赤穂高山と記載されている。また、

相場振山（左）と山陽自動車道

インターネットで得た最近の情報から、相生市の天下台山へ送信した可能性も考えられる。

筆者は、平成一三年九月二二日に、JR姫新線太市駅で下車して、相場振山の実地踏査を試みたが、点の記に記された南側の道は廃道となっており、西脇側から山頂に達することはできなかった。

その際、西脇集落の西の踏切(開キ谷大池の南方)のすぐ南で、午前の草刈り作業を終えて家に戻りかけている地元の人とすれちがったので、もしやと考えて、「ソバフリ山というのはどの山でしょうか」とたずねてみた。その年配の男の人は、北側に大きく見える山の方を指して、二四七・九mの山が相場振山であることを教えてくれた。相場振山の話は先代から聞いているということだった。ずっと以前、登ったこともあるとのことで、登り口についても教えてもらった。

東麓の開キ谷の中央のため池(弁天池)の西側に、むかしは子供たちのために、相撲取り場が設けられたこともあったといい、筆者の子供の頃の郷里における相撲取り場のことが思い起こされた。そこから突出した尾根筋をたどるのがいちばん登れる可能性があるとのことだった。

池は南側の土手からではなく、北側から回り込むようにとのことだった。そこで、弁天池の北側の林道から枝道をいくつかたどってみたが、山頂に至る道は見つからなかった。ただ、谷に沿って踏み跡らしきものはあるようだった。

コースガイド

相場振山に再度、チャレンジする。今度は、西麓の神岡町入野の老人ホームからアプローチしてみた。『姫路の山々』(二九頁)に古い地形図が載っていて、それを見ると、谷沿いに相場振山のすぐ西北西の鞍部を越えて弁天池に出る道が描かれていたからである。平成一三年九月の調査結果から、鞍部の東側は廃道だが、西側は通れるのではと考えてみた。

ＪＲ姫新線本竜野駅から入野の老人ホームを目指す。筆者は時間短縮のため、タクシーを利用したが、東進して中村、末政の集落を抜けて、林田川沿いに北進して、中井橋を渡り、入野沢田橋の東に出て、老人ホームに向かうとよいだろう。

老人ホームの左（東）側から右（南）の池の土手をたどり、右の谷に入る。最初は谷の右側をたどる。途中でやぶがちとなり、右側は歩きにくくなるので、やぶの薄い左側を歩く。途中に大岩や倒木、倒れた竹などがある。右に左に迂回してやぶの薄いところを選びながら谷をつめると鞍部に達する。鞍部から右手の尾根伝いに踏み跡があり、最高地点を目指して東進すると三角点に着く。山頂にはアンテナが立つが、展望は開けていない。山頂の少し西方、三角点に達する前の尾根道の途中で、北の見晴らしがよい地点が何カ所かある。そのうち、岩が散在している場

相場振山山頂の三角点標石

所があり、小屋を建てた旗振り地点であった可能性があるように思える（ただし、未確認）。

鞍部に引き返して、東へ谷沿いに下る古い地形図のルートをたどってみたが、猛烈なささやぶで、廃道同然であった。強引に左岸（谷の北側）の上の方に残る旧道の痕跡をたどって、開キ谷奥池の土手に出たが、やぶこぎと茨で大変なルートであった（よくまあ遭難しなかったものだ）。

相場振山の山頂に至る道は、老人ホームからの谷道以外にはないようである。したがって、同じ道を戻るのが賢明であろう。

姫路市西脇の太市公民館で扱っている、『郷土誌おおいち』には、相場振山についての情報は掲載されていない。館長さんも相場振山の話は聞いていないという。明治は遠くなりにけりである。ただ、この本には、太市で最も高い二四七mの山は「鷹の子山」とある。おそらく、相場振山の昔の呼称は「鷹ノ子山」なのであろう。

田中早春編『姫路市小字地名・小字図集』によると、相場振山の山頂から南方の鷹ノ子池（丸山古墳の北）にかけてを「鷹ノ子」、その東側中腹を「銭取」「銭取山」と呼んでいるという。この銭とは何を表すものだろうか。米相場との関係は？……謎は尽きない。

この相場振山は知名度も低く、登る人もめったになく、山頂への道は整備されておらず、悪路なので、やぶ道に慣れた経験者にしかおすすめできないコースであることを書き添えて、経験のない人が決して踏み込むことのないようにお願いしておきたい。

ただ、願わくは、米相場の中継所として重要な役割を果たした山であり、旗振りの行われた具体的な場所を調べるなどして、多少なりと、後世に伝えて行くことも必要かと思い、ここで取り上げたことをご理解いただきたい。

（平成一四年一月一二日歩く）

《コースタイム》（計三時間二〇分）

JR本竜野駅（一時間）神岡町入野の老人ホーム（四五分）相場振山（三五分）老人ホーム（一時間）JR本竜野駅

〈地形図〉　二万五千＝龍野

岡山ルートの概要

岡山の生んだ「まちの郷土史家」である岡長平氏（明治二三年生れ、昭和四五年没）の『岡山太平記』には、次のような興味深い記述がある（一四四～一四五頁）。

「其の当時電信は、岡山の不思議なる存在であつたらしい。その時分に一番に電信でも利用しそうな筈の『帳合浜』の人達が、不経済と電信を考えるよりは、モツト正確で迅速なりと主張して『旗ふり』を推賞したと云ふから面白い。

『旗ふり』と云ふのは、堂島や兵庫で米相場が立つと、その相場をスグに旗を振つて知らせるのだ、それを遠眼鏡で見て居るものが、スグに復次へ旗を振つて知らせる、斯う云ふ具合にして次から次へと知らせる方法なのである。

堂島―尼ヶ崎―兵庫―須摩（ママ）―黒金―龍野―赤穂―寒河―熊山―岡山橋本町

以上十ヶ所で、受次をやつたものであつたが、堂島から十五分ぐらゐで岡山へ来たそうであるから、馬鹿にならないものだ。

旗は大巾二巾が定りで、右廻りが十位で、左廻りが一の単位に大体極つてたものだそうだ。しかし此信号方法は最も秘密を要するので、三日目には変つたものだと云つて居る。

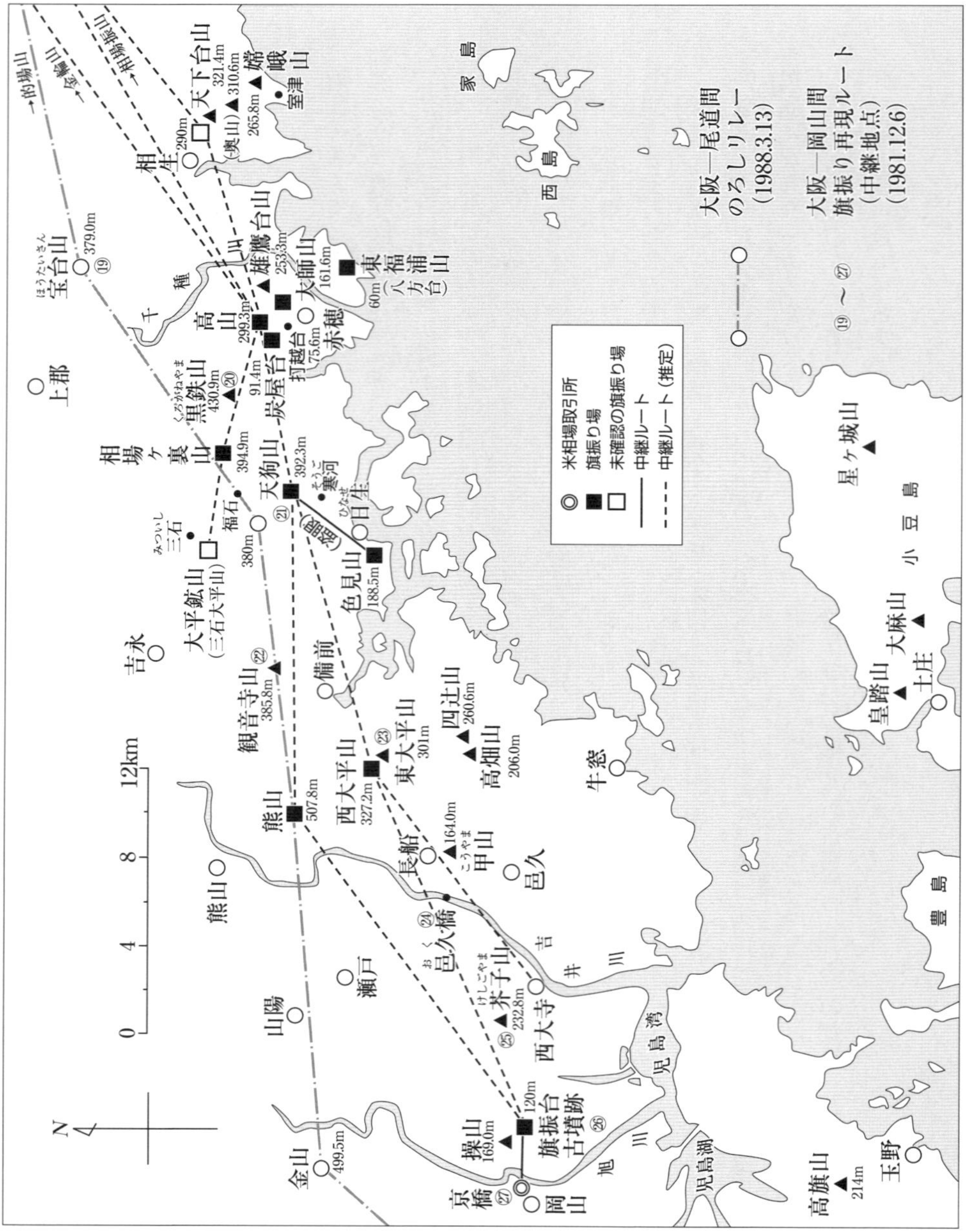

米相場取引所
旗振り場
未確認の旗振り場
中継ルート
中継ルート（推定）
大阪—尾道間
のろしリレー
(1988.3.13)
大阪—岡山間
旗振り再現ルート
（中継地点）
(1981.12.6)
⑲〜㉗
→的場山
→金輪山
→相場振山
天下台山 321.4m
相生 290m
（奥山）310.6m
嫦峨山 265.8m
室津
宝台山 379.0m ⑲
雄鷹台山 253.3m
高山 299.3m
太師山
福浦
東（八方台山）161.6m 60m
炭屋岩 91.4m
打越台 75.6m
赤穂
千種川
上郡
黒鉄山 430.9m ⑳
相場ヶ裏山 394.9m
天狗山 392.3m ㉑
寒河
日生
福石
三石
大平鉱山（三石大平山）
380m
色見山 188.5m
（船）
吉永
観音寺山 385.8m ㉒
備前
西大平山 327.2m
東大平山 301m ㉓
四辻山 260.6m
高畑山 206.0m
熊山 507.8m
熊山
牛窓
長船
甲山 164.0m
邑久
邑久橋 ㉔
芥子山 232.8m ㉕
西大寺
吉井川
瀬戸
山陽
旗振台古墳跡 120m ㉖
操山 169.0m
京橋 ㉗
岡山
旭川
児島湾
児島湖
金山 499.5m
高旗山 214m
玉野
豊島
小豆島
星ヶ城山
大麻山
皇踏山
土庄
家島
西島
0 4 8 12km
N

堂島の相場は、前場五節、後場四節の内に『歩み』と云つて幾度も少い相場が立つたらしいので、一日に何度と此旗相場の回数は定つてなかつた様である。
安政頃からあつたものだそうだ。遠眼鏡のなかつた以前は、夜火縄を振つて、続から続へと信号したものだと云ふ話だ。遠眼鏡は明治になつてからなので、しかも其筋の許可を得て、取引所の後援の下に立派な職業になつたのは、明治十八年四月十八日からである。その営業者は滝本町の小林文吉と云ふ人だ。尤も十八年までは、取引所と云ふものが、グラグラしてたので、従つて旗相場もなかつた理である。

その旗相場は、明治三十二年に岡山取引所が天瀬から現在の場所へ移る迄、重宝なる通信機関として存続して居つたものである。」

この一文から大阪・兵庫の米相場の伝達ルートがわかる。岡山まで一五分というから、熟練した旗振り人夫が如何に迅速に通信を行ったかをうかがうことができる。また、夜間の通信も行われている。安政期とは、一八五四〜六〇年である。

『岡山始まり物語』(岡長平著作集第二巻)の三〇四〜五頁にも「旗フリ」についての記述がある。「県下では、三石の大平鉱山のテッペンを相場山と呼んでるが、そこが旗フリの中継所だったからだ。熊山にも『旗ガ峯』という所がある。やはりそれなんだ。岡山には操山水源地の北に『旗フリ台』という所があった。そこの受発を日差山(都窪郡)がうけて天文台のある遥照山に送り皿山(笠岡市城見)へ流したと伝えられておる」とある。また、旗振りの始まりは文政(一八一八〜三〇年)ごろとものの本には書かれているとあり、「岡山へんでは明治十二年ごろから滝本町の小林文七という者が始めたと新聞にでとる」とあって、『岡山太平記』の内容とは、年代も人名も食い違う。

萩野秀(本名は桑島一男)『岡山の電信電話』(岡山文庫六一)には「旗振り通信と競争」の一文があり、岡長平氏の研究による先述の通信ルートの紹介に続けて「(一説には、堂島―千里山―六甲山―書写山―三石大平山―熊山―操山)で受け継ぎ、堂島から岡山までわずか一五分(一説には四〇分)で米相場が到着したというから、当時としては電報よりよほど早かったものとみえる。現在、岡山市奥市の護国神社横の小高い丘の古墳のあたりが、旗振り台という地名で市の史蹟に指定されているが、これが旗振り通信の発受所で、はるか熊山の旗ガ峯(一説には西大寺の芥子山ともいう)から送られてくる旗振りの信号を遠眼鏡(望遠鏡)で見きわめ、それを逐一旭川畔の旧船着町三〇八番屋敷(現在、京橋町)にあった米商会所へ伝える仕組みになっていた」とある。ただし、堂島から岡山まで一説には四〇分とあるが、これは明らかに時間がかかり過ぎており、樋口清之『こめと日本人』にあるように、広島までに要した時間とするのが妥当であろう。なお、一説にいう書写山と芥子山については旗振り伝承が確認できていない。

桑島一男『倉敷の電信電話』には、岡氏の示した通信ルートに続けて「岡山(操山上の旗ふり台から市内船着町の米取引所へ)―日差山―竹林寺山―皿山(笠岡城見)―福山・尾道・下関へと伝達」とある。小林文吉という人が旗相場の許可を得たのは明治一九年四月一八日付とあり、やはり、年代が異なっている(『岡山太平記』にあるように、明治一八年というのが正しいと思われる)。これらの桑島一男氏の記述の出典は『巷説・岡山開化史』(岡長平著作集第一巻)であり、「旗振り速報」と題した岡長平氏の記事には、書写山を経由するルートや、岡山まで三、四〇分で相場が来たという古老の話、小林文吉が明治一九年に許可を得たことなどが載っている(この文献については岡山市円山の吉田節雄氏のご教示を受けた)。

明治六年に岡山で電報の取扱いが始まったが、料金も高く、雨の日に旗ふり通信が中止になったときを除いて、あまり利用されなかったという。

龍野市(現たつの市)内の旗振り場は、吉井正彦氏の再現ルートの資料に「龍野、片山(史実)にかえて」とあり、片山の集落の北方に位置する標高二二七・八mの金輪山である。再現時には、どういう理由かわからないが、的場山(三九四・三m)が利用されている。昭和五六年七月一二日付、「神戸新聞」の記事に「竜野では、通信を盗み見た人が捕まる『盗眼事件』の記録が残っているという」とある(吉井氏の資料に基づいたもの)。『龍野市史第一巻』の地図には、片山東山遺跡がある。『揖保郡誌』には「金輪(こんりん)山(やま)は小宅村片山の北にある山で山腹に小宅寺あり又山上は千畳敷と唱ふ広平地がある」とある。

金輪山

龍野の旗振り地点としては、相場振山(姫路市太市地区、二四七・九m)の可能性も考えられる。相場振山は金輪山のすぐ東隣の山で相互に見通せる立地にある。相場振山と金輪山では、北山奥山や北宿大平山、姫路の取引所から受信できる立地にある。さらに赤穂方面へ送信したようである。

赤穂市については、服部英雄『景観にさぐる中世』に、赤穂市塩業資料館・広山堯道(ぎょうどう)氏(『日本製塩技術史の研究』など、塩業に関する著作がある)が、五〇年前に米問屋をしていたおやじの話として「堂島米相場を伝える『のろし』があがると、御崎の弘山に登ってそれを確認した」という。筆者は、地図に「弘山」が見当たらないので、広山氏に問い合わせてみたところ、「のろしをあげた山は東福浦山の頂だったと聞いております。この山頂を戦後『八方台』と呼ぶようになりました。それまではこの山頂を呼ぶ名称はなかったようです」「『弘山』という名称は何処にもありません。何かの間違いではないでしょう

赤穂高山

か」との返信であった。東福浦山は御崎灯台の北東三〇〇m、八方台荘のある山である(標高約六〇m)。赤穂市総務部市史編さん室編集『赤穂の地名』の中で、小字「東福浦山」が確認できる(四六頁)。

『赤穂の地名』(二〇頁)で、塩屋の小字に「炭屋台(すみやだい)」があり、「炭屋倉があった。大師山と連絡する旗振り台があった」とある。この旗振り台は九一・四mで、赤穂西中学校の北、赤穂高山の南西一二〇〇mに位置している。赤穂市教育委員会市史編さん担当の矢野圭吾氏によると、炭屋台および大師山で米相場の伝達をしていたという地元での伝承があるという。大師山とは、加里屋地区の字「雄鷹台(おたかだい)」にある山の「おだいしやま」である。雄鷹台山(二五三・三m)の南西四〇〇mに位置する一六一・六mのピークを「おだいしやま」と呼んでいる。矢野氏は、赤穂市内の米相場の旗振り場は炭屋台・大師山以外は全く不明だという。大師山からは、八方台、相場ヶ裏山と連絡できる立地であるが、天狗山とは連絡できず、龍野方面は雄鷹台山に遮られてしまう。龍野と天狗山を中継する旗振り場はどこにあったのだろうか。

赤穂高山(高山、二九九・三m)は、落合重信『地名にみる生活史』で旗振り地点として明示されている。赤穂高山の南側の山腹には「赤」の文字があり、遠くからでもよく見える。落合氏が赤穂高山を旗振り場としているのには伝承など何らかの根拠があったものと思われる。赤穂高山は重要な旗振り中継地点として機能した可能性が高く、その存在を否定した場合、岡山方面への通信は不可能になってしまうといってもよい。

岡氏がいう赤穂のポイントが高山であるとすると、相場振山(姫路)や龍野金輪山と直接、連絡でき、天狗山に送信することもできる。東福浦山(八方台)と連絡したことも考えられる。年代により、次のような異なったルートが用いられたのではないだろうか。

・北山奥山―相場振山(姫路)―赤穂高山―天狗山(明治前期頃)

・北宿大平山―龍野金輪山―赤穂高山―天狗山(明治後期頃)

間隔は長くても五里(二〇km)前後で妥当なルートだと思われる。筆者の想定の根拠としては、北山奥山の西二・四kmに大平山が新設されていること、相場振山の西二・七kmに金輪山があることが妙に符合することである。あるいは、相場振山がずっと使われて、金輪山はその分岐コースであった可能性もある。

なお、相生市の天下台山が、相場振山・金輪山と赤穂高山との中間地点に設けられた旗振り場であった可能性があることについては、姫路ルートの概要で紹介しておいた。

赤穂高山からは、相場ヶ裏山(兵庫県赤穂市と岡山県備前市の境界)にも伝達されたようである。岡山県内の旗振り場については、あとで述べることにしよう。

相場ヶ裏山

三九四・九m

相場ヶ裏山は、兵庫県赤穂市と岡山県備前市との境界(帆坂峠の北)にある。『三石町史』に「大字三石字福石にあり、海抜三九〇米あつて往時米相場の連絡所として常に白旗を飜した処で此の名がある」(一九三頁)とある。また、五石川の解説(一九五頁)に「兵庫県界相場裏及び梅が呰に発源し」とあり、県境の山であることがわかる。この山が『三石町史』に紹介されていることは、岡山大学山岳会会長の武田昌策氏(『岡山県の山』の「操山」の執筆者)に教示いただいた。前後の中継地点は不明であるが、赤穂高山と連絡できる立地にあり、三石大平山への送信もできる。

大平鉱山(三石大平山、二一〇m)の頂上を「相場山」と呼ぶかどうかを、備前市教育委員会で調査してもらったところ、地元の人二名に聞いたが「聞いたことがない」との返答であったという。日生町(現備前市)の石橋澄(わたる)氏も「大平鉱山の(旗振りの)話はきいてません」という。三石地区には相場ヶ裏山があるので、そこから中継したのかも知れないが、それなら『三石町史』に記録されていないのは不思議である。ただ、岡長平氏は明確に「相場山」と述べており、「赤穂高山、相場ヶ裏山、三石大平山」というルートが存在した可能性があるかもしれない。

コースガイド

JR赤穂線播州赤穂駅前からタクシーに乗り、帆坂峠を越えて最初の橋で降ろしてもらったが、運転手に米相場の旗振り山の調査であることを知らせると「相場を岡山から九州まで伝えた」ことなどをご存じとのことで感心させられた。

車窓から見える黒鉄（くろがね）山を指して、あの山は旗振り山では、と言われるので驚いたが、旗振りの伝承を聞いているわけではないとのことであった（岡山ルートの再現実験についての昭和五六年七月一二日付の「神戸新聞」の記事には、九州までの伝達のこと、黒鉄山が再現に利用する中継所であることが載っているので、運転手の情報源は新聞であろう）。

所要一五分で着いた橋のそばに夜泣き地蔵様がまつってある。オノ谷川の左側に北へ向かう踏み跡が続いている。三角点の北西の鞍部までほとんど谷通しの道で、赤テープが道案内をしてくれる。ナメ滝があって通りにくい所には巻き道がある。やぶの一番少ない所を赤テープを確認しつつ進む。

三〇分ほどで赤テープが木に二本巻いてある地点に着く。この分岐点から道はさらに北へ直進しているが、

相場ヶ裏山登山口の夜泣き地蔵

右(東)へ続く道をとる。谷の左側に沿う道を進むと、倒木で道を意図的(?)に塞いである所も数カ所あるが、かまわず直進するうちに道は北を向く。左に炭焼き窯跡を見たあと、道は次第に北東へ向き、谷筋を忠実にたどると鞍部に着く。分岐点から三五分ほどである。右に上がると北から東にかけての展望が開ける場所がある。宝台山から龍野方面にかけての山々が見える。斜面を上がると頂上に着く。

相場ヶ裏山山頂
(三角点と対空標識)

空中写真撮影用の対空標識三枚が三角点(点名「帆坂」)の標石を囲んでいる。南西の天狗山と東の黒鉄山の方向が若干、展望できる程度で、頂上は狭い。三角点の東や鞍部の北に踏み跡はあるが、どの道も不明瞭であり、運転手が岡山県内は禁猟区で大丈夫だが、兵庫県域は猟が行われている所があると言っていたので、元の道を戻り、福石の余気寺(よけじ)から三石駅へ向かった。

地蔵から山頂まで往復三時間、地蔵から駅まで一時間三〇分であった。実地踏査から、点の記「帆坂」に記載された順路の中の距離表示は間違っており、地図の破線ルートはかなり遠回りしていて不正確のように思われた。

(平成一三年一二月二四日歩く)

《コースタイム》(計四時間)

JR播州赤穂駅(タクシー一五分)帆坂峠(一時間二〇分)相場ヶ裏山(一時間一〇分)帆坂峠(一時間三〇分)JR三石駅

〈地形図〉　二万五千＝備前三石

天狗山

三九二・三m

天狗山は岡山県備前市日生町寒河の北方にある山で、吉井正彦氏等の調査により、寒河の岡里美さん（昭和一一年生れ）の曽祖父にあたる、岡竹治さんが毎日、山頂で旗振りをしていたことがわかっている。岡秀善・里美夫妻の家には旗振りに用いた望遠鏡二本が保存されている。長さはそれぞれ一二二cm（木製）と七五cm（真鍮製）である。里美さんは祖父から「曽祖父は県庁に年に数回給料をもらいに行っていた」ときいている（昭和五六年一二月四日付「オカニチ」には、「月に一度」とあるが、記者の誤りという）。真鍮製の望遠鏡は平成一七年に業者によってレンズ磨きが行われている。筆者は平成一八年一月一四日の取材でのぞかせてもらったが、よく見えるようになっていた。里美さんによれば、幼い頃には赤と白の旗の一部が残っていたという。二mより小さかったようだ。給料の額はきいていないという。

竹治さん（昭和一三年没、享年八一歳）の孫娘にあたる小林一恵さん（小林大三氏の夫人）の話によると「西の山から受けて東へ手旗で送っていた」という（昭和五六年一二月五日、岡山RSK、イブニングニュースでの談話）。相場は堂島を中心に各地に伝達されたが、相場についての連絡では、注文などで、逆方向の送信も当然行われたわけである。

日生町の石橋澄氏は旗振り通信に関心を持ち、吉井氏の岡山ルート再現に関連して、信号を盗んで儲けた人のことを話された（昭和五六年一二月五日、岡山RSK、同前）。

石橋澄氏（平成一二年で八四歳・故人）から筆者にあてた平成一二年一一月の手紙によると、送信ルートは「東は竜野、西は熊山→操山→京橋と聞いてます」といい、「当時、近所の人は岡竹治さんのことを相場師さんと呼んでいたそうです」「笑話かも知れないが、天狗山での旗振りを日生町の色見山(烏山、一八八・五m)の頂上で盗んで大変な金もうけをした人がいたそうだ」「竹治さんは山の上で送信時間外には山の頂上に畑作りをしてスイカ、ウリ、キウリを作っていた」といった逸話があるという。

平成一三年一月の石橋氏からの手紙によると、若い頃、天狗山近くの植林事業をやった際に、従業員の中に岡直治(なおじ)さんがいて、直治さんの父がこの山で旗振り通信をしていたこと、関係のメガネがあることを聞いたという。『日生町誌』には、この望遠鏡の写真が岡照夫(里美さんの父)所蔵として載せられている。

中島篤巳『岡山県百名山』の天狗山の登山ガイドには、次のような興味深い記述がある。

「かつて児島高徳が砦を築き、その後は江戸時代から明治中期頃にかけて山頂は旗振の信号所となっていた。すなわち当時は大阪の穀物相場の情報が山から山へと継投されていたが、この天狗山では望遠鏡の助けを借りて兵庫県室津からの信号を受け、そして三畳ほどある旗を振って熊山に信号を送ったという。」(ただし、里美さんによれば、三畳でなく、二畳ぐらいのようである。)

中島篤巳氏に問い合わせたところ、天狗山での通信方向については、通行中に古老から聞き取った話によったということである。御津(みつ)町(現たつの市)室津での相場通信は確認できていない。

筆者が今までに得た情報から総合的に判断すれば、天狗山では、赤穂高山からの旗振り信号を受けて、熊山と西大平山に送信したと考えるのが妥当であろう。

コースガイド

『岡山県百名山』のガイドを参考にして、天狗山に登ってみた。JR赤穂線寒河駅から橋を渡り、登山口の八幡宮に向かう。八幡宮の境内、右手のほうには、昭和五九年に奉納された「南極の石」を見ることができる。天狗山へは、境内の左手から登る。配水池を右に見送って山道に入る。

中庄谷直『関西周辺　低山ワールドを楽しむ』にある、天狗山の踏査記録（平成一二年一二月一三日）によれば、中庄谷氏が八幡宮で出会った登山者は、一一月に出たばかりの『岡山県百名山』を読んで、さっそく登りに来て、やぶに突入してしまったことがわかる。

正しいコースは道形が明瞭なので、薄い踏み跡には入らないように注意しなければならない。山道に入ってすぐ左手に、コンクリートの柱のようなものがあるところがそのまぎらわしいところと思われる。ここから左のほうに踏み跡らしいものがあるが入ってはいけない。正しい道は上に続いている。あとは一本道である。

シダのびっしり茂る道が続く。これに茨が混じり、夏場には蜘蛛の巣まで加わるので、夏の登山は避けたいが、登れないほどひどいものではない。途中に随所に開ける南側の展望や、山頂から開ける広大なパノラマ展望はそれを補って余りあるほど素晴らしい。

山頂西方の送信地である「熊山」と「西大平山」はすぐわかる。北東には相場ヶ裏山から黒鉄山にかけての山々がはっきりと見える。東方には、赤穂御崎（八方台付近）から坂越、御津町（現たつの市）、相生市方面の山々が累々と重なりあい、手前に赤穂高山付近の山々が見える。

龍野市（現たつの市）方面はかすんでよく見えない。ここから、龍野方面に直接、送信することは、距離からいっても、まず、不可能であろう。石橋氏の聞いた話は本当は「龍野から（赤穂を経て）ここで受信した」というのが真相であろうと実感した一日であった。

（平成一三年八月三〇日歩く）

《コースタイム》（計二時間）
JR寒河駅（一時間一〇分）天狗山（五〇分）JR寒河駅
〈地形図〉二万五千＝日生・備前三石

西大平山

三二七・二m

熊山は、五〇七・八mの二等三角点(中継所がある)からの見晴らしがよいが、熊山町教育委員会・社会教育課の羽原幸子氏によると『熊山町史　大字史』をはじめとした資料には、岡長平氏の『岡山始まり物語』に記録している「旗ガ峯」という地名は現存しないとのことであった。旗振りの伝承についても、町史等に記述は見当たらないという。ただし、日生町の石橋澄氏は、熊山町(現赤磐市)のどこかに熊山が旗振り場であったという伝承が残っている集落があるとかつてきいたことがあるが、今では探すのは困難だという。中島篤巳『岡山県百名山』にも、天狗山から熊山に送信したとあり、岡氏や桑島氏の記述とも一致する。熊山が旗振り場であった可能性は高く、次の送信地点は、操山の旗振台古墳であろう。

西大平山(三二七・二m)は備前市と瀬戸内市長船町の境界にある。守屋益男編『岡山の山百選』の西大平山のガイドには「山頂には一・三メートル四方の石積みがあり、地元の古老によると、これは四角立と呼ばれる旗振台とか。昔、米相場を大阪堂島方面から受け、西大寺へ伝えるために設けられたもの」とある。この項目の執筆者である矢吹喜志雄氏(瀬戸町在住)が昭和五七年頃に聞き取り調査をしたもので、「地元古老とは長船町牛文の太田享次郎氏だ。また、雨乞いの話は長船町山田で古老に聞いた話だった」(矢吹喜志雄『二人三脚山登り』昭和五五〜五九年、自費出版)とある。

福田集落から見る西大平山

長船町東須恵には高畑山(二〇六・〇m)がある。高旗山(旗振り山)である可能性も考えられるが裏付けはとれていない。

守屋益男編『改訂・岡山の山百選』では、西大平山のガイドは岡田隆善氏の執筆であるが、旗振台の記事は矢吹氏の記述を受け継いだものである。

中島篤巳『岡山県百名山』の西大平山のガイド記事でも『岡山の山百選』の旗振り記事を踏襲し、さらに「山頂の旗振り台」と題した石壇の写真も掲載している。

平成一五年に出た、岡山の山百選の最新版である、福田明夫編・守屋益男監修『新ルート　岡山の山百選』においても、旗振台の記事は受け継がれている(岡下愛子踏査)。

長船町教育委員会の池田浩氏からは、『長船町史史料編近現代』に収録された「国府村誌」(石原孝次郎編、明治二九年)の中にある、次のような記述をご教示いただいた。

「大平山は大字磯上の北部の高嶺にていにしへ、大坂の堂島米相場を西国及四国九州へ交附の地なり、因て一名を遠鏡とも云ふ。」

なぜ「遠眼鏡」でないのか不明だが、注目すべきことは、四国へも送信されたことである。文意からは、徳島ルートではなく、香川県方面への送信の可能性があるので、高松市歴史資料館に問い合わせてみたが、米相場の資料はあっても、旗振りの資料は見つからなかった。

コースガイド

西大平山の山頂を訪れてみた。『岡山県百名山』のガイドに従い、JR赤穂線伊部(いんべ)駅から伊坂峠の北東二〇〇mの地点から赤テープを目印に谷道をたどり、尾根に達して右をとり、シダの茂る道を鞍部まで下って再び登ると四角立と呼ぶ旗振台がやぶの中に現れる。手前で若干、展望はあるが、旗振台とすぐ先の三角点（西大平山の山頂）は樹林に囲まれて展望がない。旗振りをしていた当時でも、この旗振台を利用しなければ、送信地に信号を送ることができなかったのであろう。

『岡山県百名山』のガイドには、三角点の西の道は記録されていないが、『新ルート　岡山の山百選』に紹介されているように、西側に下ることもできる。尾根道をたどると良い道に出合う。二〇一番鉄塔を案内する表示があり右を示しているが、左をとって下るとよい。途中、一九九番鉄塔への分岐点があるが入らないで、そのまま下る。二〇〇番鉄塔に着く。そのまま尾根道をたどり、分岐点で右をとり、五番鉄塔から左へ水平にたどると麓に出られる。福田から北へ向かい、香登（かがと）駅に着く。

西大平山の山頂近くにある旗振台
（四角立）

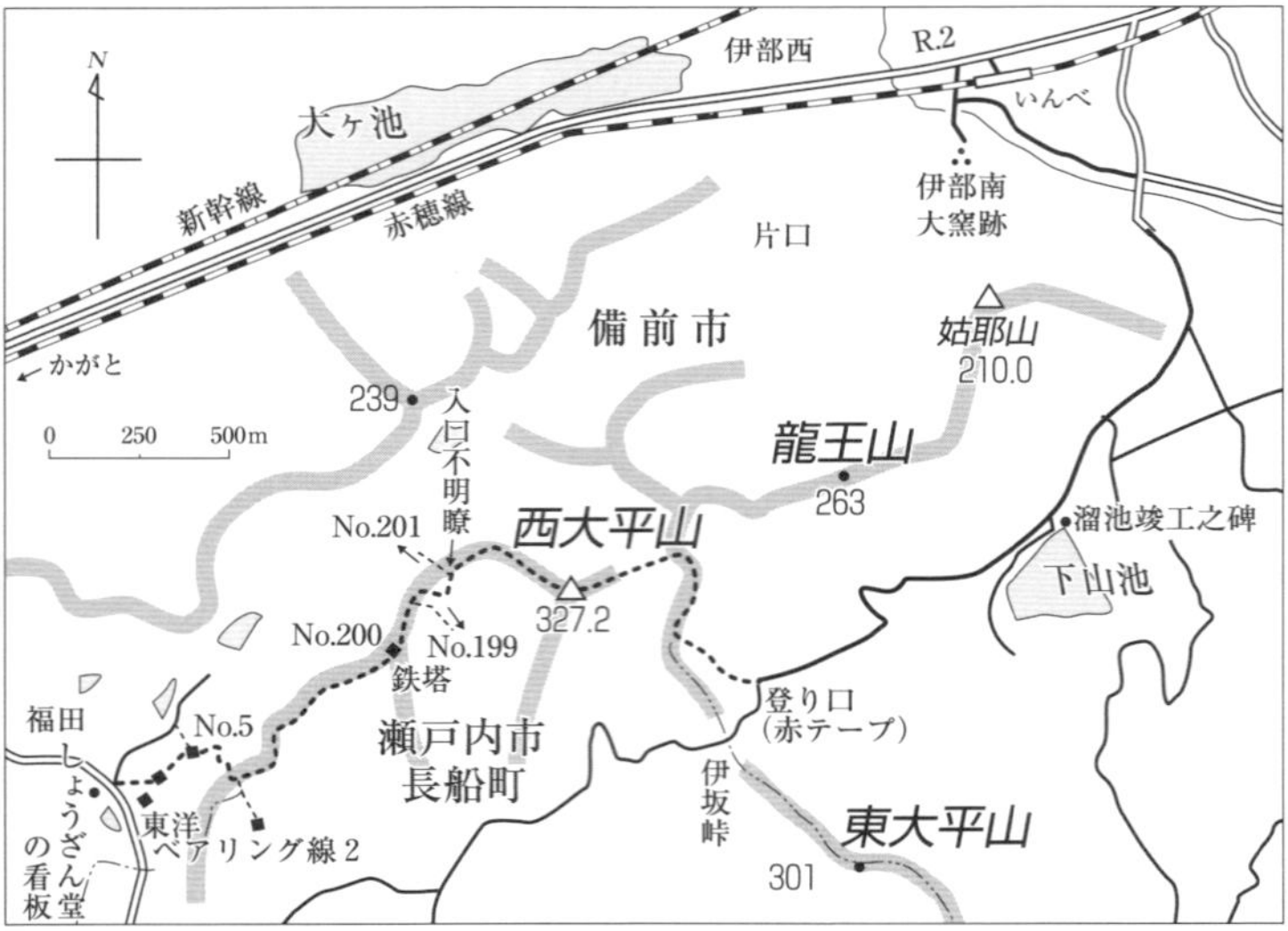

逆に香登駅からたどる場合は、福田の集落へ向かう。鉄塔の並ぶ山塊が見えてきたら、左手の「しょうざん堂」という案内のある所で、鉄塔を目指して「東洋ベアリング線２」の表示のある巡視路に入る。右手に鉄塔を見て、次の鉄塔の下側のコンクリート道から水平道をたどり、さらに次の鉄塔から右手に登り、後は、二〇〇番鉄塔を目指す。鉄塔に達した後は次の分岐で一九九番鉄塔への道を右に見て、左の道を二〇一番鉄塔へ向かう。

次の二〇一番鉄塔だけを示す表示の所に目印があり、右へ草深い山道をたどることになる。ここが山頂から西に下った地点である。登りの場合は入り口が不明瞭なのでわかりにくいかもしれない。

伊坂峠の北東からの山道は日当たりの良い所は茂っており、巡視路をたどった方が道はよいので、目印のある入り口さえ間違えなければ、巡視路コースの方が山頂には行きやすい。いずれにしても、人はあまり入らないので、進みながら、クモの巣払いの枝を振る必要があるだろう。

（平成一三年九月二三日歩く）

西大平山山頂の三角点

《コースタイム》（計三時間三〇分）

ＪＲ伊部駅（五〇分）伊坂峠の東の登山口（四〇分）西大平山（一時間二〇分）福田（四〇分）ＪＲ香登駅

〈地形図〉　二万五千＝片上・備前瀬戸

遥照山　四〇五・五m

熊山から西への中継所は、旗振台古墳（市の史蹟）と考えられている。岡山市街の東、操山（一六九・〇m）の南東方向、護国神社の東に位置する小高い丘にあり、高さ四m、一辺二七mの五世紀築造の方墳で、明治の末期ごろまで大阪の米相場を、旗振り信号で岡山へ伝えたという（標高約一二〇m）。旗振台古墳についてはよく知られていて、『岡山県の山』の「操山」の項目（武田昌策氏執筆）などに紹介されている。

岡山米取引所は岡山市内、旧船着町（舟着町）三〇八番屋敷にあり、明治三二年に米穀取引所が岡山駅前（下石井）に移転するまで旗振りが行われた。船着町は現在の岡山市京橋町で、取引所は旭川沿いの西岸にあったという（桑島一男『岡山の電信電話』『倉敷の電信電話』）。

日差山は、倉敷市山地・矢部境の日差寺（毘沙門天）の西の山（一七二m、仕手倉山の北東）をいう。岡長平氏は旗振り場としているが、筆者が倉敷市教育委員会に問い合わせたところ、情報がなく旗振りが行われたかどうかは不明とのことであった。仮にこの付近で旗振りが行われたとすれば、旗振台と遥照山が見通せるポイントでなくてはならない。筆者の推定では、仕手倉山（二二三・八

旗振台古墳（操山）

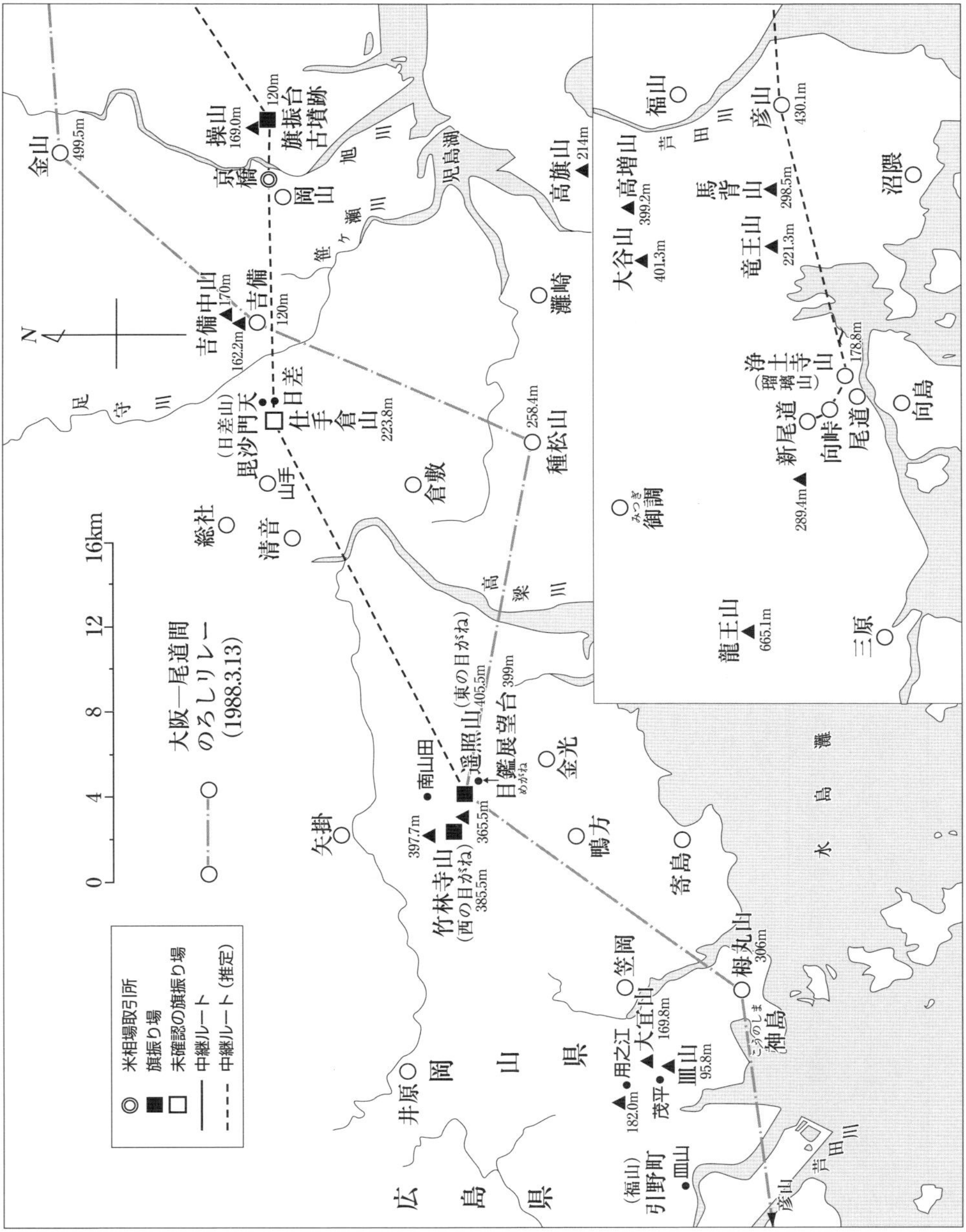
大阪—尾道間
のろしリレー
(1988.3.13)
米相場取引所
旗振り場
未確認の旗振り場
中継ルート
中継ルート（推定）
0
4
8
12
16km
N
金山
499.5m
操山
169.0m
旗振台古墳跡
120m
京橋
岡山
旭川
児島湖
笹ヶ瀬川
高旗山
214m
吉備中山
170m
162.2m
吉備
120m
灘崎
足守川
日差
(日差山)
毘沙門天
仕手倉山
223.8m
山手
種松山
258.4m
倉敷
総社
清音
高梁川
遥照山
(東の目がね)
405.5m
日鑑展望台
399m
めがね
南山田
397.7m
竹林寺山
(西の目がね)
385.5m
365.5m
金光
矢掛
鴨方
寄島
梅丸山
306m
笠岡
大官山
169.8m
用之江
皿山
95.8m
茂平
182.0m
井原
岡山県
広島県
(福山)
引野町
皿山
神島
こうのしま
彦山
芦田川
水島灘
福山
彦山
430.1m
芦田川
高増山
399.2m
大谷山
401.3m
馬背山
298.5m
竜王山
221.3m
沼隈
浄土寺山
(瑠璃山)
178.8m
新尾道
向峠
尾道
向島
289.4m
御調
みつぎ
龍王山
665.1m
三原

m）の可能性があると思うが、裏付けは得られていない。

遥照山（四〇五・五m）は矢掛町・浅口市（鴨方町・金光町）境に位置する。一方、竹林寺山は、東峰と西峰からなる双耳峰である。遥照山の西方、国立天文台・東大天体観測所（三六五・五m地点の北）のあるのが東峰で、その西北西に西峰（三八五・五m）がある（『岡山県の山』一一七頁、『最新版岡山を歩く』一五七頁など）。岡長平氏は遥照山を、桑島一男氏は竹林寺山を旗振り場としていて異なる。どちらが正しいのだろうか。

矢掛町立図書館の妹尾真理子氏を通じて、郷土史家の妹尾氏に調査をしてもらった（平成一二年一一月）。その結果、鴨方町と金光町には情報がなく、『矢掛町史』にも旗振り伝承の記述は見つからなかったが、矢掛町南山田の元小学校長小川大右氏に電話したところ、もう故人となった近在の老人に聞いた話を披露されたという。

「昔、大阪の米相場を旗振りを読んで金額を知り、西の方へ流しておったということじゃ。今でもその旗振りの場所を『目がね』というて、西と東の両方にあった。『目がね』とは遠目鏡のことじゃ。東の矢部の日差山の旗を遠目鏡で読んで、城見の皿山の旗振りへ旗を動かして知らした場所のことで、今も東の目がね、西の目がねと呼んでいる。西の方が竹林寺山で、東の目がねが遥照山頂の薬師堂の所で今は電々公社のマイクロウェーブの所じゃ。その旗振りの役の人が鴨方の人か、或いは山田から行ったのかは今はわからない。」

妹尾氏は、初めは、竹林寺山で旗振りを行ったが、樹木の成長で見通しが悪くなり、後に遥照山へ旗振り場の移転が行われたのであろうと推定している。これで、岡氏と桑島氏の記述が食い違う理由が判明したことになる。

妹尾氏は「日差山から受けて城見の皿山へ送った」と小川大右氏から聞いたかのように記述しているが、当の小川氏にお尋ねしたところ、そういう話はした事がないということであった（平成一三年二月二八日付返信）。

小川氏によると、「次の話はどこかでした事があります。『遥照山の頂上に東めがね西めがねという場所があり、そこが大阪相場を福山・尾道方面に知らせる場所であった』この話は、私の若い頃、父と共に遥照山に仕事に行った折に聞きましたし、近所のお年寄の方（もう故人ですが、小川仲一さんら）から確かに聞いております。日差山は山手村と倉敷市の境にありますが、その場所が連絡場所であったという事は全く知りませんし、笠岡市の皿山の事も全く知りません。何かの誤解だろうと思います。（なお日差山から皿山への見通しは全くきかない筈です）」とのことであった。日差山と皿山については、妹尾氏が、岡氏や桑島氏の記述に従ったものらしい。

また、妹尾氏は矢掛町横谷の人から「『目鏡』というのは、遥照山頂から南へ五百メートルほど下った所の見晴らしの良い台地のことで、現在中国電力ＫＫの無線電信設備の所ときいている。ここは瀬戸内海が一望できる眺望の良い所だ」という話を聞いたという。ただ、この地点は立地から考えて、旗振り場とは考えにくいと妹尾氏はいう。

以上の調査結果をまとめてみよう。遥照山（四〇五・五ｍ）は東の目がねといい、ＮＴＴ無線中継所と薬師堂のある所である。竹林寺山（西峰、三八五・五ｍ）は西の目がねといい、金比羅神社がある。この二カ所が

西の目がね（竹林寺山の西峰）

旗振り場であろう。
遥照山の南東の中国電力ＫＫ無線中継所のあるピーク（三九九ｍ）を今日、目鑑（めがね）展望台といい、雄大な展望が開ける（『最新版岡山を歩く』）。筆者の地形図上での計測では、ここも旗振りに好都合な場所と思われる。

岡長平氏は、皿山（笠岡市城見）を旗振り場としている。笠岡市教育委員会の笠岡市史編さん室によると、城見村は明治二二年までは茂平（もびら）村、用之江（もちのえ）村、大冝（おおげ）村であり、皿山があるのは、現在の笠岡市茂平である。笠岡市では九五・八ｍの低い山およびその地区を皿山と呼んでいる（一般に陶土のある山を皿山と呼ぶことが多い）。一六九・八ｍ三角点の南方一・一㎞にある山で、平坦部ではよく目立つ立地にあり、鰯など小魚の群れを見るための基地としていたという。

茂平出身の笠岡市立図書館の副館長が、地元での現地調査・古老への聞き取りを行った結果、地図上でも実地でも、他の山が邪魔となり、遥照山との通信はできないし、旗振りの伝承も見つからず、笠岡市皿山は旗振り地点ではないとの結論に達したという返信（平成一二年一二月八日付）を、笠岡市史編さん室の次長、山本稔氏から戴いた。

しかし、地形図上での計測によれば、遥照山と皿山の通信は可能と思われ、遥照山での調査でも、皿山の方向は遮られていないようだった。皿山そのものではなく、すぐ北の一六九・八ｍ峰、北西の一八二・〇ｍ峰が旗振り地点であった可能性も残る。いまだ知られざる旗振り山が近くに眠っているのかも

東のめがね（遥照山山頂）
（右下に三角点がある）

しれない。今のところ、皿山付近の旗振り場がどこであったのかは謎のままであるが、いつか、その謎が解明されることを願っている。(どなたか、チャレンジしてみませんか?)

コースガイド

竹林寺山と遥照山を訪れてみよう。天文台へのバス便はあるが、本数は少ない。マイカー利用か、JR山陽本線鴨方駅からタクシー利用するとよいだろう。岡山天文博物館の駐車場に着く。博物館の右手から観測所へ上がり、左側の草の生え込んだ尾根伝いの山道を西へしばらくたどると金比羅神社がある。背後の岩場あたりが西の目がねであろうか。

東と西の目がねは樹木の成長のため、見通しはあまり良くない。妹尾氏によると、見通しを良くするために、西の目がねでは、足場を組んだ可能性があるという。樹木の成長でいよいよ見通しがきかなくなった時に、東の目がねに移転したのだろうと妹尾氏は推定されている。

西の目がねから車道を東へたどり、地蔵峠を経て、両面薬師の標識に導かれて進み、電波塔への分岐で右をとると、三角点のある遥照山の山頂で、両面薬師堂があり、日光稲荷大明神、大師堂、鐘楼などが立っている。この山頂が東のめがねである。

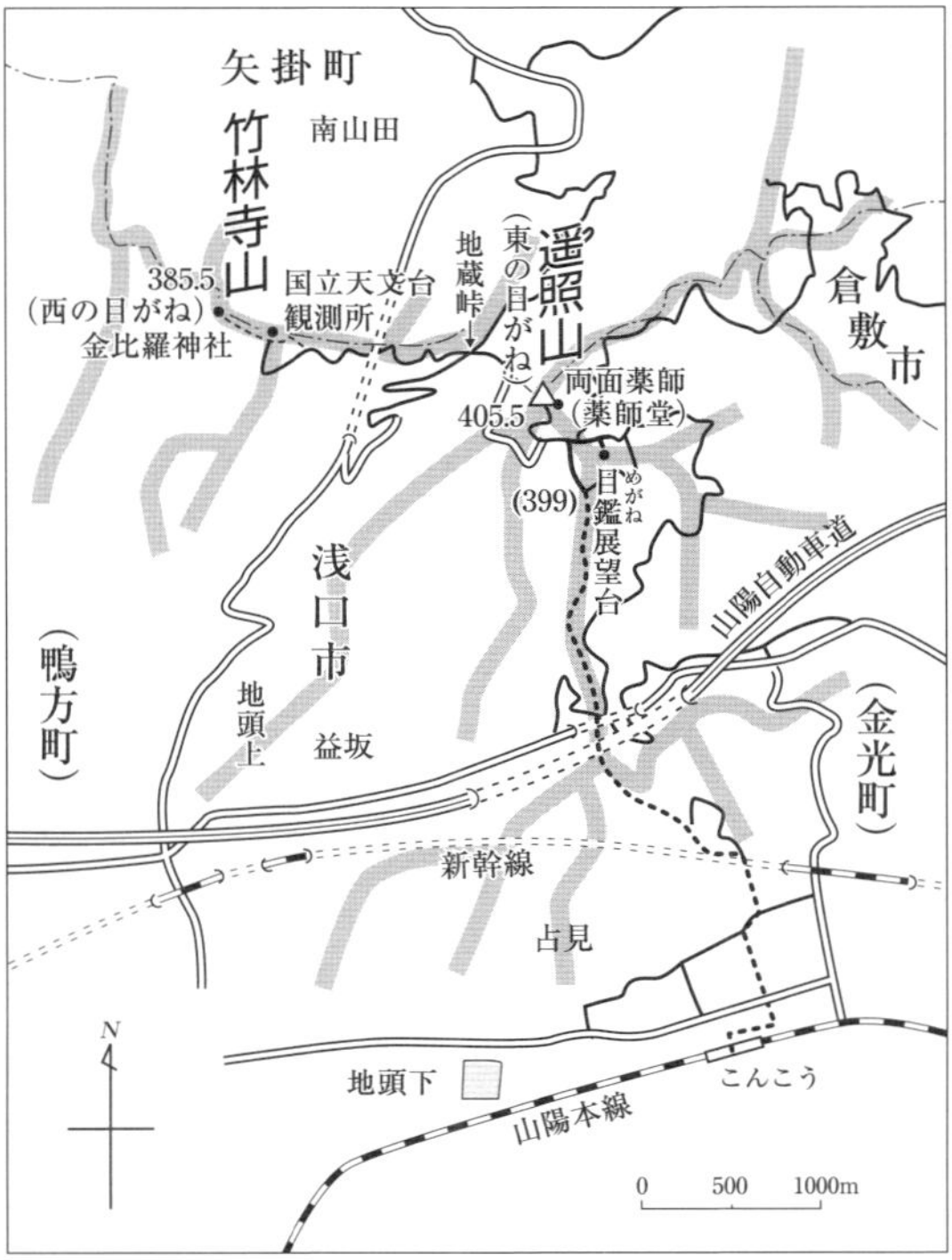

目鑑（めがね）展望台(遥照山公園)

現在では見通しがよくないが、昔は足場を組まなくても広大な展望が開けていたことであろう。三等三角点(四〇五・五m)の標石の場所はわかりにくいが、西側のささやぶの中に隠れている。

山頂から南東の遥照山公園に向かう。目鑑（めがね）展望台は標高三九九mで、中国電力KKの無線電信設備があり、ここからは広大な展望が開けている。東北東の展望が開けていて、理屈では、仕手倉山方向が見通せるはずであるが、実際にはかすんでいて確認は難しいようだ。西南西、皿山の方向も理論上は見通せるはずだが、ここでは樹木が遮っているために、見通すことは困難であった。

展望台から南西に向かい、金光町と鴨方町の境界に沿った山道に入り、南へ下る。途中、「鬼の手形岩」の伝説の案内板があった。力自慢の鬼が大岩につけた手形だというものである。離れて見ると、五本指が浮かび上がって、面白い。

(平成一三年九月二日歩く)

《コースタイム》(計三時間三〇分)

岡山天文博物館前(一五分)西の目がね(三五分)地蔵峠(二五分)遥照山(一五分)目鑑展望台(一時間)JR金光駅

〈地形図〉二万五千＝笠岡・玉島

広島・山口・福岡ルート

広島・山口・福岡ルートの概要

広島県立図書館に依頼して、多数の郷土資料を調査してもらったが、旗振り伝承についてふれている文献は見当たらないという結果となった。桑島一男『倉敷の電信電話』には、通信ルートとして「福山・尾道」の記述があるので、両市の教育委員会に問い合わせてみたが、関連する資料や伝承地はなく、不明とのことであった。

尾道青年会議所の記念誌『尾道JC三〇年のあゆみ』には、「大阪―尾道のろしリレー」のレポートが載っているが、その文頭に、次のような記述が見られる。

「かつて商都として栄華を誇った尾道で大阪の米相場をいち早く知る手段として狼煙が使用されたといい伝えられています。しかしいまそれを実証する資料は残されていません。そこで新幹線新尾道駅開業にあたり、大阪から尾道まで実際に狼煙をあげて史実の確認を行なうことにしました。」

シンポジウム「古代国家とのろし」宇都宮市実行委員会／平川南／鈴木靖民［編］『烽［とぶひ］の道』は古代ののろしをテーマとするまとまった最初の書物といえるが、この中（一五〇～一頁、一六五～六頁）には、一九八八年三月一三日（日曜日）に、山陽新幹線新尾道駅の開業記念行事として行われた「のろしリレー」のコースが紹介されている。のろしと新幹線ひかり二一一号との競争は、新幹線（新大阪

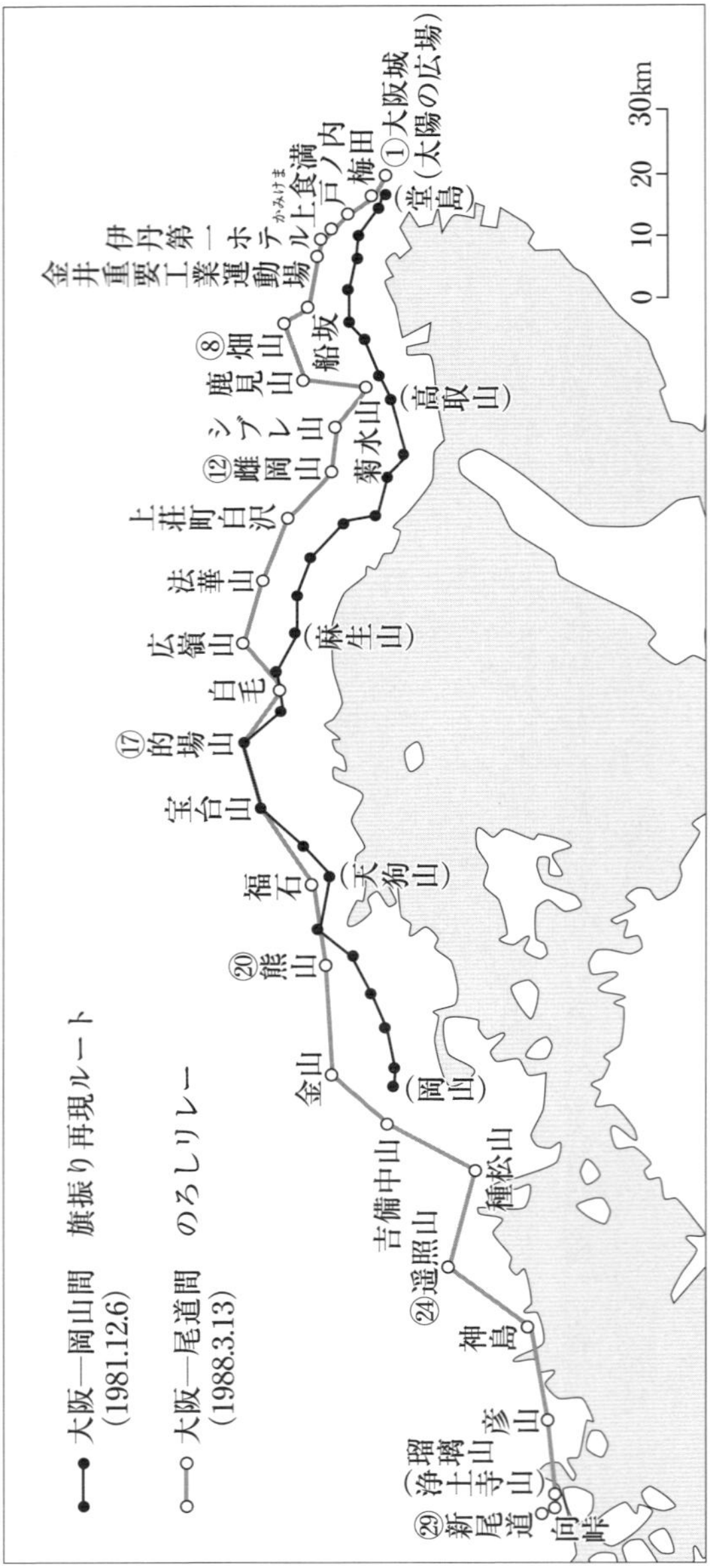

駅九時一二分発、新尾道駅一一時着）が勝ったが、のろしは、一〇分遅れの一時間五八分で到着したという。

尾道青年会議所の記念誌に掲載された「大阪—尾道のろしリレー」（発端・意義・顛末・コース）の資料（一〇八～一一〇頁）によるポイント（電波中継塔）は、次のとおりである。なお、燃料には薪を使い、湿ったオガクズで煙をあげたという。

『大阪―尾道のろしリレー』のポイント

①「大阪城」太陽の広場（大阪市中央区）
②「梅田」（大阪市北区）
③「尼崎戸ノ内」（尼崎市戸ノ内町）
④「尼崎上食満」（尼崎市食満）
⑤「伊丹第一ホテル」（伊丹市中央六丁目）
⑥「金井重要工業運動場」（同市奥畑四丁目）
⑦「船坂」無線中継所（西宮市山口町）
⑧「畑山」（西宮市山口町下山口）
⑨「鹿見」山（神戸市北区）
⑩「菊水」山（神戸市北区）
⑪「シブレ」山（北区山田町西下）
⑫「雌岡山」（神戸市西区）
⑬「白沢」（加古川市上荘町）の北
⑭「法華」山（加西市下里、一乗寺）の西
⑮「広嶺」山（姫路市）
⑯「白毛」山（姫路市・太子町）

---

⑰「的場」山（たつの市）
⑱「宝台」山（相生市）
⑲「福石」（備前市）
⑳「熊山」（赤磐市）
㉑「金山」（たつの市御津町・岡山市）
㉒「吉備」中山（岡山市吉備中山）
㉓「種松山」（倉敷市粒江）
㉔「遥照山」（浅口市鴨方町）
㉕「神島」（笠岡市）
㉖「彦山」（福山市）
㉗「瑠璃山」（尾道市尾崎町、浄土寺山）
㉘「向峠」（尾道市栗原町）
㉙「新尾道駅」

（大阪府二カ所、兵庫県一六カ所、岡山県七カ所、広島県四カ所）
（全長二五〇km、二九カ所で中継）

山口県立図書館に依頼して、多数の郷土資料を調査してもらったところ、県下ののろし場についてふれた資料は多いが、旗振り伝承の記述が見つかったのは、『小郡町史』のみであった。さらに、筆者は、相場通信にのろしを用いたという山口県の郷土資料を一つだけ見つけることができた。

小郡町文化資料館の武重氏の指摘によると、「下関市前田の火の山(二六八・二m)—小野田市(現山陽小野田市)の竜王山(厚狭郡西須恵。本山。北峰の番屋ヶ辻がのろし場、一三六・二m)—宇部市東岐波の日ノ山(地元では「象山」と呼ぶ。一四六・一m。「阿知須町〈現山口市〉の火の山」は、同じピークを小郡方面から見て呼んだもので、日野山、日の山ともいう)—山口市嘉川の干見折山(雨乞山、一八六・六m)—山口市陶の南方に位置する陶ヶ岳(観音山、二二三m)または火ノ山(三〇三・六m)—大阪方面」「干見折の雨乞山—小郡町(現山口市)の雨乞山—山口」という通信ルートが想定できることになる。これらのポイントは、のろし場としては用いられたであろうが、旗振り場であるかどうかの確認はできていない。中継の基点は、下関の相場会所であったことであろう。

下関市前田の火の山は、角川地名大辞典によると「山名は敵の来襲を都に知らせる烽火場があったことに由来」とあり、明治二三年、一般人立入禁止の要塞地帯となり、戦後、長期計画で公園が整備されていったという。明治六年当時には、ここが旗振り場であったものと思われる。

『下関の伝説』には、のろしの経路として「(下関の)火の山から埴生(はぶ)の火の山、厚狭(あさ)の日の峯山、小野田の番屋ヶ辻、宇部の宇部岬、吉敷郡東岐波の日野山、秋穂の火の山、というぐあいに山づたいに知らせていきました」とある。日の峯山は、山陽町(現山陽小野田市)の日峰山(日ノ峰山、一四八m)である。その南方には、山陽町(現山陽小野田市)津布田の火ノ山(一一四・六m)もある。秋穂町(現山口市)の火の山は筈倉の北にあり、筈倉山ともいう。

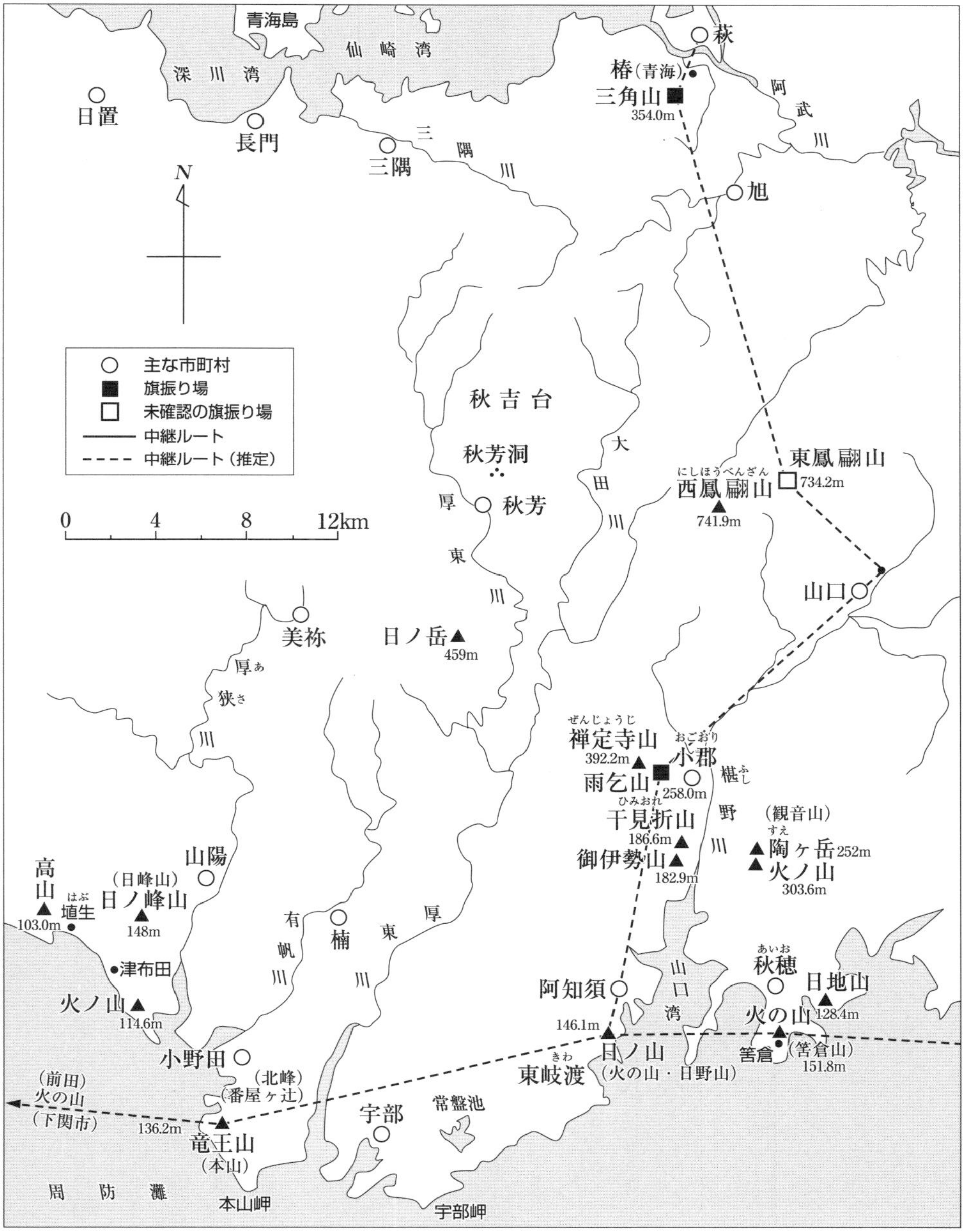

119 —— 広島・山口・福岡ルートの概要

井上祐「萩往還の狼煙山」（『山口県地方史研究』第七〇号、五八～六二頁）には「青海の農家には、明治の頃に米相場連絡の為、三角山が狼煙山で、鳳翩山と結び、山口―萩間を狼煙で連絡をしたと、口伝が残っている」とある。青海は萩市椿の字名である。三角山は青海の南方にあり、標高三五四・〇m。三角点が置かれたので、この名がある。鳳翩山とは、山口市の北西境の東鳳翩山（七三四・二m）と西鳳翩山（七四一・九m）を指している。立地から三角山と通信できるのは東鳳翩山である。山口市教育委員会に問い合わせてみたが、市域には米相場通信に関する文献も伝承もないとのことであった。

　樋畑雪湖「信号通報の歴史」（『民族』第二巻第二号、一四七～一五二頁）に「大阪と馬関間に於ける米相場通信にも、此色篝の方法が行はれてゐたと伝へられてゐるから、先年下関方面の古老に知るものがあるとの事を伝聞して知人を介して調査したが其の目的を達し得なかった」とあるが、樋畑雪湖『江戸時代の交通文化』の八二頁には「下関の古老は炬火をも使用せし由を物語れり」とある。炬火（たてあかし）は松・竹・葦を束ねた「松明の火」をいい、篝火（かがりび）は木や竹を四角に組んだ「組木の火」をいう。この古老の証言は重要である。すなわち、山陽ルートがやはり、狼煙ではなく、松明の火振りであったことを示しているからである。島本得一編『株式期米　市場用語字彙』には「火旗」の解説があり、「火旗　昔時相場の通信をなすに炬火を以て旗の代りに使用せしを云ふ」とあることも、裏付けとなるだろう。昼は旗、夜は火の旗であった。

　赤間関（下関）の米相場の取引所は、文政年間（一八一八～二九）に藩許を得て、「米会所」の名で神宮司町に創設されたのが最初で、文久元年（一八六一）には「物産会所」と改称して西南部町に開設、さらに文久三年（一八六三）には「諸荷物会所」と称して、東南部町（第二次大戦以前の米商会所の地、現在の下関市役所付近）に開設している。明治初期には赤間関内各所に米会所が設けられたが、短期で移転・改称を重ねたあと、東南部町に米商会所が設立された(『下関市史』)。

福岡県下には、相場通信の伝承が残る。服部英雄『景観にさぐる中世』(五八九頁)によると、明治六年におきた筑前竹槍一揆の発端は、高倉村(嘉穂郡庄内町〈現飯塚市〉高倉)の村民が、高倉山(実際の地点は金国山(かなくにやま))で米相場を通信した「目取り」に反発したことにあったという。目取り(旗振り通信員)は、昼は紅白の旗で、夜は烽火(のろし)を上げる数で、上方の米相場を通報したという。烽火を上げる数は記録者の誤解で、実際は炬火(松明の火)を用いて、火振りをしたものだろう。

紫村一重『筑前竹槍一揆』の四五〜四六頁には「馬関の日の山から始まり、順次小倉の足立山、黒崎の帆柱山、福岡と小倉の県境にある福知山、それからここ金国山へ、さらに秋月の古処山を経て、遠く筑後の箕山に受け継がれ、若津の米相場所へ送られていた」とある。『景観にさぐる中世』では、「馬関(相場会所、あるいは日の山)」とあり、足立山へは相場会所から直接、送信された可能性もあるようだ。

北九州市の足立山(五九七・八m)は別名、霧ケ岳である。旗振りに関する地元での資料は発見できていない。

北九州市に帆柱山がある。これは総称名であり、主峰は皿倉山(六二二・二m)である。狭義の帆柱山(四八八m)の場合、足立山と通信できない立地であり、皿倉山で送受信したのであろう。

北九州市・直方市・赤池町(現福智町)境(豊前・筑前国境)に福智山(九〇〇・六m)がある。赤池町教育委員会によると、旗振りの資料はないが、「福智山」か「鷹取山」の山頂かと思われ、帆柱山は福智山の方が良く見えるでしょうとのことであった。

嘉穂郡嘉穂町(現嘉麻市)・甘木市(現朝倉市)境に古処山(こしょざん)(八五九・五m)がある。嘉穂町役場に問い合わせてみたところ、関連する聞き書き資料等は見当たらないとのことであった。

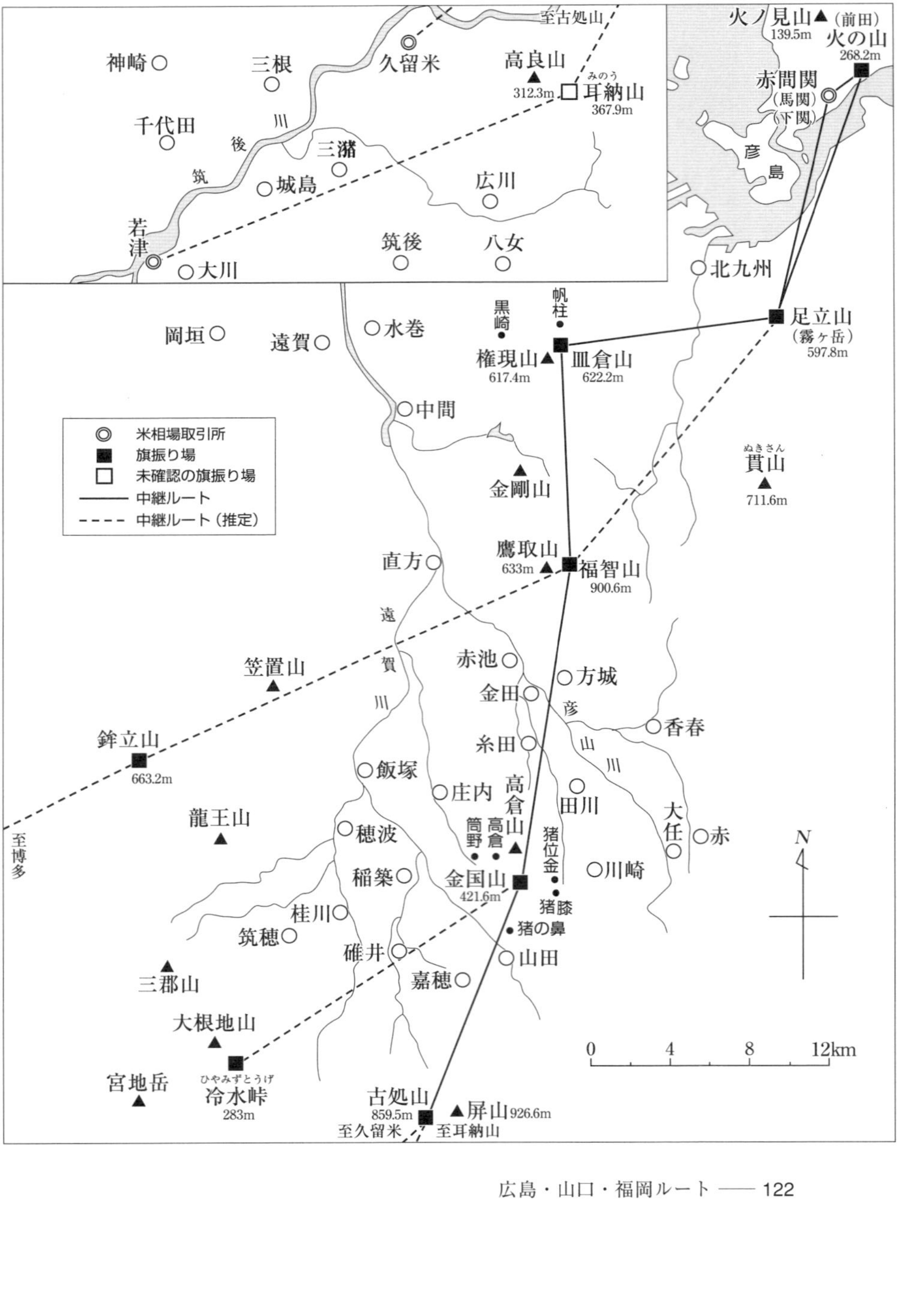
米相場取引所
旗振り場
未確認の旗振り場
中継ルート
中継ルート（推定）
至古処山
神崎
三根
久留米
高良山
312.3m
みのう
耳納山
367.9m
千代田
筑後川
三瀦
城島
広川
若津
大川
筑後
八女
火ノ見山
139.5m
（前田）
火の山
268.2m
赤間関
（馬関）
（下関）
彦島
北九州
足立山
（霧ヶ岳）
597.8m
岡垣
遠賀
水巻
黒崎
帆柱
権現山
617.4m
皿倉山
622.2m
中間
金剛山
ぬきさん
貫山
711.6m
直方
鷹取山
633m
福智山
900.6m
遠賀川
赤池
方城
金田
彦山川
香春
糸田
笠置山
鉾立山
663.2m
飯塚
庄内
高倉山
田川
大任
赤
龍王山
穂波
筒野
高倉
猪位金
川崎
稲築
金国山
421.6m
猪膝
桂川
猪の鼻
筑穂
碓井
山田
嘉穂
三郡山
大根地山
ひやみずとうげ
冷水峠
283m
宮地岳
古処山
859.5m
屏山
926.6m
至久留米
至耳納山
至博多
N
0
4
8
12km

筑後の箕山については、「み(の)やま」と読むのだろうが、現在の山名には見当たらない。筆者は、中継ルートでの位置関係から、久留米市の耳納山(三六七・九m)であろうと推定してみた。服部英雄氏に問い合わせたところ、「箕山は位置からいって耳納山でよいかと思います」とのことであった。久留米市教育委員会教育文化部の古賀正美氏も同じ考えであるが、旗振り場についての記録・伝承がなく、比定は困難とのことであった。

大川市向島には若津の地名がある。筑後川の河口から約八km上流である。宝暦元年(一七五一)に久留米藩が築いた若津港があり、後に筑後米の積出港としてにぎわった。若津には米相場所があった。

瀬川負太郎『おもしろ地名　北九州事典　増補総集版』には、福岡県鞍手郡鉾立山(六六三・二m)が旗振り場として紹介されている。瀬川氏によれば現地伝承によったということである。博多の米商人も旗振り通信を利用したことが文献からわかるので立地条件から判断して、「福智山―鉾立山―博多」という通信コースがあったものと思われる。

なお、薩摩、鹿児島方面へ通信されたという俗説がインターネットなどで流布しているが、古老の証言は、今のところ見つかっておらず、裏づけることはできない。もし、郷土資料などに記載があれば、ご教示いただければ幸いである。

雨乞山

二五八m

『小郡町史』には、旗振りについて、次のように記述されている。

「相場の変動を早聞きして、取り引き上の駈け引きにする必要から行われたものであった。明治中ごろに、下関の期米相場がこの方法で各地の業者に知らされたことがあり、本町では山手の山上でこの旗振りがよく見受けられたものであった。」

小郡町文化資料館の武重久氏によると、「商人の旗による通信について、下関（火の山）―厚狭（本山）―岐波（日の山）―阿知須（火の山）―嘉川（干見折山）―小郡（雨乞山）―山口へ、嘉川（干見折山）―陶ケ嶽（火の山）―大阪へ、およそ、海沿いののろし場と同じ位置であったろうと思います。大阪―下関コースの場合は小郡は通過したと思います。『小郡山手の山上』とは雨乞山だと思います。山口へのコースの場合のみ利用したと思います。見晴らし良く、新年に町民が御来光を迎える山です」とのことであった。

雨乞山は禅定寺山（善城寺山、三九二・二m）の前山で、地形図の二五八・〇mピークであるが、旗振りは民間のことで、記録は残っていないので、確定できないという。のろし場ルートについては、『防長風土注進案（小郡宰判）』、『山陽道』、『旧小郡町史』を参考にしたとのことである。

『防長風土注進案　小郡宰判之部第一』には、「一狼煙場山之事　白髭大明神前　但陸地狼煙場東は陶村観音山より受夫より西の方嘉川村雨乞山へ受次里数凡三十丁位尤津市白髭社前に受るは御茶屋へ通達のために御座候」とある。津市は小郡町の中心部の地名である。

コースガイド

新幹線を利用して、大阪から小郡町（現山口市）の雨乞山まで日帰りのプランを立ててみた。小郡町は山頭火の庵があり、小郡駅から雨乞山への往復に加えると充実した行程になることだろう。

ＪＲ山陽本線小郡駅前には、山頭火の記念碑がある。最近のブームに伴い、整備されたもののようだ。地図を読みながら、大正通りなどを経て、山手下（しも）へ向かうとよい。昔の繁栄の名残りがうかがえることだろう。

山頭火の記念碑（小郡駅前）

雨乞山へは、電波中継塔への車道が通じているが、栄山公園の桜の森から橋を渡り、栄山神社の横から尾根道に入る。頂上への道しるべに従うと、車道に合流し、あとは分岐で左をとり、日本テレコム専用道路に入れば頂上に出られる。山頂は大きな電波塔（無線中継所）が占拠しているが、ぎざぎざの形の火の山が正面に姿を見せていて、周辺の展望の様子から、旗振り山であ

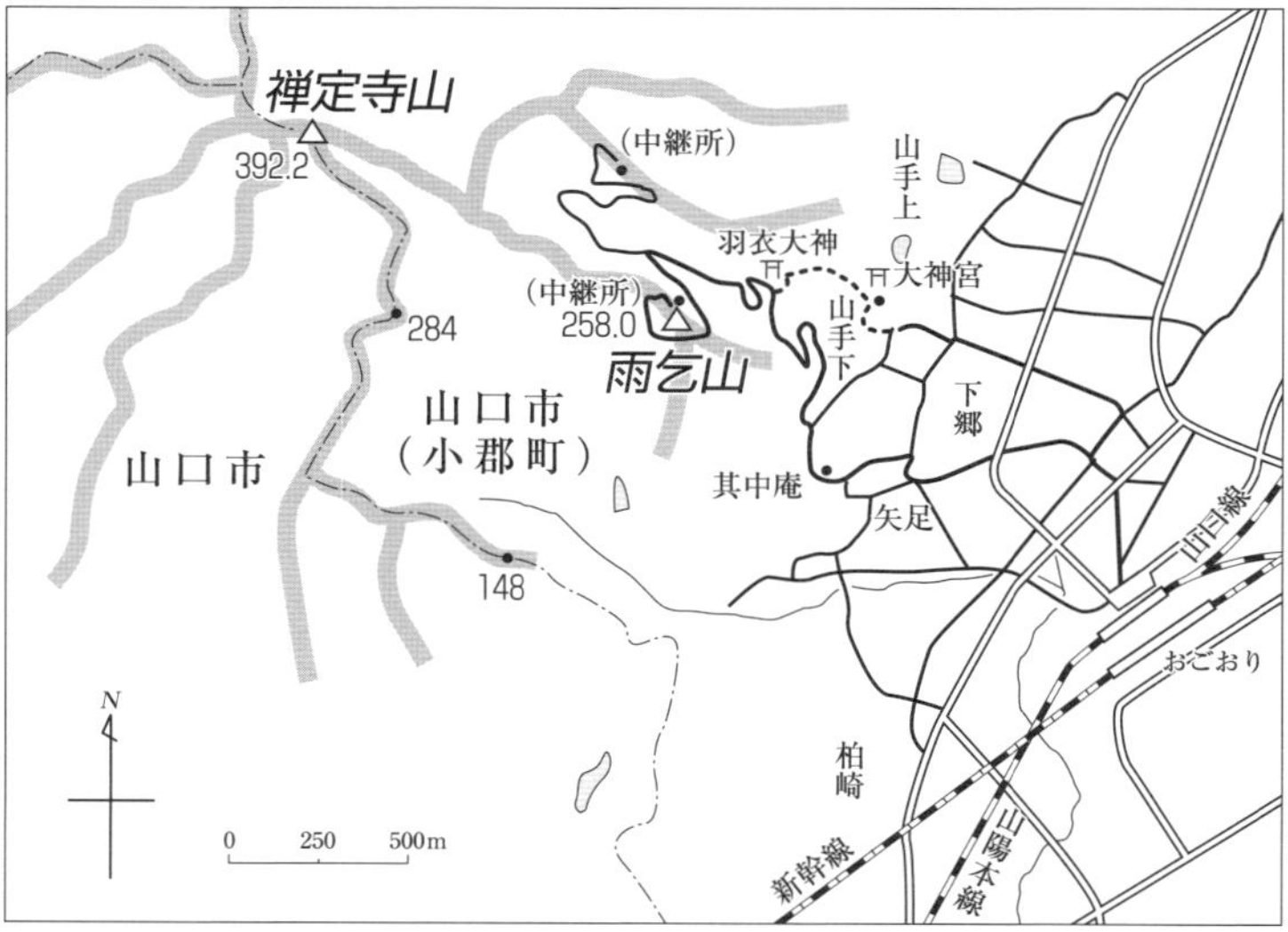

雨乞山から小郡駅、陶ヶ岳、火ノ山を望む

ったことを想像させるに十分である。
帰りは、車道を下り、途中で、右へ細い道をたどって山頭火の其中庵(ごちゅうあん)に立ち寄るとよいだろう。其中庵は山頭火が昭和七年に廃屋を修理して結んだ草庵であったが、傷みがひどくなり、昭和一三年には移住せざるをえなかった。平成四年になって、同じ位置に復元された庵室には、山頭火の身の回りの品が置かれ、当時をしのぶよすがとなっている。近くには、トイレのある休憩所もあり、一帯は公園化されている。ガイドとして『山頭火　漂泊の跡を歩く』（ＪＴＢ）をおすすめしておく。
（平成一四年四月二九日歩く）

《コースタイム》（計二時間二〇分）
ＪＲ小郡駅（一時間一〇分）雨乞山（四五分）其中庵（二五分）ＪＲ小郡駅
〈地形図〉　二万五千＝小郡

三田ルート

三田ルートの概要

『逓信協会雑誌』大正三年一月号の記事には、旗振りの行われた場所として、「尼ケ崎、伊丹、西ノ宮、灘、御影、神戸、兵庫、三田、須磨、明石」とある（巻末資料参照）。他の文献に見られない通信地点として、伊丹と三田があげられる。この方面の通信ルートの存在は長らく埋もれたままになっていた。落合重信『埋もれた神戸の歴史』に「神戸の奥の平野街道に旗振山というのがある、ときいたが、それは三田方面への通信の経路であろう」とある。これは神出旗振山（神戸市西区）を指しており、須磨を中継したことになるので、三田へのルートとは思えない。

三田市教育委員会教育総務部生涯学習振興課の山崎氏によれば、「市中（陣屋町）において地方相場が立っていた可能性」があり、「また、確証はありませんが、市域東部の高平地域（旧川辺郡、麻田藩領）で『旗振り山』なる噂話を耳にしたことがありますが、相場に関するものかどうかわかりません」とのことであった。

謎の三田ルートを解決する手掛かりは、ホームページの検索で知ることができた文献、西村忠孜（ただし）『北摂続 羽束の郷土史誌』の中の記述にあった。この本は兵庫県立図書館で閲覧することができる。

この本の「米相場と旗振り山」には、次のような注目すべき記述がある。

「大坂〜尼崎〜武庫川堤〜剣山〜北畑（東灘区）〜諏訪山〜須磨旗振り山〜加古川方面へと続いていたと言います。

さて、北摂・羽束地方の手旗信号による中継順は、次の一〜二〜三の三つの山頂でした。三の次は多紀連山へ向かい、大坂から日本海へ抜けるコースの一角を占めていました。

一、西宮市山口町金仙寺にある畑山（旗山）。昔・松茸がよく採れた山で標高五二八ｍ
二、三田市香下にある通称さん志よう山。別称旗振り山（中略）標高五〇〇ｍ
三、三田市小柿にある通称感応寺山（比僧山）（中略）北は摂丹境。標高六〇〇ｍ級」

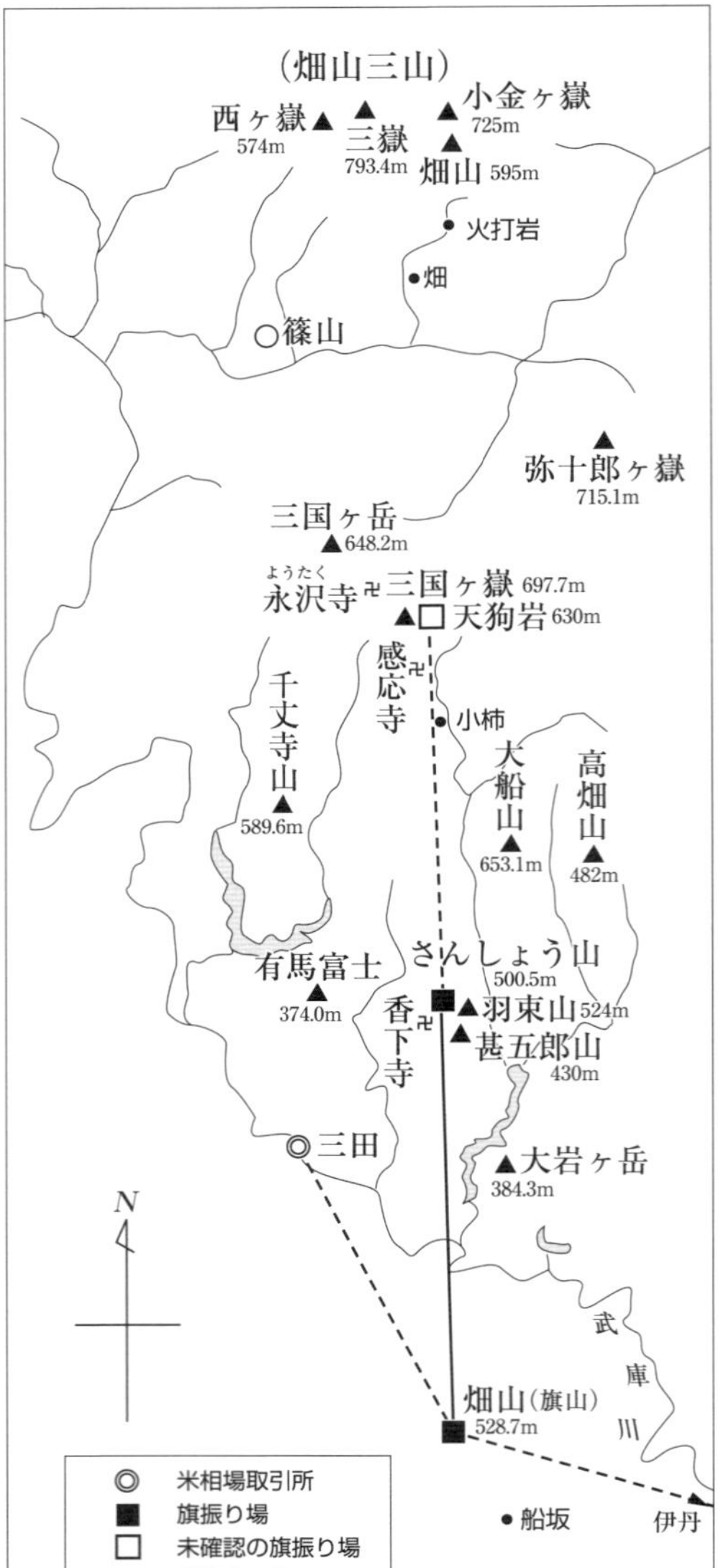

「昔の人は視力が三とか四とかの優れた遠視者がいて、信号手を務めたのです。」

以上の記述により、三田ルートは私たちの前に初めて姿を見せたのであった。

山口町の畑山は三田ルートを考える上で、気になっていたが、旗振り場かどうか確認できずにいた山である。『有馬郡誌下巻』の山口村の山岳名に旗山があり(二六〇頁)、畑山のことと思われる。堂島との間の中継地は不明だが、伊丹付近の可能性がある。畑山からは、三田の市場に送信したことだろう。

中庄谷直『関西周辺　低山ワールドを楽しむ』に、畑山山地が紹介されている。

感応寺山は、比僧山感応寺の背後にある山で、小柿の北西に、三田市・篠山市境にかけて長く連なる山塊である。最高地点の六九七・七m峰は点名「天上畑」であり、慶佐次盛一『兵庫丹波の山(下)』によると、山名は三国ヶ嶽、別称は比曽山・感応寺山・峰山となっている。

『有馬郡誌上巻』には、比僧山感応寺(四八七頁)とあり、「比曽山」の表記は正しくないようだ。ただし、西村氏によると、普通一般には比僧山とは呼んでいないとのことである(平成一三年一一月六日付返信)。

ホームページ「山喜多の山策記」では北山悟氏が旗振り場にふさわしい地点を踏査している(平成一四年四月六日)。それによると、三等三角点(天上畑)ではすぐ南の六六二m峰が邪魔になってさんしょう山を見通せない。一方、山頂から東方に位置する天狗岩(標高約六三〇m)では、眺望が絶景で、さんしょう山も多紀連山もはっきり見えるので、ここが旗振り場にふさわしいという。

感応寺山からは多紀連山のどこかに送信されたわけである。多紀連山の小金ヶ嶽・三嶽・西ヶ嶽は合わせて畑山三山と呼ばれているが、南にある畑という地名によるもので畑氏と関連したものという。郷土史の先生方に問い合わせても、篠山市内には旗振り山に関する情報はないという。したがって、多紀連山の旗振り場所は不明のままである。

日本海へ抜けるコースは、筆者の推定では、篠山・綾部（又は福知山）を経て、舞鶴方面であろうかと思うが、この方面でも旗振り場の資料は見つかっていない。

さんしょう山

五〇〇・五m

『北摂 続 羽束の郷土史誌』の三頁に、羽束山頂付近土地図があり、羽束山（はつかさん）の北西の五〇〇・五m峰のあたりは「字さん志よう」であって、山名（さんしょう山）のもととなっていることがわかる。

五〇〇・五m峰（三等三角点）には、宰相ヶ岳（『有馬郡誌下巻』）と三四郎山（伊達嶺雄『季節の道』）の別称があるが、地元名「さんしょう山」からの転訛と思われる。この山は高平地域にあり、三田市教育委員会のいう旗振り山であろう。

「かねちゃんのホームページ」の「初春の羽束山 散歩記」（一九九八年一月二日）に、香下寺（こうげじ）の住職の話として、西の峰を「さんしお山」と呼んでいると紹介されている。

コースガイド

兵庫県郷土グラフ第三篇『神戸・六甲』（北尾鐐之助著）には、次のように記載されている（三六頁）。

「羽束山は行手にその秀麗な全貌を現してくる。主峰を中央にして、甚五郎、三四郎と名づける二ツの峰が左右に位置し、さながら美しい兜を伏せたような形である。甚五郎も三四郎も、昔この山に立て篭つていた兇賊の名をそのまゝつけたもので、殊に大道甚五郎のことは、この辺の郷土史によく出てくる名である。三輪神社の三輪山を焼いて、いっさいの重宝を失ったのも彼れの所行だといわれている。」

この三輪神社は、大和の三輪神社に準じて建てられたもの（『神戸・六甲』三四頁）で、三田駅のすぐ北に鎮座している。『季節の道』で「三四郎山」を紹介している伊達嶺雄氏は、兵庫県郷土グラフの図版カットを担当されており、伊達氏が北尾氏の記事から「三四郎山」を採用したことがうかがえる。

さんしょう山（宰相ヶ岳、五〇〇・五m）は、羽束山の北西にあり、甚五郎山（六丁峠の南西、四三一・八m）と共に、登ってきた。

JR福知山線三田駅から東部行きのバスに乗り、香下バス停で降りる。ここからは、羽束山を中心に左にさんしょう山、右に甚五郎山が連なって見える。登山口の表示に従って、香下寺を経て、谷道から鞍部に達し、右は羽束山へ向かうので、反対側の左の尾根筋の薄い踏み跡をたどって登り着いたところが、さんしょう山の山頂である。

三角点からは北東に高畑山（四八二m）がかわいい富士山型に見えている（旧版『北摂の山々』、新版『北摂・京都西山』昭文社）。高畑山は高旗山ではないかと筆者は考えるが、旗振り伝承の裏付けはとれていない。さん

さんしょう山（左）、羽束山（中央）、甚五郎山（右）

さんしょう山山頂の三角点

しょう山の山頂からは、北側は見えにくいが、南西方向に展望があり、南に畑山がはっきりと確認できた。

『三田市史第三巻古代・中世資料』によれば、さんしょう山、羽束山、甚五郎山は、中世の香下城の砦跡である。甚五郎山の東のピーク（三九四・九m）にも遺構が残っている。

鞍部まで戻り、羽束山の山頂に向かう。山頂は見晴らしがよい。南の六丁峠から甚五郎山（やぶ山だが、手前の鞍部は堀切の遺構であろう）へ立ち寄ったあと、峠から香下寺へ下った。

慶佐次盛一『北摂の山（下）西部編』には宰相ヶ岳（さんしょう山）のガイドがあり、筆者が知らせた西村氏の本の情報をもとにして、この山が旗振り山であったことを紹介している。（平成一三年一一月二三日歩く）

《コースタイム》（計二時間）
香下バス停（三〇分）鞍部（一五分）さんしょう山（一五分）鞍部（一五分）羽束山（一五分）甚五郎山（三〇分）香下バス停

〈地形図〉二万五千＝武田尾、木津

三木・社ルート

（ルート地図は六五ページ参照）

三木・社ルートの概要

社町（現加東市）の郷土史家、上月輝夫氏が老人会の求めに応じて書いたという、次のような「ふるさとやしろ」（社町老人会）の一文がある。

「米相場と旗振り　社二区　上月輝夫

大正三年（一九一四）まで、大阪堂島の米相場の値段が白黒の旗（たたみ一枚分の大きさ）を振ることで社まで伝達されました。大阪→西宮の甲山→六甲山→須磨の鉢伏山→神出の雄岡山→志方の城山→社へと伝えられました。社田町の法蓮寺の西の一角に加東米穀取引所があって、高いやぐらを組み、その上に望遠鏡をすえ付け、志方の城山で振る旗を見て、大きなブリキのメガホンで下へ伝えていました。その当時、田町には五・六軒の米取引店があり、「泰井商店」「井岡商店」「宮脇商店」などが繁昌していました。加西・多可・多紀・氷上各郡から多くの人々が商いに来て「大黒屋」「米達」「肥田文」「都亭」「松葉」等の旅館に泊り賑わっていました。

旗の振り方は、はじめの相図は『たて』に二回振る。十四円三十五銭の振り方は、十円が右へ一回、四円が左へ四回、三十銭が右へ三回、五銭が左へ五回振ったといわれています。雨天や、もやがかかり志方の城山が見えにくい時は電報を用いたといわれています。」

上月氏は、祖父（昭和四一年没）の話と、西脇市の人（丁稚をしていたという）から昭和五〇年頃に聞いた話によって、内容をまとめたという（筆者が平成一二年九月三〇日に上月氏から電話で聞いた話による）。明治一七～八年頃から旗振りが始まったという。電報があっても、職の維持のために、旗振りは継続され、大正二～三年頃まで続いたという。明治二八年以降は、雨や靄（もや）の日には電報が用いられた。

上月氏によると、米相場で大儲けをしたあとには、豪勢に芸者遊びを繰り広げたとのことである。桑名の夕市においては、女たちが、相場師（殿さん、将軍）の袖にすがりついて、相場で儲けさせてとせがんだという話もある（『桑名の民俗』）。インターネットで「桑名の夕市」を検索すれば、「その手は桑名の焼きはまぐり」といった、お座敷の戯れ歌が拝見できる。

なお、筆者の調査では、西宮市の甲山での旗振り伝承は確認できないままである。六甲山は金鳥山、鉢伏山は須磨旗振山、雄岡山は神出旗振山と考えれば、調査結果と整合性があり、辻褄が合う。

八十の岩橋

『増訂印南郡誌』によると、東神吉村枡田山と神吉村東の裏山も、魚橋山からの信号の加東郡方面への中継地点であったという。升田山は、一〇五・一m三角点から西方にかけての山塊である。昔は斗形山と表記され、「八十の岩橋」と呼ばれる岩盤があり、すばらしい展望の開ける三角点から南東へだんだん急になる岩場を指している。西谷勝也『伝説の兵庫県』には、この「益気（やけ）の八十橋」（斗形山（ますがた）、升田山）の伝説が載っている。

東神吉町神吉の北東の黒岩山（一三二・五m）には「裏山」とい

う小字地名があるので、神吉村東の裏山に同定できるようだ。岩肌の露出したゾーンがあり、見晴らしのよい山頂は、旗振りにふさわしい場所である。

加古川市教育委員会生涯学習推進室文化財担当の岡本一士氏によると、神吉の古老にたずねても旗振りの伝承はないとのことで、ある郷土史家は、旗振りは地元以外の人が行なったために記憶に残らなかったのではないかと言われたという。

神出旗振山

一六三・八m

忠魂碑

神出（かんで）旗振山（神戸市西区神出町東）は、ハイキングコースでよく知られた雌岡山の南西方向に位置する小高い丘（標高一六三・八mの三角点）である。

『新修加東郡誌』には、次のような記述が見られる。

「神戸市垂水区の北端、神出町に雌岡山（めっこうさん）があり、この山のすぐ西に忠魂碑が建っているこ高い丘がある。この近くに住む老人の言によれば、丘の上で、大きな旗を振っている姿をはっきりと見ているという。これが『はたふり山』に次ぐ中継所であったと思われる。」

この山は、古代のノロシ場であったという。山頂西方の広場には忠魂碑が建っている。その南麓に最明寺があり、付近を茶山と呼ぶ。この茶山は、江戸時代、明石藩主の別荘「お茶屋」があったことに由来するといい、もとは御茶屋山であったのが、後に、お茶山に変わったのだという（藤井昭三『神出むかし物語』初版）。その南西麓には山王神社がある。須磨の旗振山から受けて、志方町城山および三木方面へ旗振り中継したということである（ただし、三木へ直接送信できないので、城山を経由した）。

川口陽之（きよし）『垂水史跡めぐり』（改訂版）の、最明寺の解説の末尾に、「この寺の北方の台地は『旗ふり山』と呼ばれ、米相場の信号中継所でした」とある。

ところが、『垂水史跡めぐり』（第四次改訂版）では、雌岡山の中腹（神出中学校の北東）にある愛宕神社を「旗振り山」として紹介して、最明寺の解説の末尾にあった、老人の言を紹介した文章は削除されている。どういうわけで、旗振り場が茶山から愛宕神社に変更されたのか不明で、愛宕神社は北西側が遮られる立地であり、城山へ通信できないので、間違いと思われる（『新修加東郡誌』の記述とも合わない）。

藤井昭三『神出むかし物語』（初版）では、明確に、お茶山を旗振り山として紹介しているので、川口氏は、何らかの間違った情報に惑わされたのだろう。

藤井昭三『神出むかし物語』（改訂増補版）には、神出旗振山の場所が「御茶山」であったことを裏付ける次のような貴重な伝承が載っている。

「お茶山の麓、老ノ口集落に『新店（しんみせ）』と屋号で呼ばれた家がありました。集落の者は『しみせ』と言いました。明治の初めは『商人宿』をしていたようです。ここに新婚間もない旗振りが逗留していて、近くのお茶山で旗を振って昼前に降りてくると、必ず夫婦が愛を確かめ合ったという。毎日のことなので、この噂が青年の間につたわり、近所の理髪店はその話題でにぎわったというのです。今は理髪店も三代目になっています。（老ノ口集落の伝承）」

藤井氏の資料によると、旗振所（神出旗振山、御茶山）の西麓、山王神社西側・南側付近の集落名が老ノ口で、「しみせ」は山王神社の南西一〇〇ｍの藤本好宣宅（四代目）であり、山王神社の南二〇〇ｍのタニモト理容が散髪屋（谷本、三代目）である。

コースガイド

ＪＲ山陽本線明石駅・山陽電鉄山陽明石駅から三木・西脇方面の神姫バスに乗り、老の口バス停で降りる。東へ向かい、最明寺の右側の茶山の表示のある所から北へ登ると、展望のない広場に出る。東側に忠魂碑がある。片隅には神戸市貿易観光課が昭和五四年に設置した展望案内板があり、二〇年ほど前は見晴らしがよかったことがうかがえる。北側に出ると展望が開けていて、志方城山がはっきりと見えていた。この付近で旗振りが行われたのであろう。

神出旗振山の山頂（茶山展望台）

神出中学校の東から車道をたどって雌岡山へ向かう。途中の左手に愛宕神社があるが、ここが旗振り場でありえないことは、志方城山が見えないことから明白であろう。頂上の神出神社付近は広く、展望も良いので付近の人々憩いの場になっている。ここからは、良く知られたハイキングコースで、多くの

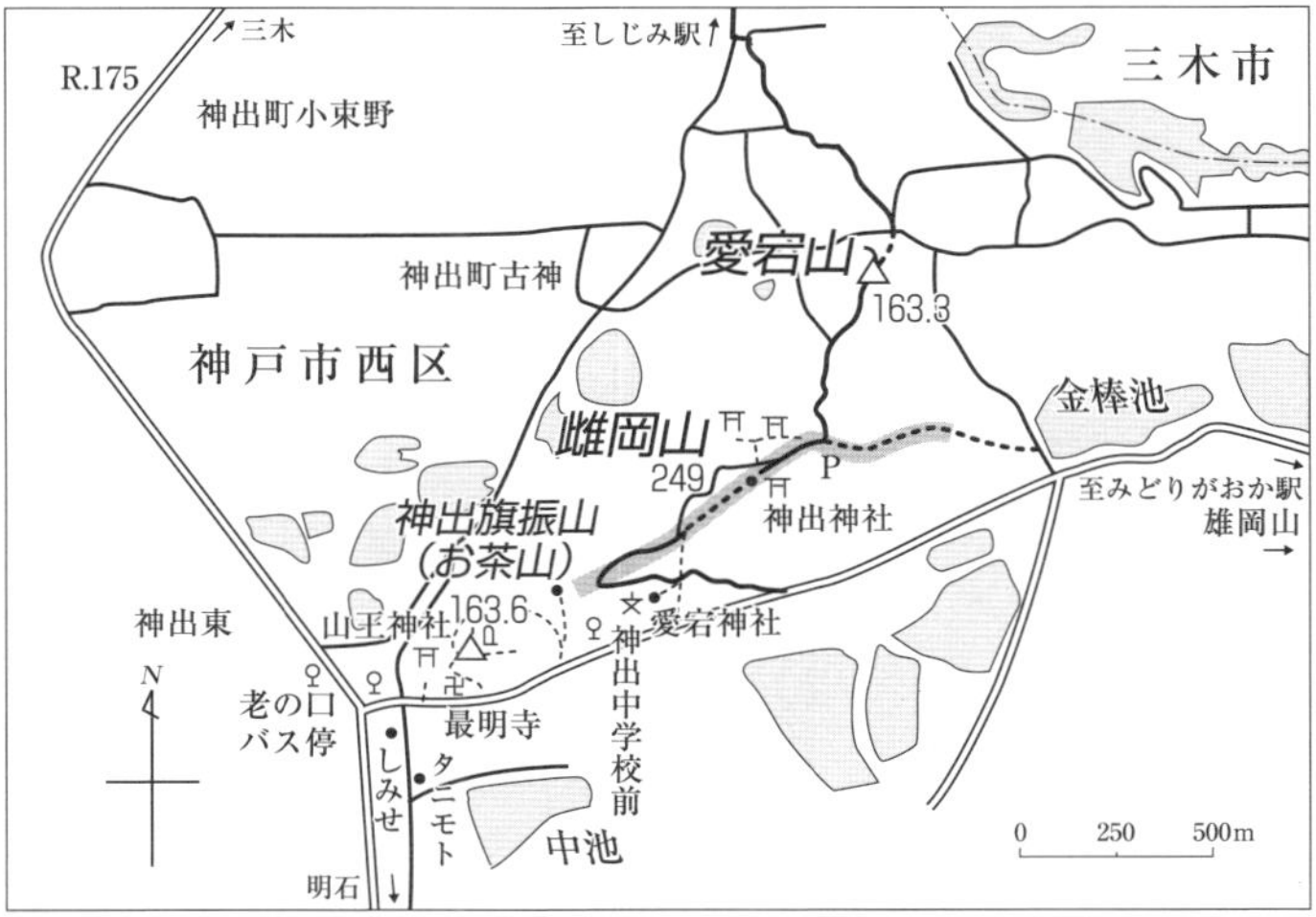

ガイドブックに紹介されている。駐車場から北へ向かい、神戸電鉄志染駅に出るか、雄岡山を経て、緑が丘駅に出るとよいだろう。（平成一二年八月三一日歩く）

《コースタイム》（計二時間一〇分）
老の口バス停（一〇分）神出旗振山（四五分）雌岡山（一時間一五分）志染駅・緑が丘駅

〈地形図〉二万五千＝東二見・三木・淡河

志方城山　二七一・六m

志方城山（加古川市志方町、中道子山城跡）は、標高二七一・六mの山で、旗振りの話が伝わっており、志方町の沼田家には昭和四〇年代まで望遠鏡があったという（『新修加東郡誌』）。『増訂印南郡誌』によると、維新前、魚橋山（北山奥山、一八三m）に中継所ができて、城山を経由して、加東郡へ通信されたという。

『志方町誌』によれば、この山の本当の名前は中道子山で、俗に訛って「ちゅうどすさん」とも呼ぶが、城山と呼ばれることが多いという。赤松氏則が一三八〇年代に築いた城跡として知られる。志方城山は一等三角点の山であり、松川良衛『兵庫三角点の山をゆく』（自費出版）のガイドには地元で有名な山として紹介されている。『播磨　山の地名を歩く』にも載っている。

『歴史と神戸』一二一号には、山田宗作氏が『東播タイムス』（昭和三〇年）に載せた「三木の眼がね通信」の記事が再録されている。山田氏は、三木市の古老岡村覚治氏（三木市文化財保護委員）から聞いた話を「神戸新聞」に発表している。すなわち、明治二〇年頃、城山の頂上から手旗を振り、三木のほうでは美嚢川ぶちの現在の中町（戸川年巳氏宅裏）でこれをキャッチしていた。大阪から三木まで約一〇分で通報できたという。三木で遠めがねを据えて、信号を受信する人は、「眼がね屋」と呼ばれ、特別な技能者として珍重され、旅から旅へ遊び人の風態で渡り歩いていたという。ただし、小倉千尋氏の説によると、「眼がね屋」は代々その職を続け、今も子孫が現存しているので、旅人ではないということである。中町は現在の福井一丁目である。

コースガイド

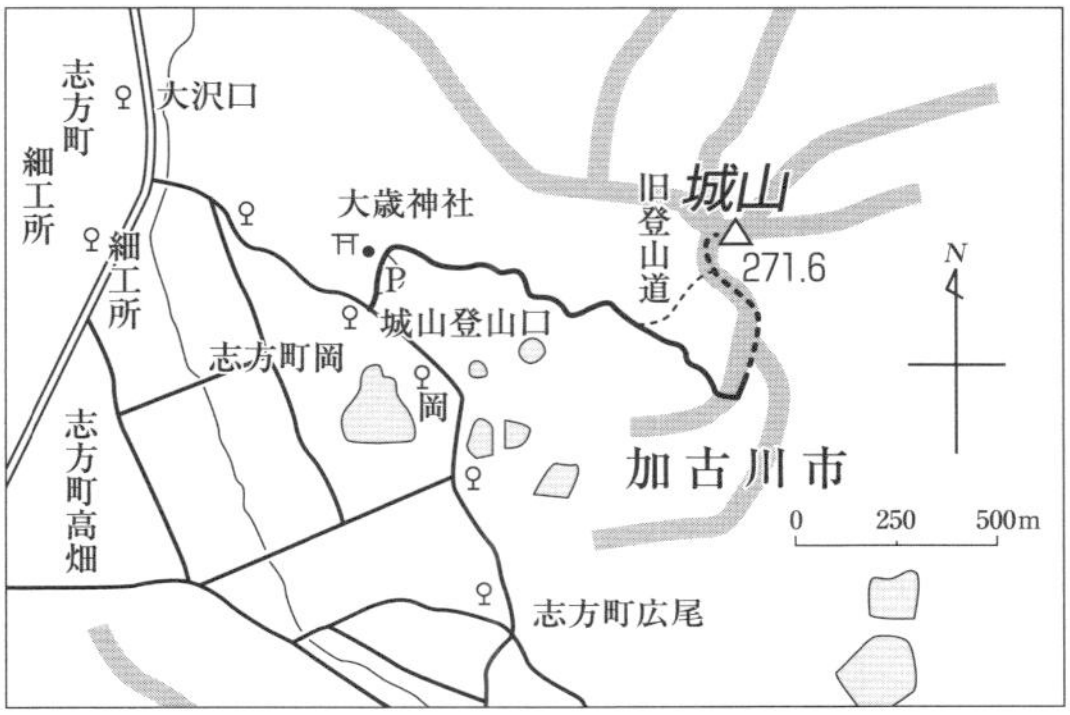

筆者は、志方城山に登ってみた。ＪＲ山陽本線加古川駅から広尾経由細工所北口行き神姫バス（一時間に一本）に乗り、城山登山口で降りる。登山口には駐車場がある。車止めがあって一般車は入れないが途中ま

志方城山の山頂（本丸跡）

志方城山山頂からは広大な展望が開ける

で舗装道がついている。途中、旧登山口の表示がある。ここから登る人もあるが、そのまま車道から山道を上がって頂上に至り、本丸に出る。広大な展望が開けていて、旗振りに最適の山であったことを裏付ける。東に神出旗振山のある雄岡山・雌岡山の高まり、北に滝野・社付近の山々、西に高砂・加古川の山々が広がっている。文字どおり、四方八方に通信が行われたのであった。

（平成一三年八月一九日歩く）

《コースタイム》（計一時間一〇分）

城山登山口バス停（四〇分）志方城山（三〇分）城山登山口バス停

〈地形図〉二万五千＝加古川

鳴尾山

二三六・二m

滝野町ふるさと研究青年部編『滝野町拾遺集1』の九〜一〇頁には、以下のような鳴尾（なきお）山における旗振りの話が載っている。

「当時加東米穀取引所は現在の社町田町の東方にあって取引所数は六ヵ所でした。…（中略）…

加東郡地方では、印南郡志方の城山から鳴滝山（ママ）へ中継されていたとのことですが、その後（明治四十年頃）城山から直接社取引所の櫓へ中継されておりました。

信号用につかう紅白の旗は一間ほどもある大旗で、受ける側の櫓には俗に『めがね屋』といわれる望遠鏡で察知する係があり、相手の旗の振り方でその日の相場を読み取り、取引所に通告しておりました。

相場の情報連絡は、一日（朝九時頃から午後四時頃まで）十回程度で、一回に三種類（当日相場と一週間、半月先）の通報がなされておりました。

取引所内には、常時得意先の旦那衆が出入しており、通報を待っております。新しい通報がはいると店の主人が来店者に告げ、その場で取引し、また他の得意先へは雇人が得意まわりをして、売り・買いの注文を聞いて店主に得意まわりの結果を連絡しておりました。取引所の経営は、この売買によって、店が得意先より二割の手数料を受け取り、運営をしており、来客の昼食接待(仕出し)は当然店が賄っておりました。

ちなみに、当時(明治四十一年頃)の一人前の番頭の給金は月十五円程度で、雇人(丁稚級)は月三円の給料でした。(後略)口述者　上滝野　藤本松太郎氏　井岡商店に勤務経験あり」

文中の鳴滝山は誤植で、鳴尾山が正しい。つまり、鳴尾山(加東郡滝野町〈現加東市〉・西脇市境)で旗振りが行われていたことがわかる。

あとで述べる氷上ルートが開かれていた間に、鳴尾山の旗振り場が用いられ、氷上ルートが廃止されたあとは、鳴尾山の役目も不要になり、明治四〇年以降は、直接、志方城山から通信されるようになったのであろう。

愛宕山(鳴尾山城本丸跡)

社町の田町(現在、社地区)にある法蓮寺の西の一角には、加東米穀取引所があった。

『新修加東郡誌』には、次のようにある。

「明治二十年代、社町の田町(現在の大橋自転車店の南あたり)に、西村真太郎を理事長とする加東米穀取引所が開かれた。この田町筋には、米穀仲買人など、取引関係の商店が数軒立ち並び、また、取引をする人びとの宿屋も数軒あり、神戸、姫路に次いでの取引き高を示し、近郊の三木、小野、加西、多可、西脇から連中が集まり、なかなかの盛況ぶりであった。」

「受け手の方では取引所の屋根の上に、旗振り場(やぐらに組み立てたもの)があり、申し合わせた時刻がくると、長さ一メートル足らずの望遠鏡で旗の動きをのぞきこんだ。これを『めがね屋』と呼んだ。めがね屋は、伝声管で情報を屋内に伝え、仲買人の小僧さんたちがそれを聞いて宿屋のある田町筋を大声でふれて走ったという。

このように手旗による通信は、取引所が閉鎖される大正三年まで続いており、加東郡における特筆すべき通信手段のひとつであった。

ところが、このはたふりは雨の日や、もやのかかった日には、役にたたなかった。その時には、明治二十八年から始められた電報が、代わって相場を伝えるようになっている。」

社町の上月輝夫氏の聞き取りによると、志方城山で振る旗を見て、大きなブリキのメガホンで櫓から下に伝えたのだという。

コースガイド

『播磨　山の地名を歩く』には、鳴尾山が紹介されていて、JR加古川線西脇市駅の南西の板波の旭ヶ丘団地に、鳴尾山城跡への登山道の案内板があり、城跡まで徒歩三〇分、そこから頂上まで徒歩三〇分であるという(『はりま歴史の山ハイキング』参照)。

『播磨　山の地名を歩く』の記述を参考にして、旭ヶ丘団地から鳴尾山城跡へ登ってみた。城跡のある愛宕山(一七六m)の真東の麓にある団地内の登り口には「愛宕山道」とあり、西へ上がり、最後はジグザグに登ると一五分ほどで山頂に着く。鳴尾山城本丸跡には愛宕神社が鎮座しているので、愛宕山と呼ばれるのだろう。ここは、鳴尾山塊の最北端のピークで、見晴らしが良い。

尾根筋に縦走路がありそうだが、不明瞭なので、南方の一〇番鉄塔に向かう。水場跡が手前にある。鉄塔からの巡視路は下りとなり、谷に分岐がある。そのまま下ればテニスコートの右側から平野町に出るが、左をとり、九番鉄塔へ向かう。鉄塔からは少し登り、水平道となって、次の尾根（工場の東方）に乗る。次の鉄塔は右下に見えるが、ここで左をとって東へ尾根道を上がる。不明瞭な道だが、登り切ると縦走路に出会う（北への縦走路も通れそうだが未確認である）。

右（南）に向かってシダこぎをしながら縦走すると再び明瞭な巡視路に出会う。ここに（一五三―一五四）の標識があり、三角点のすぐ北西の鞍部にあたる。道は三角点の西側をからんで続き、左手にやぶの薄くなったところから入ると、ほどなく三角点に着く。城跡から三五分ぐらいである。展望は南東が少し見える程度である。上滝野から登ったとすれば、旗振り場はここであろう。旗振りさんのたどったと思われる道はここから南に明瞭に続いている。すぐ下の鉄塔からは社町域は言うに及ばず、遠く雄岡山・雌岡山が並んでいるのが見えて広大な展望が開ける（条件が良ければ、直接、神出旗振山の信号も見えたのではないだろうか）。

南に続く道が東に向きを変えると線路沿いの道に出る。三角点から二〇分ぐらいである。筆者は車を利用したが、西脇市駅から山に入り、滝駅から帰ることができよう。やぶこぎを避けるならば、滝駅からの往復をおすすめする。『播磨　山の地名を歩く』の解説は城跡のある愛宕山のガイドのみで、三角点へのガイドはしていない。

（平成一三年一二月二六日歩く）

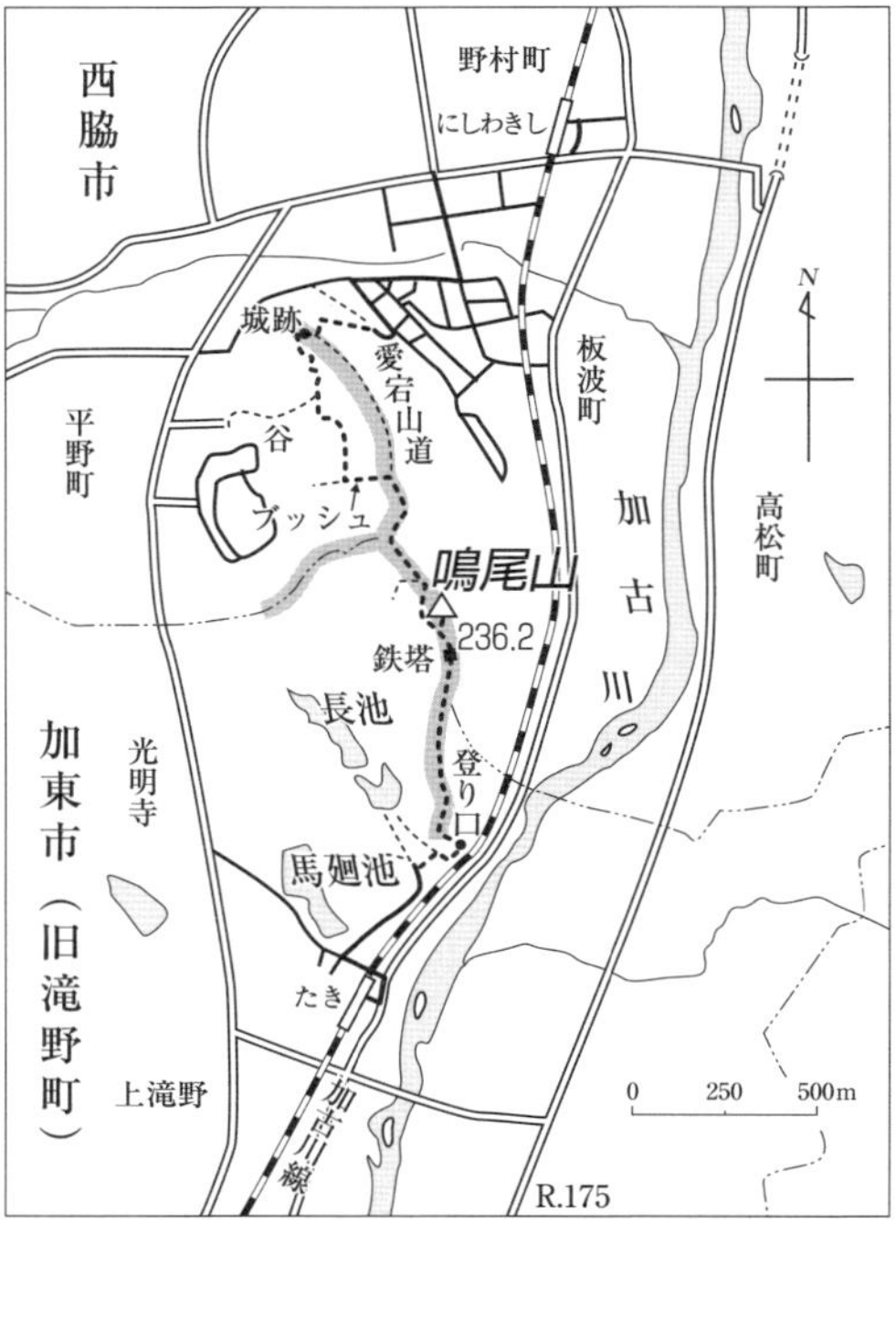

《コースタイム》（計一時間四五分）

ＪＲ西脇市（二五分）愛宕山登山口（一五分）愛宕山（三五分）鳴尾山（二〇分）滝野登山口（一〇分）ＪＲ滝駅

〈地形図〉二万五千＝西脇

氷上ルート

氷上ルートの概要

古谷勝『近畿における情報伝達の歴史的発展　その五「旗振り」』（逓信総合博物館所蔵）の中に、氷上（ひかみ）郡（現丹波市）山南町の老人クラブ発行の「会報」に掲載された「旗ふり熊さん」と題した記事があり、氷上ルートが次のように紹介されている。

「私がまだ四才ごろのことですから、明治二十五年ごろのことです。私は笛路（現在無線中継所がある）の粉ひき水車場へ毎日のように遊びに行っていましたが、度々背中に大きな旗を負い、胸に望遠鏡（始めは知りませんでした）を吊った元気なおぢさんをよく見掛けました。おぢさんの通るのは、いつも朝の九時ごろで、名を〃熊平さん〃と皆が呼んでいました。何をする人だろう。何処へ行くのだろう。

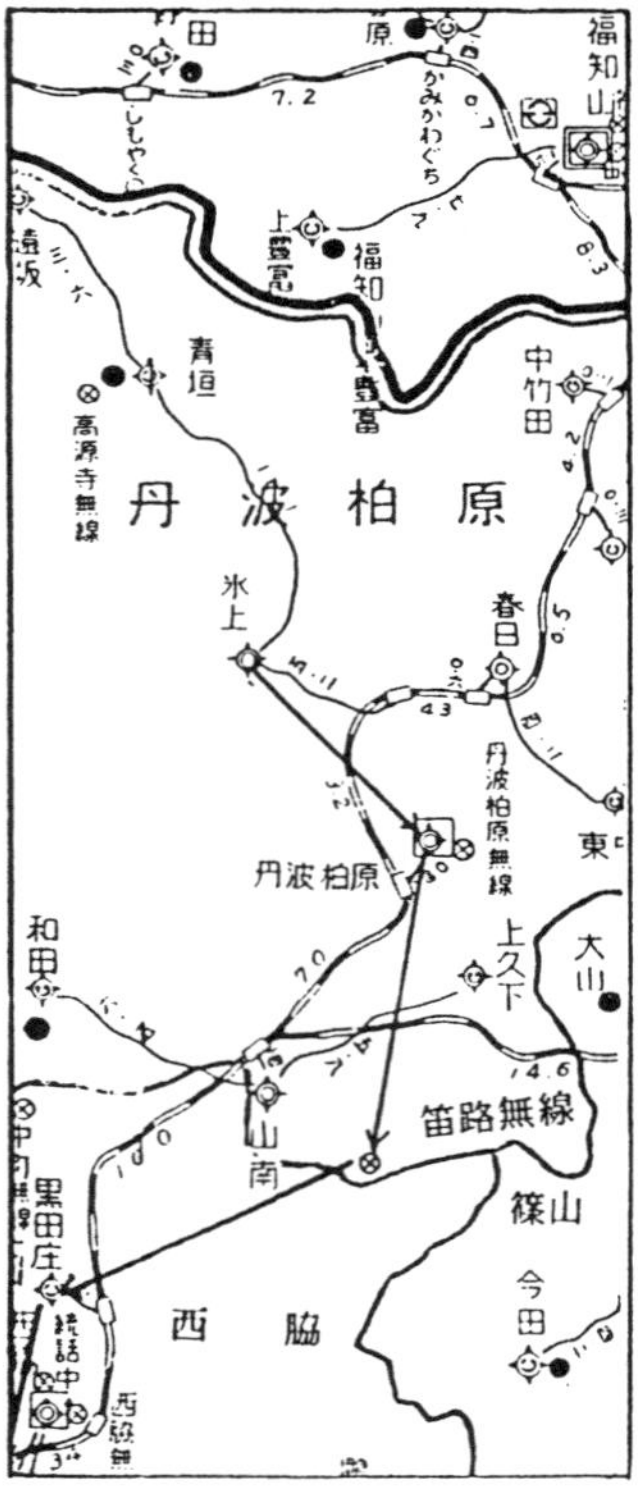

山南町を中心とした地図
（『近畿における情報伝達の歴史的発展その五「旗振り」』より）

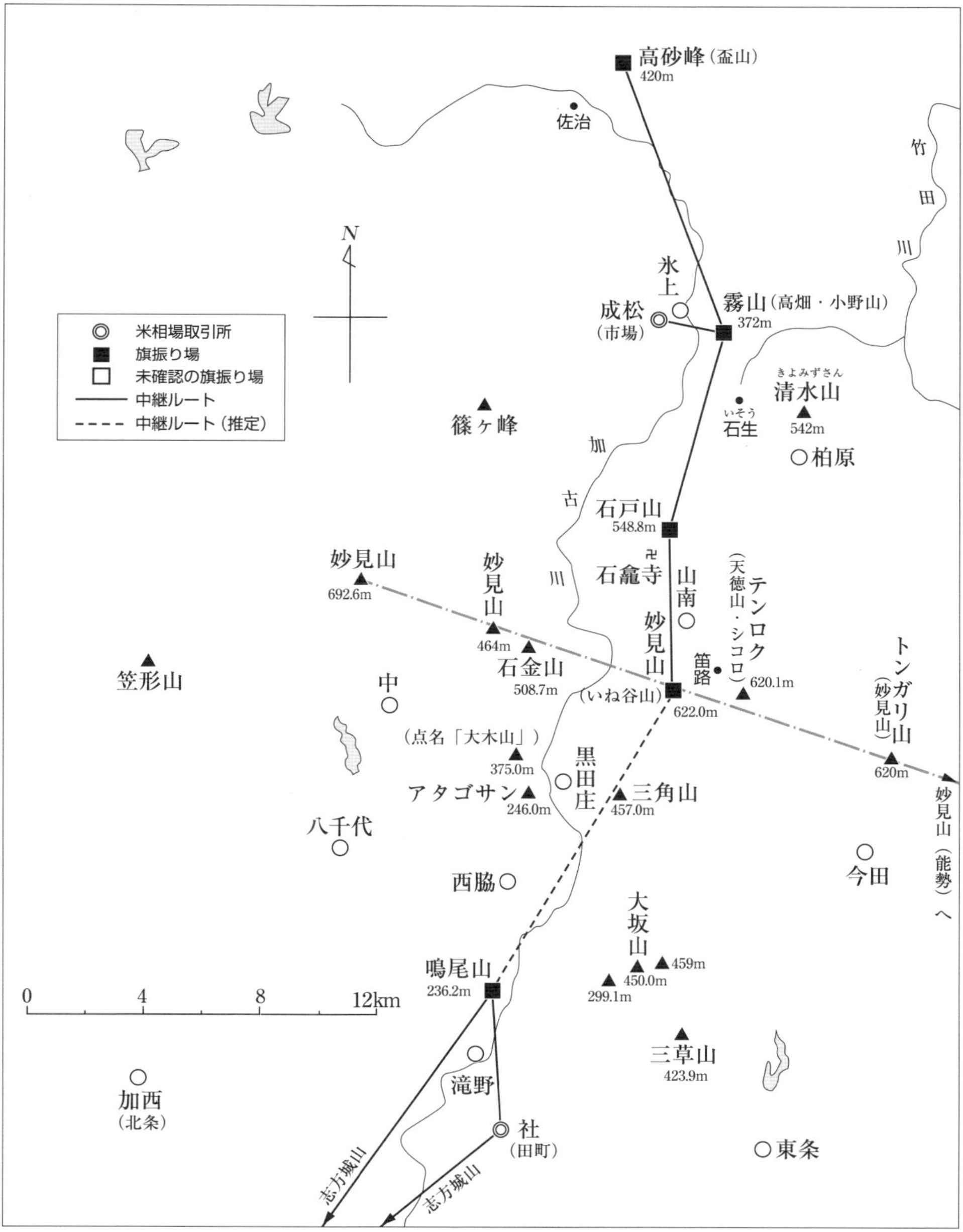

145 —— 氷上ルートの概要

あの遠眼鏡というものを一度見せてほしいと、子供心を燃したものです。

小学生のころのことです。毎週二回、決った日の決った時刻に山の天辺に登って大旗を振り、望遠鏡で眺めるのが熊平さんの仕事だということが分りましたが、まだ何のために山の上から旗を振るのか不思議でした。父の話によると、大阪の堂島では古くから米相場がたって、この米相場が各地に伝えられ、米の売買がなされているそうです。この米相場を各地へ伝える方法として、山の天辺の旗ふりが使われたのでした。私の聞いたのは、成松町の相場を丹波柏原(無線中継所がある)に伝え、この笛路のいね谷山の天辺から望遠鏡で見て米相場をたしかめた上、次に大旗を相場の通りに振り、播州へ伝えたということです。

播州の旗振山は黒田庄(西脇)にあったということですが、そこからまた次々と伝えて、姫路まで伝わって行ったそうです。堂島では週に二回の米相場が立ったそうですから、旗ふりリレーも、それぞれに受けつぐ時刻をきめておいて、毎週二回行われていたことになります。」

この記事と添付された地図(おそらく、古谷氏が会報の記事に基づいて作成したものと思われる)から、無線中継所などを手がかりに、旗振り中継所を再現してみたいと思う。

妙見山・石戸山

六二二・〇m
五四八・八m

会報の記事から、旗振りの行われたのは、笛路中継所で、山南町の南、黒田庄町との境に位置する「いね谷山」であることがわかる。しかし、慶佐次盛一『兵庫丹波の山(上)』を調べても「いね谷山」

は見当たらなかった。

そこで、無線中継所がないかどうかを、同書で調べてみると、山頂の北五m下に反射板がある山が見つかった。それは、テンロク(天徳山、シコロ、六二〇・一m)である。古谷氏の地図の記載にもほぼ一致するので、この山が「いね谷山」ではないかと考えてみたが、確証は得られなかった。

疑問が残るので、慶佐次氏に「いね谷山」の調査を依頼しておいたところ、平成一二年八月二八日付の次のような返信が届いて、いね谷山のことが明らかとなった。

「当会(大阪低山跋渉会)に笛路出身の女性がおり、調べて貰った結果、『いね谷山』は妙見山六二二・〇mと判明。妙見山は黒田庄側の呼称。いね谷山は笛路側からの呼称。文中の『粉ひき水車場』も一致(今は水路のみ残る)するから間違いないとの事。ただし、妙見山には反射板なし。」

かくして、明治二五〜三〇年頃に、熊平さんが妙見山で旗振りをしていたのは、まず間違いない事実であることが判明したのであった。

妙見山(六二二・〇m)のガイドは『兵庫丹波の山(上)』に掲載されている。「この妙見山と、播州加美の妙見山、北摂能勢の妙見山は直線で結ばれている」(一九六頁)とあるが、この三つの直列は地形図にあるものだけである。

加古川市の島田一志氏のホームページ「山であそぼっ」の「裏・ふるさと兵庫の50山」の石金山(五〇八・七m)、とんがり山(六二〇m)の記事によると、この奇妙な「妙見山直列現象」には、あと二つの山を追加できるという。それは、氷上郡(現丹波市)山南町の妙見山(四六四m)と篠山市今田町のトンガリ山(六二〇m)だという。前者は『兵庫丹波の山(上)』に載っていないが、小野尻と小新屋の間の山である。後者は『兵庫丹波の山(下)』にあり、妙見堂が近くにあることから、島田氏が報告しているように、頂上の祠のそばに「妙見山」という別称が書かれているのもうなずける。

「中町（現多可町中区）妙見山―丹波市山南町妙見山―黒田庄町（現西脇市）妙見山―篠山市今田町妙見山―能勢妙見山」という直列現象があることになる。兵庫県内ではあと、養父市と淡路島に妙見山があるが、この現象に参加していないし、全くの偶然であることは言うまでもないが、話題としては面白い。

丹波柏原中継所は、古谷氏の地図から判断すると、氷上町・柏原町境にある清水山（五四二ｍ）と考えられ、反射板もある。慶佐次盛一『兵庫丹波の山（上）』には、谷文晁の『日本名山図会』に登場する山として紹介してある。住谷雄幸『江戸人が登った百名山』も参考になる。最近では、斎藤一男『日本の名山を考える』がある（笠置山を、加西市の四二〇・九ｍの深山から眺めた笠形山とする阪上義次説には言及していない）。

ところが、氷上郡教育委員会（柏原町）文化財課の下山氏からの返信（平成一二年一〇月）によって、旗振り山は清水山ではなく、石戸山であることが判明した。

「地元の古老に尋ねたところ古老が子供時代（昭和一〇年頃）に柏原町と山南町の境にある石戸山（三角点あり・石龕寺北東）に旗振り場があったという話を聞かれており、天気の良い日には高砂市の海（高砂市の方）が見えたそうです。昭和二六・二七年ごろにそこで旗振りのため使用していた木の櫓が残存していたようで、崩れた痕跡はあったようですが残存高は一間半～二間あったそうです。（腐食していて登ることは不可能だったようです。）。なお、柏原の清水山、譲葉山の方に旗振り場が存在していたかどうかは不明です」とのことである。櫓は四本の支柱と、横から見ると×型になった組み木（藤のつる、麻ロープで縛る）の上に、丸太を同じ方向に並べて（すき間あり）作ってあったという。一間は、約一・八二ｍである。

石戸山は氷上町・柏原町・山南町の境界にある五四八・八ｍ（一等三角点）の山で、妙見山（いね谷山、稲谷山）は見通せるが、成松へは直接、送信できない立地にある。

慶佐次盛一『兵庫丹波の山（上）』には石戸山の歴史や伝承が紹介されている。松川良衛『兵庫三角点の山をゆく』は県内の一等三角点をガイドし、石戸山もある。兵庫県山岳連盟編『ふるさと兵庫50山』にも選ばれている。石戸山はガイドも多く、一等三角点であるがゆえの、人気の高さがうかがえる。

丹波柏原中継所がはっきりしないと、成松と妙見山をつなぐことができない。清水山が旗振り山でないことから、石戸山を丹波柏原中継所と考えざるを得ない。そうすると、石戸山と成松を連絡するための中継地点があったに違いない。

通信方向から考えると、成松の東方にある霧山（三七一・七ｍ）やその南東の権現山（三四九ｍ、反射版あり）が候補となる。

『兵庫丹波の山（上）』によると、霧山は高畑、小野山ともいう。つまり、高畑は高旗ではないかという疑いが生じる。筆者の問い合わせに対して、氷上町公民館長の八木氏は所属する郷土史研究会の会員にたずねられたが、旗振りの確認はできなかったという（平成一四年一月）。山頂（霧山）の南西側で一部を占める高畑山は石戸山の方を向いているので、高畑＝高旗かもしれないといい、高畑城があったと伝わる。当地（氷上町）では霧山・石戸山・妙見山等をのろし山（とりであと）と

石戸山三角点

も言っているそうである。

石戸山と成松をつなぐ中継所がどこなのか気になっていたが、平成一五年五月、兵庫県立図書館で、荻野淳一編『成松町誌』の「電信、電話」の項の記述(三三五頁)を見つけて、霧山が旗振り場であることがはっきりした。

「明治三十年電信事務が開始され、電話の開通は明治四十四年である。当時は郵便局に設置された局用兼公衆用一基であった。通信については古老の語る所によると、電話電信開通以前は通信の方法として旗信号を用いていたこともあり堂島の相場を旗によって各地へ送るのを、成松では霧山に立って三田よりの通信を受け之を町に送った。町の人達はこれを望遠鏡で見て堂島の相場によって商いをしたといわれている。」

また、『成松町誌』の「明治期の商業」の項には、次のようにある(三七七〜八頁)。

「米相場を大阪堂島から伝えるのに、三田までは飛脚でそれからは山の峯を手旗で送り、氷上の霧山で之を受信したものである。」

『成松町誌』の記述から、霧山が旗振り場であることは判明したが、新たな疑問も生じた。立地条件から考えて、「妙見山—石戸山—霧山—成松」というルートは妥当な再現だと思うのだが、奇妙なことに、成松の古老の間では、霧山で受けた信号は三田から山の峰を経て伝わってきたといい、食い違いが生じてしまう。これは、推測であるが、年代や業者により、複数のルートが設置されたためであろうと思われる。三田まで飛脚を使ったルートよりも、妙見山経由のルートのほうが迅速に(おそらく一〇分程度で)成松に相場が伝えられたはずである。

三田ルートは、畑山(西宮市)、さんしょう山から三国ヶ嶽(旗振り地点は山頂の東方の天狗岩か?)を経て、多紀連山に通信されたと伝わっている。「三国ヶ嶽—三嶽—霧山」というルートでの通信も可能であろう。三嶽(七九三・四m)と霧山は春日町域の長い谷をはさんで、一八kmを隔てて見通しがきく。旗振り山の通信距離は六〜一二kmが多いので、市島町・春日町の妙高山(五六四・八m)を中継地に用いた可能性がある。霧山と三田が連絡されていたことからも、多紀連山のどこかに旗振り山が忘れられたままになっているのではないだろうか。篠山市では旗振り伝承は見つかっていないが、丹波市(市島町・春日町)と篠山市域の旧西紀町(三嶽の北側)での調査が必要であろう。

成松の古老は、三田までは飛脚が米相場の情報を伝えたとするが、これは江戸幕府時代の禁止令の影響なのだろうか。三田の南東の畑山(旗山、西宮市)では旗振りが行われており、大阪と三田の間でも旗振り通信が行われていたことを証明している。

『丹波氷上郡志』によると、成松(氷上町)では、江戸時代には毎月六回、三と八の日に市場(俗称、成松市)を開き、明治・大正期も商業活動が活発であった。

会報にある播州旗振山がどこにあったのかは不明である。黒田庄町役場と、西脇市郷土資料館の脇坂俊夫氏に問い合わせてみたが、両地には旗振り伝承は残っていないとのことであった。黒田庄町役場の紹介で、三木市の郷土史家、桂義一氏に問い合わせてみたが、黒田庄町内の山々の眺望に関する情報のみで、旗振り伝承は発見できなかった。ただ、古谷氏の地図では、加古川線黒田庄駅の北西の位置に地点が示されている。桂氏によると、この地点にある山は、通称「アタゴサン」(二四六・〇m)といい、黒田庄町と西脇市との境の山で、視界がよいという。その北方の山(点名「大木山」、三等、三七五・〇m)も眺望がよいという。播州旗振山が実在する場合、妙見山との中継が可能な「大木山」とも考えられる。ただし、これらの山々に旗振り伝承は確認できていない。

古谷氏の地図には滝野町（現加東市）方面が含まれていないが、播州旗振山の南方に延びた中継線を延長すると、旗振り伝承がある鳴尾山（西脇市・滝野町境）と考えても矛盾しないことがわかる。つまり、「成松町—丹波柏原—笛路—播州旗振山—鳴尾山—城山—魚橋山（北山奥山）」となり、大阪・姫路方面ともつながるのである。ただ、黒田庄町と西脇市との境の播州旗振山は実在しない可能性が高く、筆者は、妙見山と鳴尾山とを直接、中継したのではと考えている（途中に四五七・〇ｍの三角山があるが、遮られることなく、見通しがきく）。言い換えると、播州旗振山は鳴尾山を指すのではないかと思う。おそらく、次のようなルートが妥当であろう。

「氷上町成松—霧山—石戸山—妙見山—鳴尾山—志方城山—神出旗振山—須磨旗振山—金鳥山—尼崎—堂島」

なお、慶佐次盛一『兵庫丹波の山（上）』の「高砂峰と榎峠」には、高砂峰が米相場の旗振り山であることにふれている。

『青垣町誌』（二八一頁）を調べると、次のような、古老の話が載っている。

「盃山に立って相場を知らす旗信号を受け、それを町人に知らせた。盃山は米に関係深い酒にちなんで誰言うとなくこの名になったという。」

『兵庫丹波の山（上）』によると、地元の佐治では、北東の高砂峰（標高四一〇ｍ）を高砂山、サカズキ山と呼ぶとのことである。通信方向と見通しを考えると、南南東へ加古川の流れの上を越えて氷上町の霧山へ中継したものと考えて間違いないだろう。

コースガイド

マイカー利用で石戸山と妙見山を巡るコースを紹介しよう。

まず、石龕寺に駐車させて、『ふるさと兵庫50山』(平成一五年に新版が出ている)のガイドのように、奥の院、頭光嶽(ずこうだけ)、金屋鉱山趾、石戸山、岩屋山と巡って、石龕寺に戻った(休憩を入れて三時間ほどのコース)。

なお、『ふるさと兵庫50山』には「頭尖嶽」とあるが、誤りである。頭光とは仏像の光背をいい、頭尖(とんがり頭の意味か?)とはまったく異なる。現地では、はっきりと表記されているのになぜだろうか。新版でも訂正されていない。

石戸山の頂上では妙見山の方向だけに切り開きがあるが、狭苦しくあまり展望することはできない。一等三角点とはいえ、旗振りの行われた明治時代でも、高さ三m程度の足場を組まないと通信できなかった理由がわかるような気がする。コースは道標が完備しており、迷うようなところはあまりない。

国道一七五号沿いに「簡易パーキングさんなん仁王駅」(平成四年一二月に開設された近畿で初めての道の駅)があり、マイカー利用者には便利である。その後、笛路に向かったが、林道入口がネットで塞がれていたので、迷惑をかけてはいけないと考えて、コースを黒

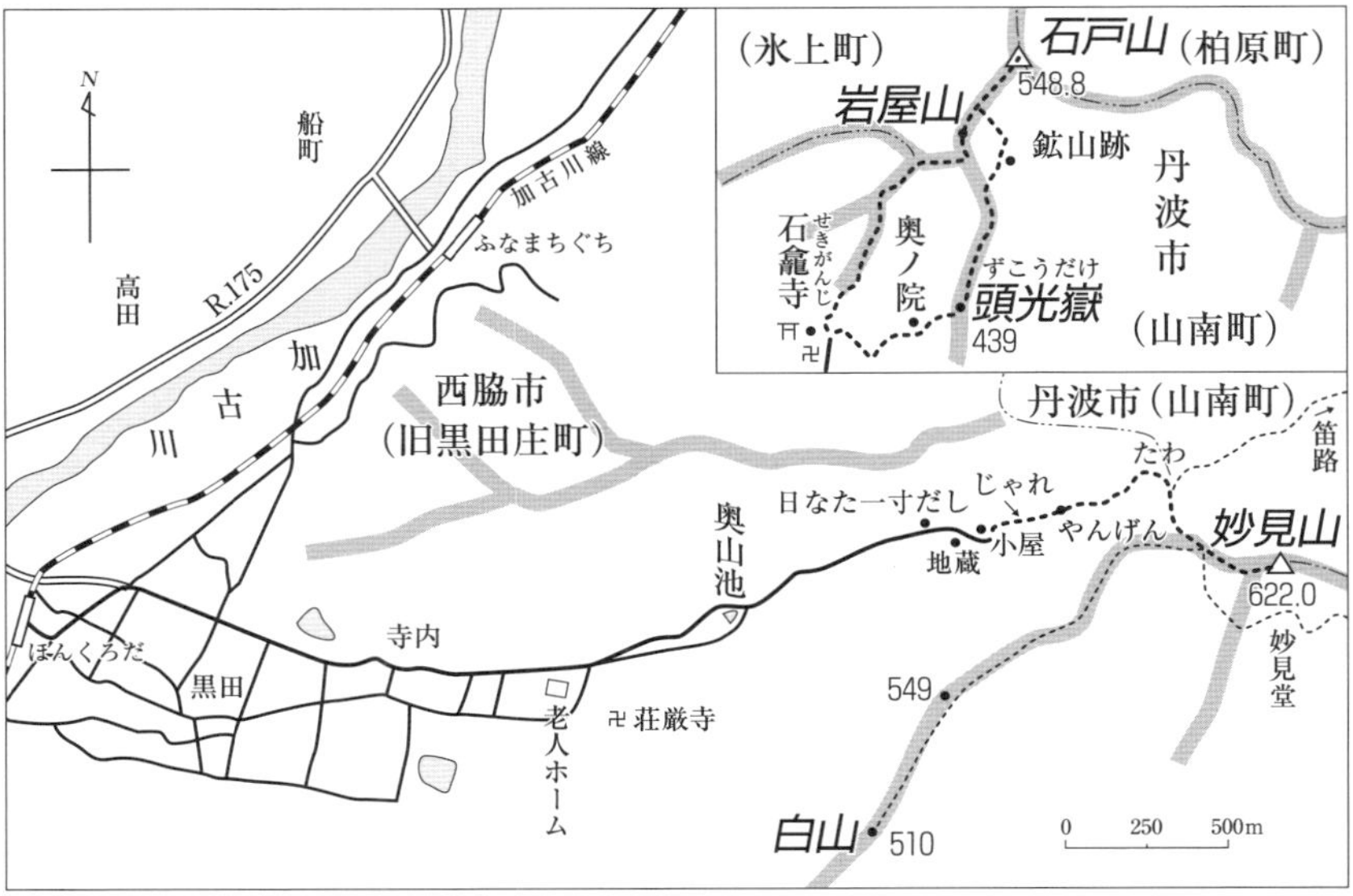

妙見山(頂上)

田の方に変更し、荘厳寺の北側の林道に入った。

老人ホーム付近は駐車禁止なので、地道の林道に入るとすぐ分岐があり、右は旧道で、左のコンクリート舗装の新道をたどると、右に奥山池が現れた。池のすぐ先で新道は旧道と出会い、終点である。横の空き地に駐車して出発する。

この先、車輪部分のみに二本の簡易舗装があるが、急坂となり、段差も生じてくるので、普通車はおすすめできないが、四輪駆動車なら、地蔵のまつってある空き地まで入ることができる。ここからは山道である。

薄暗い杉林を通り、「たわ」と呼ばれる峠を過ぎると明るい雑木林となる。十字路から急坂を登るとほどなく妙見山の山頂に着く。

土盛りの上に三等三角点がある。北側に、石戸山が見えている。駐車地点から往復一時間半のコースであった。

『関西周辺の山２５０』には「白山・妙見山」のガイドがあり、『新版　ふるさと兵庫50山』の「白山」にも妙見山がガイドされている。

(平成一三年一二月八日歩く)

《コースタイム》(計一時間四五分)
石龕寺(二五分)奥の院(二五分)金屋鉱山趾(一五分)石戸山(一〇分)岩屋山(三〇分)石龕寺

《コースタイム》(計二時間四〇分)
ＪＲ加古川線本黒田駅(二五分)老人ホーム(五〇分)たわ(二〇分)妙見山(四〇分)老人ホーム(二五分)ＪＲ本黒田駅

〈地形図〉二万五千＝谷川

和歌山ルート

和歌山ルートの概要

和歌山方面への中継ルートは、「旗振信号の沿革及仕方」には「大坂(一里)天王寺(六里)岸和田鴻の山(四里)紀州今畑(七里)和歌山」とある。

篠崎昌美『浪華夜ばなし』と松永定一『北浜盛衰記』では、「天王寺―堺―岸和田―鴻の山―紀州今畑」となっているが「岸和田鴻の山」の誤りのようである。

大阪読売新聞社編『百年の大阪2明治時代』には、「天下茶屋―堺―岸和田―和歌山」となっている。

水谷與三郎「旗ふり通信」(『上方』第百五号)によると、「天王寺、住吉と大体三里毎に取次所がある」といい、「火の旗といって夜は提灯をふった」ということである。夜間の通信には、山間では松明(たいまつ)による火振りが使用されたが、大阪付近では提灯(ちょうちん)も用いられたことがわかる。

紀州今畑(和歌山県打田町＝現紀の川市)中継所は、江戸時代から、十三峠からの信号を受け取り、和歌山へ送っていたが、見通しが悪い箇所があったため、神の山・落合山の中継所が便利になると、明治初期に廃止されたという(近藤文二「大阪の旗振り通信」。以下、近藤論文と略記)。立地から考えて、ボンデン山の山頂の少し北の中継塔の辺りであろうと思い、打田町教育委員会に問い合わせてみたが、廃止された時期が早いためか、旗振り伝承は残っていないようである。

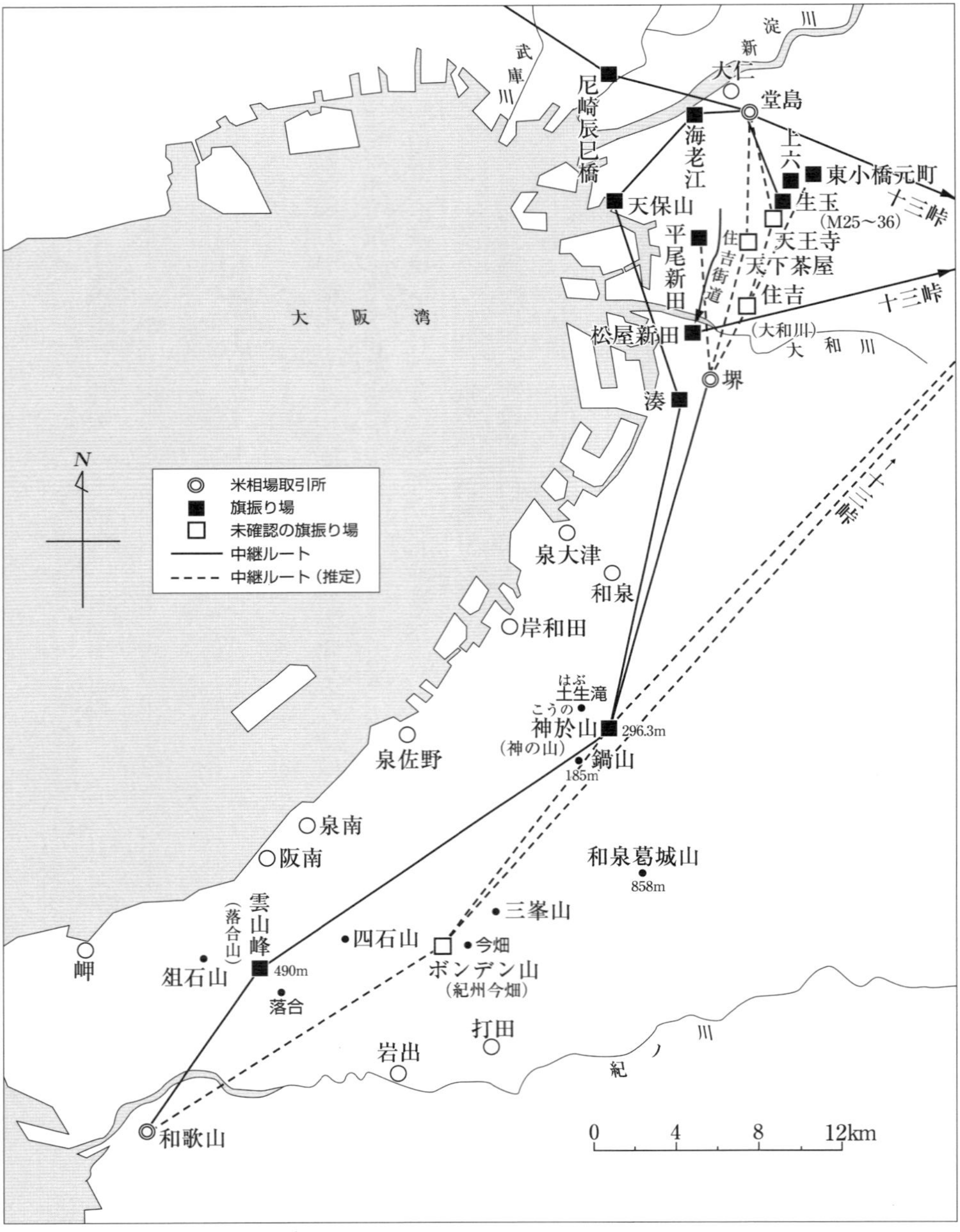
淀川
新
大仁
堂島
武庫川
尼崎辰巳橋
海老江
上六
東小橋元町
十三峠
天保山
生玉
(M25〜36)
平尾新田
住吉街道
天王寺
天下茶屋
住吉
十三峠
大阪湾
松屋新田
(大和川)
大和川
堺
湊
十三峠
N
米相場取引所
旗振り場
未確認の旗振り場
中継ルート
中継ルート（推定）
泉大津
和泉
岸和田
はぶ
土生滝
こうの
神於山
296.3m
(神の山)
鍋山
185m
泉佐野
泉南
阪南
和泉葛城山
858m
雲山峰
(落合山)
三峯山
四石山
今畑
岬
俎石山
490m
ボンデン山
(紀州今畑)
落合
打田
岩出
紀ノ川
和歌山
0
4
8
12km

神於山（神の山、鴻の山、鴻ノ山）中継所は、明治に入ってから設置されたという（近藤論文）。神於山は「一名鍋山、泉南郡土生滝村真上新田にあり」とあるが、今、鍋山と呼ばれるのは南西方向、河合町にある低い山（標高一八四・五ｍ）であって別の場所であり、旗振りの行われた場所は神於山の山頂（標高二九六・三ｍ）付近であろう。岸和田市教育委員会に問い合わせてみたが、地元での伝承は明らかにできなかった。

『岸和田風物百選』には、神於山について「山頂は平らで、『城見台』、『国見台』という眺望台がある」とあり、和泉山脈や淡路島、神戸なども見える。旗振りには最適であっただろう。

落合山（和歌山市落合）中継所は、今畑中継所のかわりに明治初期に設置され、神の山からの信号を和歌山市に伝えた。井関峠の東方約半里（二㎞）とある（近藤論文）ことから、雲山峰（標高四九〇ｍ）ではないだろうかと推定していた。

吉岡章氏は、『大阪周辺の山を歩く』の中で、雲山峰が旗振り場所であったことを紹介されている。吉岡氏に詳細を尋ねたところ、「和歌山市の教育委員会で、雲山峰の件をお聞きしたのは随分と昔で、担当者の名前もメモしていないので、今となってはわかりません。ただ当時でもかなりの年輩だったので、多分退職されているかと思います」とのことであった（平成一二年）。和歌山市教育委員会に問い合わせてみたが、旗振り場の件はまったく不明とのことであった。

なお、『大阪周辺の山を歩く』よりも三年前、平成七年に発行された、児嶋弘幸『和歌山県の山』（山と渓谷社）に雲山峰が旗振り場との記載があることにのちに気付いた。児嶋氏にたずねたところ、この記載の出典は、『紀のくに　ふるさと歩道』（昭和五三年）であった。

明治一〇年頃、海老江（福島区）、天保山（港区）、湊（堺市）、神の山、落合山、和歌山という中継ルートもあり、十三峠経由ルートと競合していたという(近藤論文)。

天保山で旗振りが行われたのは山頂であろうが、津田康『天保山物語』や渡邊忠司『大坂見聞録』等を調べても、旗振り通信の記事を見つけることはできなかった。近藤論文から判断すれば、天保山での旗振りは明治初期から明治二五年頃までのようである。

桂米朝『米朝ばなし 上方落語地図』(講談社文庫)の「堂島」の項目には「この相場の上がり下がりは、天保山(大阪港)から赤い旗を振って通報し、兵庫の山の上から遠めがねでのぞいて受けたと聞きました」とあり、その博覧強記ぶりに感心させられる。

明治二五年には、新たに、生玉(天王寺区)、大和川、堺へのルートができ、翌年には、和歌山米穀取引所の開設に合わせて、神の山、落合山、和歌山へ延長され、三ルートが競合することになり、この最後のルートが勝ち残った(近藤論文)。

堺株式米穀取引所は明治二七年に開設されたが、明治三八年に廃止され(上林正矩『商品取引所の知識』)、堺への旗振り通信も廃止された。

明治三六年になると、生玉の信号所を廃止し、木津川岸の平尾新田(大正区平尾)と東小橋元町(鶴橋駅北側付近)へ電話で通信し、そこから旗振り通信をしたという(近藤論文)。神戸方面に関しては、明治三九年頃に、尼崎への旗振り通信を廃し、大仁(北区中津・大淀)の西方まで電話を利用するようになった。明治四二年の北区の大火以降は、堂島その他から旗振りの櫓は姿を消すに至り、大正三年末には、「浪速の一名物」といわれた旗振り通信はほぼ消滅するのである。西日本全域から旗振り通信が完全に消えたのは大正七年のことであった。

神於山（こうのやま）

二九六・三m

田岡香逸『日本神信仰史の研究』の「神山考」によれば、各地にある感応寺（かんのうじ）は、もとは「神の山」を意味した「感応寺山」に由来するものという。したがって、旗振りの行われたという三田市の感応寺山も神山と考えられる。

各地には、カンノヤマ、コウノヤマなどがあって、神野山（こうのさん）（山添村）・交野山（こうのさん）（交野市（かたの））・鴻応山（こうのやま）（亀岡市・豊能町）などは、すべて神山を意味する山名である。

神体山（しんたいさん）とも呼ばれるが新しい呼称で、古くは神山（かみやま）と呼ばれていた。野洲町（現野洲市）の三上山（みかみやま）も御神山であることはよく知られている。

したがって、西宮市の甲山は、今ではカブトヤマと呼ばれているが、麓の神呪寺（かんのうじ）がもとは感応寺であったことから、本来は、神山（コウノヤマ）であったと考えられている（田岡香逸『西宮地名考』）。

旗振りの行われた神於山（こうのやま）も同様に「神の山」である。秀麗な姿を見せる山は、どこの地方でも、古来の素朴な信仰に支えられて、神の棲む山なのであった。

神於山は頂上付近に中継所があって、車道があるためか、山登りの対象としては、従来は、ほとんど取り上げられることのない山であった。

神応山（平成14年）

筆者が神於山を初めて訪れたのは平成一四年のことで、岸和田市内畑町の沢峯バス停から林道をたどり、山頂の三角点(竹藪の中)に立ち寄ったあと、神於寺に下り、最寄りのバス停から南海本線岸和田駅に戻っている。

車道のできた低山は、林道に侵入する車によって、不法投棄のゴミが増え、手入れの行き届かない竹林は荒れがちである。実際、平成一四年当時の神於山は荒れたような雰囲気があったが、現在では、状況が変わってきているようである。

岡田敏昭・岡田知子『大阪府の山』(平成一七年)には、神於山のコースガイドが収録されている。最近になって、神於山には車止めの設置やボランティア団体の努力で里山の自然再生事業が始まっているという。喜ばしいことである。

似たような里山再生の試みは、三重県四日市市の旗振り山「大門山と大日山」でも、平成一六年から始まっている。他の地域の旗振り山でも再生の試みが行われることを希望したいと思う。

コースガイド

ガイドとして『大阪府の山』が参考になるだろう。南海電鉄本線岸和田駅・JR阪和線東岸和田駅から、南海ウイングバス(四番のりば)塔原(とのはら)行きか白原(しらはら)車庫行き(三〇分間隔で運行)に乗り、宮の台バス停で降りる(所要二五分)。

降りたバス停の反対側に意賀美(おがみ)神社へ下る道がある。何の因果か、雨が降り出し、雷まで鳴り始めた。左手の「雨降りの滝」は、菅原道真が雨乞いをして、御告げによって滝壺を掘り、雨を振らせたという伝説があるだけに、霊験あらたかのようだ。神社前で止雨祈願をしてして雨宿りをすると、五〇分後には小雨となり、雷も消えたので、神社を出発した。

前日は猛暑の一日だったが、今日は山沿いでは午後、にわか雨があるとのことで、予報は的中し、真夏のハイキングには最適の気温となった。降りたバス停のすぐ横の短い橋から急な石段を登り、右に折れると舗装道（林道神於山線）に出る。左折して登って行く。「竹のこをとるな」「立入禁止」の看板を見ながら、時々、左右に竹林の見られる舗装道をたどって行くと、道標の立つ分岐点に出る。ここで雨はすっかり止み、青空も見え隠れしていた。ここで右をとれば、神於寺に下ることができる。道標のそばに木の階段の道がある。城見台への道だが、草が茂っていて歩きにくい。城見台での展望は樹木が遮っている。

道標分岐で左をとると、右手に「神於山自然再生事業」の案内板があり、神於山マップが載せてある（現在地の位置が実際より東にずれている）。林道をはさんで反対側に道標があって、山頂展望台を示している。尾根道をたどると、三年前には藪であったところがきれいに整備され、竹林が刈り払われて展望台が設置されていた。

展望台に上がると、涼しい風が吹き渡り、周辺はパノラマ展望が広がっている。あの雷雨が嘘のように薄日が射し、大阪平野の眺

意賀美神社

めが素晴らしい。三角点標石は北側の足下に見える。新しい林道がY字になって下っているが行き止まりになるので利用はできない。

『大阪府の山』のガイドでは、展望台から右の谷筋に下りる道を案内しているが、それらしきものが見当たらないので林道まで戻り、東へ進むと右手の道標が国見台を案内している。山道を進み、右側の草の茂る道を抜けると国見台の標石がある。木の階段から下へ踏み跡を下って行くとしばらくしてガードレールの間から林道に出られるが、藪がちの道なので、標石から戻ったほうが無難だろう。

四号園路の入口は、国見台の入口の林道の反対側に見えているが、訪れた時期が夏場のためか、草におわれていて歩きにくいので、そのまま、林道神於山線を下ることにする。

舗装が切れると、そこは国見の森中央広場で、東屋とトイレがある。左手のポストAの横から池の横に降りて、右に続く谷沿いの山道をたどる（時々、薄い踏

神於山マップ（平成17年3月設置）

神於山の山頂展望台（平成16年設置）

神於山山頂の三角点（平成14年当時）

み跡の道が分岐して現れるが谷沿いに続くよく踏まれたほうの道をとればよい)。やがて、「ハイキングコース二号園路入口」という看板のある場所に出る。西へ国道の歩道をたどり、二つ目の信号(土生滝東)を渡り、成願寺への道を西へたどると、左手に北坂口バス停がある。南海ウイングバスで岸和田駅方面へ戻る。

年間を通じて歩けるコースだが、やはり、草が茂って山道を塞いでしまう夏場は避けたほうが快適なハイキングが楽しめるだろう。

(平成一七年八月六日歩く)

《コースタイム》(計二時間)
宮の台バス停(五〇分)神於山展望台(一〇分)国見台(一時間)北坂口バス停

〈地形図〉 二万五千=内畑・岸和田東部

京都・大津ルート

京都・大津ルートの概要

「旗振信号の沿革及仕方」では、中継ルートは「大坂(三里)吹田桃山(三里)茨木粟武山(三里)柳谷(六里)京都」となっており、篠崎昌美『浪華夜ばなし』、『北区誌』も同様である。近藤論文には、石橋氏からの聞き取りにより、京都ルートの中継地点は「千里山・茨木粟武山・柳谷西山」、大津ルートは「柳谷西山より二石山・小関山を経て大津」とある。

したがって、京都・大津ルートは、「堂島・吹田千里山・茨木阿武山・柳谷西山・二石山・小関山・大津」と中継されたことがわかる。

吹田千里山(桃山・五里山)中継所は、北大阪急行緑地公園駅東方五〇〇mの旧三角点「三本松I」(標高八三・〇五m)にあり、河田山一帯が桃畑として花見客で賑わった明治期には、三本松は絶好の眺望の地として知られていた。現在ではその最高所は削られてしまい、同じ場所にある最高地点の標高は約七九mである。私有地であるため立ち入りはできない場所になっているが、今でも柿畑として利用されて、果樹園山の名残をとどめている。阪本一房『ききがき吹田の民話』には「江坂の三本松」での旗振りが伝わり、『目で見る豊中・吹田の100年』には、明治末年の「千里山三本松」の写真が見られる。三本松の南東一四〇mにある七七mのピークは昭和四九年に前期古墳と判明したが、すでに削り取

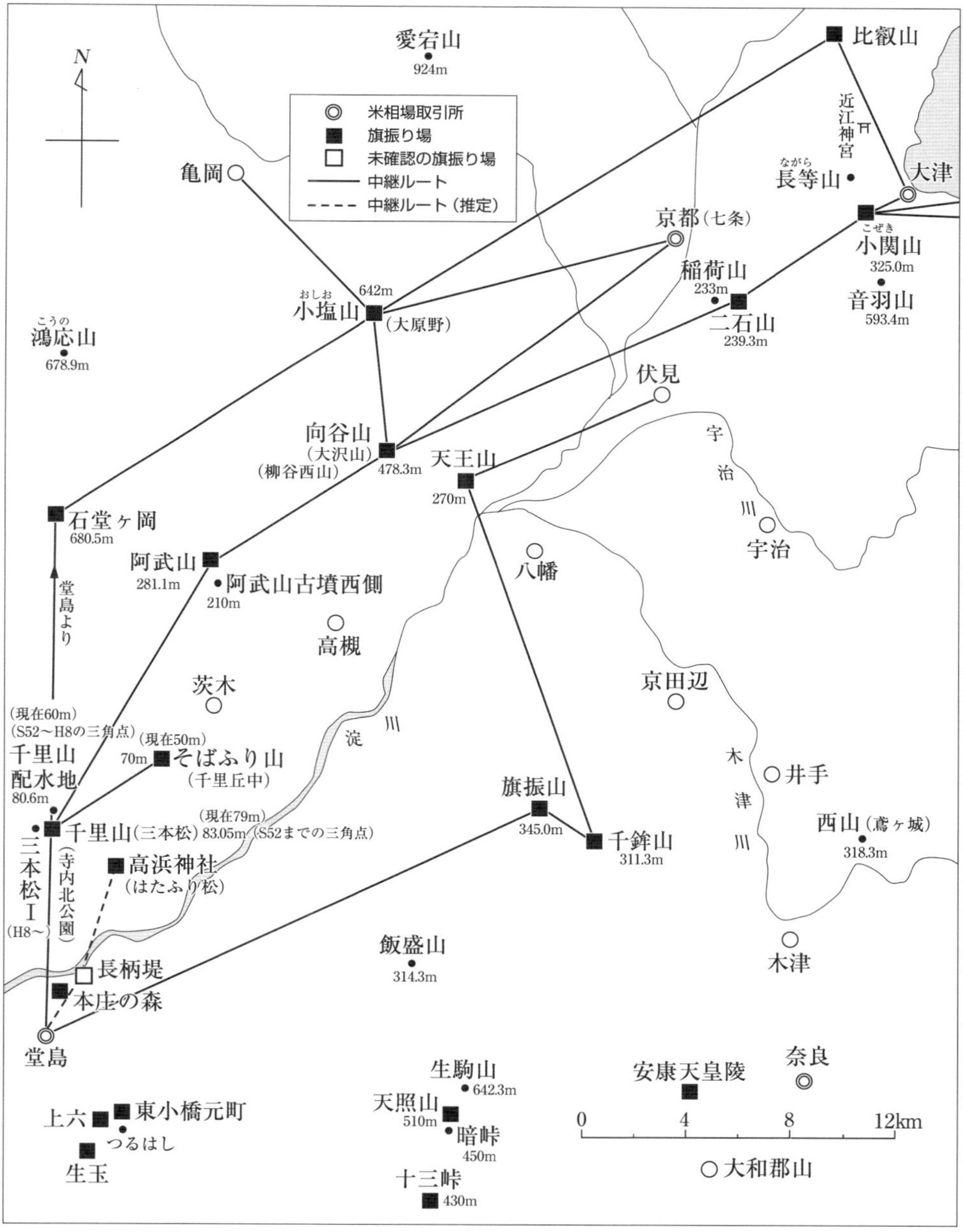

165 —— 京都・大津ルートの概要

られた後であった(『吹田市史』第八巻)。

高浜神社(吹田市高浜町)で一番高い松を後嵯峨上皇の歌にちなんで「鶴の松」といい、淀川の長柄堤(大阪市北区北東部)からよく見えたという。この松は「はたふり松」となり、あっちこっちの通信の役目を果したという(『ききがき吹田の民話』)。長柄堤での旗振りの裏付けは得られていない。

千里丘中(なか)(吹田市)には、そばふり山(相場ふり山のこと)があった(『ききがき吹田の民話』)。毎日放送の南方二〇〇mの辺りで、標高七〇mほどの山であったが、宅地開発のために削られ、今では標高五〇mとなっている。「近くの中継点は江坂の三本松」(『ききがき吹田の民話』)とあり、吹田千里山からの分岐中継点であったようだ。

千里山三本松(立入禁止区域)

茨木阿武山中継所は、山頂の三角点にあったという(宇津木秀甫『安威郷土史』)。宇津木氏によれば、三角点は殿岡山(殿岡の峰)と呼ばれ、高槻市奈佐原の古老、山本利一氏(故人)の証言で、殿岡山が旗振り場であったことが知られているという。宇津木氏は、一九八〇年代に阿武山の三角点を調査していて、四畳半ほどの石敷きがあって、それが旗振り跡地であろうと推定している(『安威郷土史』)。この石敷きは今では見あたらない。
阿武山三角点の西側に、一九八〇年前後、茨木市教育委員会が安威の古老からの聞き取りに基づいて建てたという説明板によれば、貴人の墓(阿武山古墳)の西側の「ヨロイ堤」に程近い「ヤスンバ」という場所に藁葺(わらぶ)き小屋が建てられていて、男の人が大阪で開かれる相場を京都方面に知らせていて、その役目をしていたことを「はたふりさん」と言って語り継がれているという。この説明板の内容は旗振り場の場所を曖昧にしか教えてくれないが、ヤスンバ（休場）が山頂三角点であれば殿岡山と場所が一致して、矛盾は解消する。高槻市の古老の証言から、旗振り場が三角点にあったことは間違いないが、別途、貴人の墓の西にも旗振り場が設けられた可能性もあながち否定できない（中庄谷・木村『大阪府の山』）（「旗振り通信の研究」㉘）。

説明板には、阿武山の別名は「美人山」とあり、「相場の旗振り場」ともあるが、多くの人が述べている「別名は旗振り山」という説明はどこにも見当たらず、「はたふりさん」の意味を読み間違えたように思われる。

なお、「ヨロイ堤」はグラウンド造成のために削られて現存しないという（宇津木氏による）。昔はミヤマツツジがピンク色で全山に咲き、美しい景観であったことから美人山と呼ばれたという（「旗振り通信の研究」㉘）。

石堂ケ岡も、「米相場を京都に伝える中継点であったことから、別名『相場振り』の名もある」（西川隆夫『豊能ふるさと談義』）。西川氏によると、豊能町高山地区と茨木市泉原地区の古老によって旗振りの事実が伝えられているという。ゴルフ場開発の際に相場振りの話が確認され、頂上に記念碑が建立された。碑の銘文は「米相場京え知らすに旗振りし、ここが昔の相場たて山」（昭和三六年一〇月建立）である。高山地区の中谷稔氏は、「堂島の米相場を石堂ケ岡で中継し京都に知

阿武山山頂西側の説明板

らせていたと聞いています」といい、直接、堂島から受信できたのでは、とのことであった。直接、京都への送信はできないので、小塩（おしお）山を中継して伝えたものと思われる。

柳谷西山中継所は、大阪と京都との境（古谷勝『近畿における情報伝達の歴史的発展その五「旗振り」』）にあるという。柳谷観音の西と考えられ、前後の中継地点から判断して、島本町大沢の南にある四七八・三mの三角点と推定できるので、島本町役場に照会したところ、町教育委員会事務局社会教育課の野口尚志氏より「地元大沢在住の方に問い合わせましたところ、ご推察どおり四七八・三mの三角点のある頂にて、旗振りが行われていたとの言い伝えがありました。わたしがお聞きした方は現在六〇代前半の方ですが、この方のお祖母さん（明治生まれ）から聞いたことがあるとのことでした。同頂については地元では向谷（むかったに）と呼ばれる山で、大阪の米相場の連絡で京都のほかに亀岡へも送っていたらしいとのことでしたが、詳細については不明でありました。また、旗振りは地元の人ではなかっただろうとのことでした」という貴重な情報がもたらされた（平成一二年九月六日付け返信）。

慶佐次盛一『北摂の山（上）東部編』には、柳谷西山の名前は、大沢山（向谷山、向井谷山）とある。『島本町史』には旗振り通信の記載は見られないが、奥村寛純（ひろすみ）編著『水無瀬野をゆく―島本町の史跡をたずねて―』には、大沢山について、米相場をリレーした「旗振り峠」の話は今でも村人たちから耳にする、とあって、裏付けることができた。向谷山頂からは、京都七条の米商会所と二石山への通信が行

石堂ヶ岡の山頂
（無断立入禁止区域）
（木柱は昭和53年建立）

われたものと考えられる。山頂には向谷中継所があり、アンテナが立っているが、周囲は樹木が育ち、視界は遮られている。

亀岡方面へは小塩山を経由すれば、通信ができるものと考えられ、実際、平成一六年二月になって初めて、大原野南春日町の安井庄次さんから筆者にあてたハガキによって、小塩山が米相場の中継地であることが明確となった(「旗振り通信の研究」㉓)。

江戸末期には十三峠、山城国天王山、伏見、京都のルートもあった(近藤論文)。

天王山山頂

大山崎町教育委員会生涯学習課文化係の林亭氏によると「天王山が旗振りの場所であったと古老の話から聞いています。場所としては天王山頂であったようです。大阪堂島の米相場を京へ伝達していたとの事です。今日では木がうっそうと茂り、四方視界はありませんが、四〇年程前までは大阪方面、京都方面両方を見る事ができました」という。

阿武山と天王山は相互に見通すことができないので、それぞれ別のルートであることがわかる。天王山では十三峠のほかに、京田辺市の千鉾山(せんぼこ)(別項で紹介)と通信したことが筆者の調査で明らかになっている。

二石山

二三九・三m

二石山は、柳谷西山からの信号を、小関山(こぜき)（三二五m）へ送るための中継地点である（近藤論文）が、従来、その場所は判明していなかったようである。中島伸男氏による東山今熊野方面での昭和五九年頃の調査（中島「滋賀県内の旗振り通信ルート」）は不調のままに終わっていた。筆者は、このような状況を残念に思い、調査を進めたところ、二石山についての資料を得ることができた。

まず、中継地点の位置関係から、二石山は、稲荷山・大岩山付近であろうと推定できる。

安永九年（一七八〇）の『伏見鑑』に「砂川　稲荷の南二石山より出る川なり」と記す。

『京都府紀伊郡誌』の深草村の総論を見ると「砂川は水源を二石山に発し、直違橋(すじかい)九丁目を過ぎて高瀬川に注ぎ、七瀬川は水源を深草山に発し、直違橋を過ぎて高瀬川に入り」とあり、深草山の項で「本村巽の方に在り、北は稲荷と云ひ、大津街道を隔て二石山となり、南は木幡山に連る」とある。巽は東北で、木幡(こはた)山は伏見山（桃山）を指す。

以上のことから、広義の深草山（深草にある山）のうち、大岩山（狭義の深草山）と稲荷山を除く地域を二石山と呼ぶものと考えられる。ここで鍵となるのが、「砂川」であるが、国土地理院発行の一万分の一地形図「東山」と「伏見」を見ても、砂川は記載されていない。七瀬川は大岩山を水源としていて明確であるのだが……。

『山科の歴史を歩く』には、相場山について、「大津へは柳谷西山から伏見稲荷南の弐石山、この相庭山を経て大津に到着した」とある。この記述の出典である、古谷勝『近畿における情報伝達の歴史的発展—その5「旗振り」』には、「柳谷西山から弐石山(深草、伏見稲荷神社の南)、小関山(大津市、三井寺の裏山)を経て大津に到着していた」とある。しかし、伏見稲荷の南には、標高一〇〇mほどの丘陵しかなく、柳谷西山は見えるとしても、小関山方面は遮られており、旗振り信号の中継は無理である。

陸地測量部作成の一万分の一地形図「醍醐」(昭和一三年測量)には、深草北陵の東四〇〇mにある八六・八m地点に「二石山」と記入されている。この地点は「伏見稲荷南の弐石山」に合うが、立地上、旗振り通信は不可能であろう。ここで、二石山の探求は迷宮入りになるかと思われた。

ところが、ある時、何の天啓か、京都新聞社編著『京都 滋賀 秘められた史跡』を読んでいて、「稲荷山お滝めぐり」の中に、次のような一文を発見したのであった。

「先の大岩を越してすぐ右の尾根に取り付くと二三九・三の三角点があります。むかし通信機関のなかったころ、大阪の米相場をここで中継して、旗を振っていたとか、そういえばながめはよく、花山天文台から牛尾山にかけて一望できます。」

ここに至って、二石山の位置が確定できたのである。すなわち、稲荷山頂上(一ノ峰)の東方五〇〇mに位置する三等三角点(点名「西野山」)の辺りで旗振りが行われていたのである。ここが中継地点としての「二石山」ということになる。伏見稲荷神社の南というのは明らかに間違いである。今では、頂上には雑木が茂って、視界は遮られているが、昭和四〇年代以前には展望が開けていたことがわかる。

深草在住の芝村文治氏からは、砂川と二石山に関して、『京都TOMORROW』(一九九三年一一月)という小冊子にある、高橋幸子「『砂川』は幻なのか?」という、砂川の追跡ドキュメントの存在をご教示いただいた。これによると、「砂川」の水源は、七面山の北側(南谷)と南側(立命館中・高校南東)の二カ所にあり、地下をもぐったり、地上に現れたりしながら、直違橋(すじかい)九丁目(砂川橋がある)を経て、西に流れ、鴨川に注いでいるという(大雨の時は東高瀬川にも流れる)。伏見をかつて伏水と書いたように、伏流しており、道理で地図にないわけである。

昭和初期に砂川小学校に土地を提供された今邑(いまむら)家には、明治三年の地図があり、当時の複雑な水路が記されている。その地図には、稲荷山の東方に「伏見御支配　二谷山」と記載された山がある。一方、ドキュメントの文中には、「(砂川の)源流を二石山(稲荷山より奥)に発し、高瀬川に注いでいた」とある。このことから、稲荷山の東方の山を、明治期に深草村では二谷山と呼んでいたことがわかる。この地図の内容は、『深草西浦町略史』に紹介してある明治三年五月作成の深草村絵図と同じもので、当時、庄屋・年寄が実地立会いの上で描いたものという。

旗振りが行われたと伝えられる「二石山」は三角点峰であり、明治初期には「二谷山」とも呼ばれていたのであった。

二石山(二谷山)の読み方については、「ふたいしやま(にたにやま)」と報告したことがあるが、確たる根拠はなかった。

上杉喜寿『越前若狭　続　山々のルーツ』に同じ表記の「二石山」(標高五二m)がある。山名の由来は、山が所属する二つの村の年貢米が二石ばかりであったことによるという。したがって「にこくさん」と読む。

京都の二石山を記載している『伏見鑑』や『京都府紀伊郡誌』には読み方は示されていないが、「弐石山」と記した文献があることを考えると、「にこくさん」の可能性がある。この地域でも、山年貢が二石であったために、二石山と呼ばれたのかもしれない。一般に、二つの石に由来する山名ならば、「二ッ石山」であろう(東北地方にこの山名がある)。今のところ確たる資料は見つかっていないので、読み方は不明のままである。ただ、「にこくさん」の方が妥当ではないかと考えているので、暫定的に採用しておきたいと思う。

コースガイド

東福寺から旗振地点の三角点に至り、稲荷山には寄らないで、石峰寺(せきほうじ)方面に出るコースを紹介しよう。

京阪・JR奈良線東福寺駅から伏見街道（本町通）を南下して、高架下をくぐる。東福寺北大門から入り、洛東園のそばから日吉ケ丘高校の南側を通る。大雲院南谷別院の案内を右に見たあと、次の辻の手前に泉涌(せんにゅう)寺への道標が左手にある。ここは京都一周トレイル東山コースにあたり、右に道なりに進むと、右手に大木のある五社大明神。正面が坂道になる手前で右折したあと、右手のポール三本のそばを通り抜けて、板橋を渡る。トレイルは右だが、左をとり、三ノ橋川沿いに小滝を見ながら小道をたどる。右に清滝大神を見るが、左へ苔の多いすべりやすい道を行く。ほどなく、鞍部に着く。

右手に石塚があり、その上に二つの石が仲良く並んでいる。右側にある谷沿いの道をとっても三角点に出られるが、その左手の竹林に「三角点」と記した竹があって矢印の方向に道が見つかる。初めは薄暗いがすぐに明るい良い道となり、やがて二石山（二谷山）の三角点に着く。展望はないが、かつて旗振りができたという明治時代を想像するのもよい。頂上には、稲荷山という山名板があるが、稲荷山の山頂は一ノ峰を指しているので正しい表示ではない。南側の道は二本あり、左をとって、大石神社へ下り、岩屋寺・山科神社から谷道を経て戻ってくることもできる。

三角点から右をとって南へ尾

二石山山頂の三角点

竹之下道

大岩大神

根道を進めば、右手に祠跡の石塚と古井戸を見たあと、権現大神の祠の前に出る。そこから下り、途中で左側にある西への近道をとれば、岩壁を背負った大岩大神に出る。近道は不明瞭なので、鞍部まで下り、左

をとってもよい。霊岩に鎮座する大岩大神は大己貴神(おおなむちのかみ)（大国主命）であり、病災に対して霊験あらたかという。

霊気ただよう末広の滝に出て、舗装道は上りとなったあと、再び下りで、右にある道標に注意して、広い地道に入る。やがてコンクリート板を敷いた細い道となり、竹林を縫う竹乃下道を通りながら、伏見神宝(かんだから)神社、伏見稲荷奥社・大社を経て、京阪伏見稲荷駅・JR稲荷駅に出ることもできるが、秀吉時代の新しい砂川を探しに南谷に出よう。

青木大神を過ぎて、トタン板に仕切られた弘法ケ滝のそばを過ぎてすぐ、左手に、竹を横に渡して囲った道が見つかる。その細い道をたどると、厄除社の横に出る。その左手の方に八島大神がある。砂川の源流はこの辺りのようだ。西へ向かえば分岐があり、左をとり、右側の水流にようやく砂川らしさを感じ取れる。道なりに進むと墓地で、道標が現れる。右にはぬりこべ地蔵（もとは西方七〇〇mの摂取院の塗込めの御堂に安置されていたのでこの名がついた。歯痛によく効くという）があり、左は石峰寺（竜宮造りの赤い門と五百羅漢で有名）に出られる。京阪深草駅またはJR稲荷駅から帰る。

（平成一二年四月九日・一三日歩く）

《コースタイム》（計二時間三五分）
京阪・JR東福寺駅（一時間一〇分）三角点峰（二〇分）大石神社（二五分）三角点峰（三〇分）弘法ケ滝（一五分）京阪深草駅・JR稲荷駅

〈地形図〉二万五千＝京都東南部

小関山　三二五m

小関(こぜき)山中継所は、小関峠の南方の三二五mの山で、相場山・相場山峯・相庭(そうば)山ともいう（中島伸男「滋賀県内の旗振り通信ルート」）。ここから、大津米会所（現在の大津市中央二丁目付近）や、滋賀県内の山に中継したことがわかっている。『近江国滋賀郡誌』（明治一六年）の藤尾村誌・神出村誌には「相庭山」とある。

『風俗画報』第百七十二号（明治三一年九月）の十二頁「大津追分其二　相場旗振　山林巡邏」には、次のような小関山の旗振りの様子を示した記載が見られる。旗振り通信の盛んだった頃の様子がうかがえる貴重な資料といえよう。

「相場旗振は身には筒袖を著し帯の上を洒布又は手綱染の布にて結ぶ望遠鏡を袋入に為して脇に下け相場附帳を持参し日々追分立場の後山に登り彼の望遠鏡にて京都市錦の小路会社にて合図せる相場の上り下りを見て旗を振り町の会社へ報知するなり。」

その十四頁の次に「大津追分其二相場旗振り並に官林巡邏の図」と題した、望遠鏡を覗きながら旗振りをしている人の絵があり、旗振りの様子が手に取るようによくわかる（本書一一ページ参照）。

追分とは、現在の大津市追分町であり、その北東に小関山がある。錦小路（京都市中京区、四条通のすぐ北の通り）の会社と通信したことがわかるが、山科区の山が遮っており、直接、通信することは困難である。おそらく、二石山で中継したのであろう。

『明治大正図誌　第一一巻　大阪』の六一頁には、『風俗画報』第百七十二号の二つの相場通信の図が転載されている。

コースガイド

京阪電鉄石山坂本線三井寺駅から三井寺を経て、観音堂の南側から小関越ハイキングコースをたどり、小関峠に出る。小関とは大関（逢坂の関）に対して名付けたものといわれている。峠から南東へ急坂を上がり、鉄塔を通り過ぎて縦走して行くと、小関山（相場山）の山頂に着く。北側に切り開きがあって、大津市街と琵琶湖が見える。二石山側は雑木に遮られている。

小関山（相場山）を逢坂山と記載する資料（『角川日本地

小関山の縦走路から東山を望む

小関山（相場山）の山頂（三角点）

名大辞典』）がある。江戸時代における「逢坂山」とは「逢坂の関」の意味であり、関あたりを指すのであるから、本来は小関山に特定したものではない。当時の交通事情から言えば、関越えが山越えであった。とはいえ、今日では、小関山の直下を逢坂山トンネルが貫通しており、望ましい呼称ではないが、逢坂山と呼ぶ場合も多いようだ。歴史から言えば、小関山・相場山といった呼び方がもっと普及してほしいものである。

山頂からは南へ下り、次の鉄塔の一〇〇m手前にある分岐点から、案内板に従って北北東へ向かう平坦な山道に入る。尾根筋の気持ちの良い道をたどりながら長等公園を経て、三井寺駅に戻るとよい。

山頂から南へ縦走することもできるが、枝道が多く、地形図を読める人にしかおすすめできない。山頂の南の鉄塔から次の鉄塔(三〇六m)に出たら、西側の木の薄い赤ペンキを目印に縦走路をたどり、三つ目の鉄塔

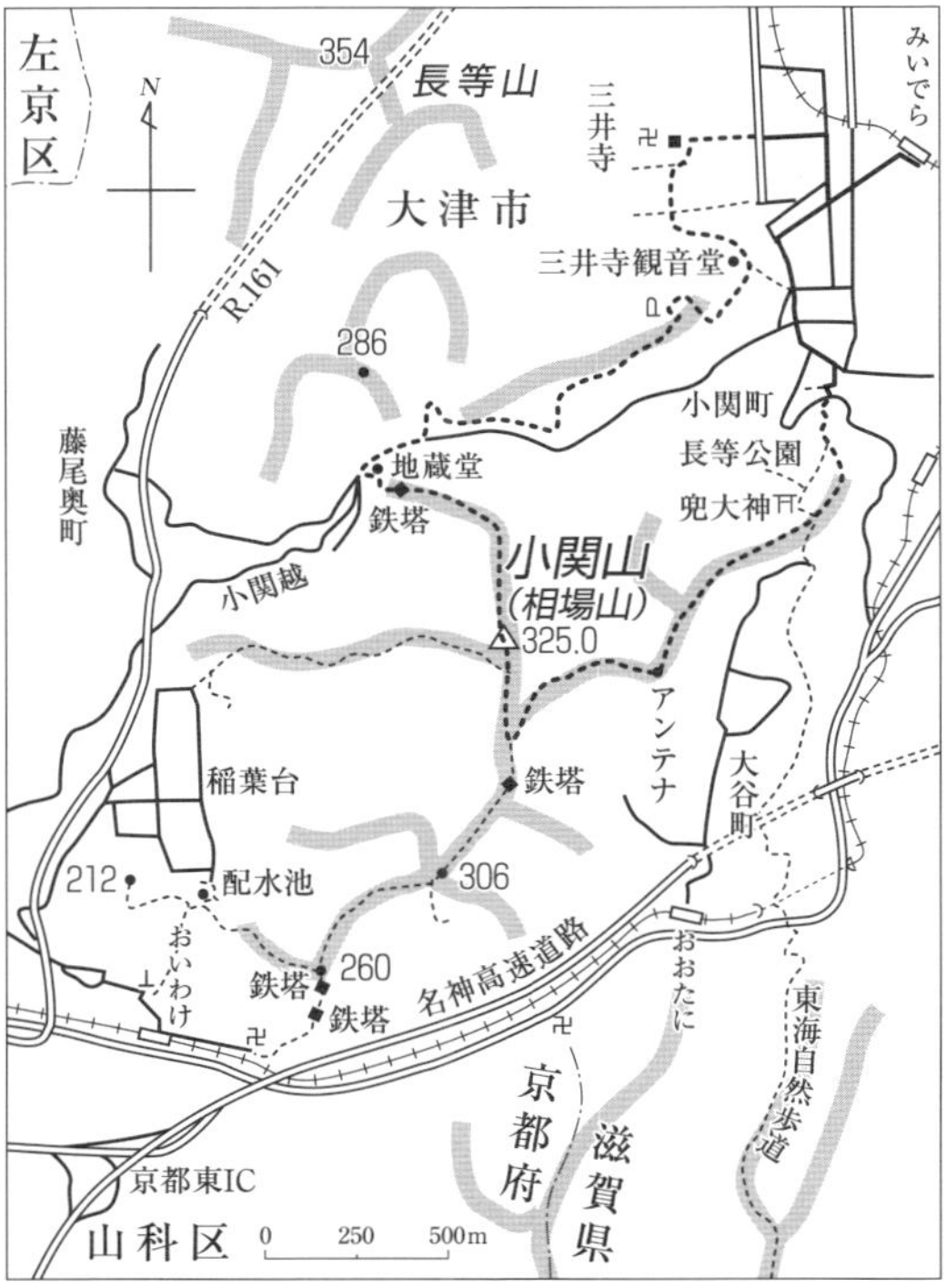

（一二六〇ｍ）から西へ向かい、藤尾第一配水池の右手に出て、稲葉台から京阪電鉄京津線追分駅に出るのが無難であろう。三つ目の鉄塔から南下して摂取院の南に出て、追分駅に出ることもできるが、急坂があるので注意が必要である。（平成一四年三月二三日・二六日歩く）

《コースタイム》（計二時間二五分）
京阪電鉄石山坂本線三井寺駅（一五分）三井寺（四〇分）小関峠（三〇分）小関山（三五分）長等公園（二五分）京阪電鉄三井寺駅

《コースタイム》（計二時間二五分）
京阪電鉄石山坂本線三井寺駅（一時間二五分）小関山（一〇分）第一鉄塔（五分）第二鉄塔（一〇分）第三鉄塔（一〇分）藤尾第一配水池（二五分）京阪電鉄三井寺駅

〈地形図〉　一万＝大津　二万五千＝京都東北部・京都東南部

長浜ルートの概要

滋賀県内の旗振り通信ルートについては、中島伸男氏の次の二つの論文に詳しい。

①「滋賀県内の旗振り通信ルート」(『蒲生野二〇』、八日市郷土文化研究会)(中島①)

②「三重県向けの旗振り通信ルートについて」(『蒲生野二二』)(中島②)

後者では三重県内の旗振り場も紹介されている。中島氏の調査は、古老から聞き取りをした非常に詳細で貴重なものであり、筆者が、旗振り通信の行われた地点の全国的な悉皆(しっかい)調査を行うきっかけとなった。

『安土ふるさとの伝説と行事』には「相場振り」の項目があり、次のように記されている。

「滋賀県では、取引所が大津にあって、取引は、午前と午後、それぞれ前場と後場といい、土曜日の午後と日曜日祝祭日以外は毎日取引が行われた。手旗信号は、大津の逢坂山を基点とし、鏡山・観音寺山・荒神山・佐和山・虎御前山と、次々に湖北へ伝達された。相場振りには、旗と遠眼鏡(とおめがね)が用いられ、旗の大きさは反物の一反分ぐらいあったといい、遠眼鏡は五里(二十キロメートル)くらいは見透せるものであったという。」

これは、安土町下豊浦の善住国一氏(故人)の執筆したものである。旗振り地点は伝聞によったものら

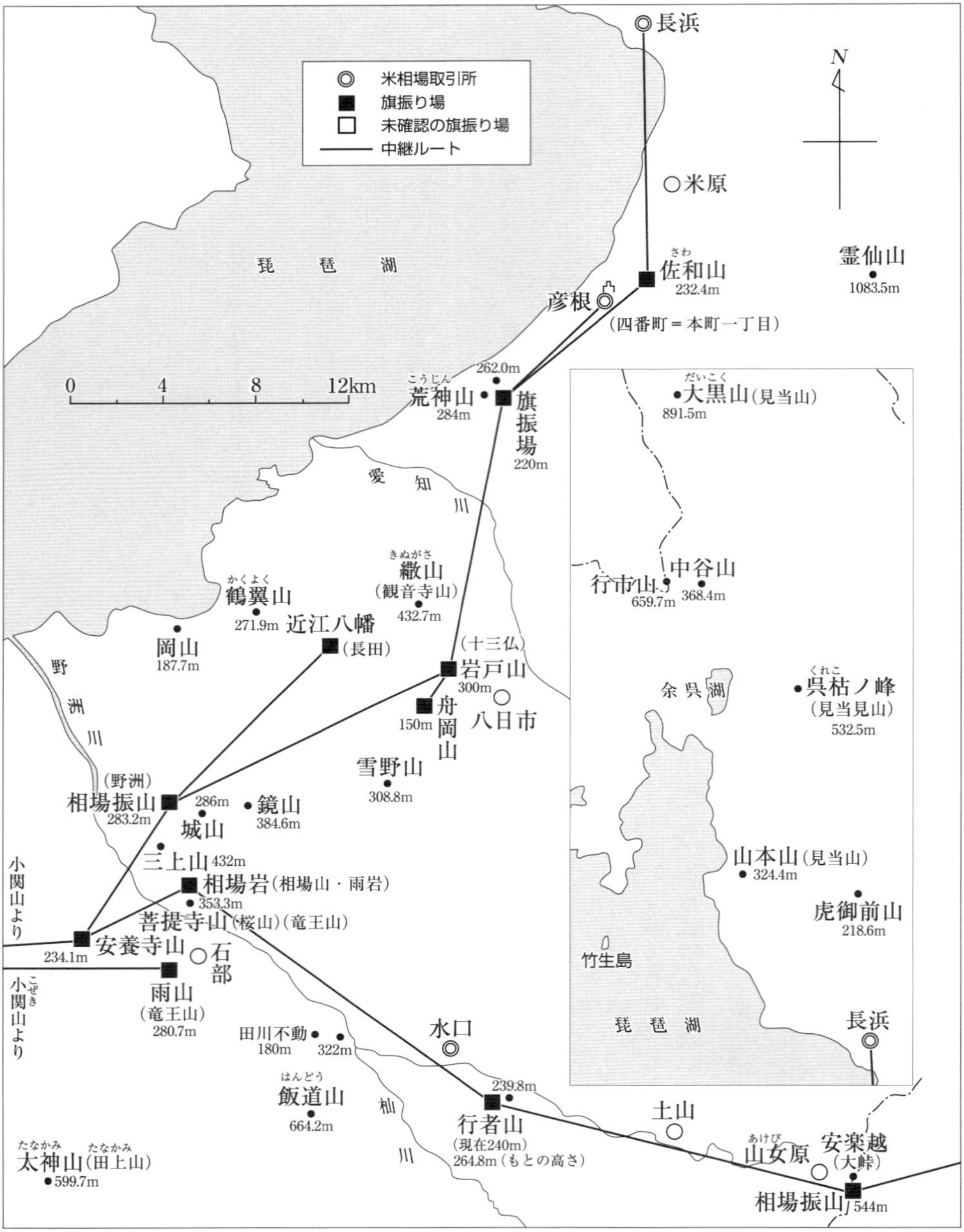

米相場取引所
旗振り場
未確認の旗振り場
中継ルート
N
長浜
米原
琵琶湖
佐和山
232.4m
霊仙山
1083.5m
彦根
（四番町＝本町一丁目）
0
4
8
12km
262.0m
荒神山
284m
旗振場
220m
大黒山（見当山）
891.5m
愛知川
繖山
（観音寺山）
432.7m
鶴翼山
271.9m
近江八幡
（長田）
岡山
187.7m
行市山
659.7m
中谷山
368.4m
（十三仏）
岩戸山
300m
舟岡山
150m
八日市
余呉湖
呉枯ノ峰
（見当見山）
532.5m
野洲川
雪野山
308.8m
（野洲）
相場振山
283.2m
286m
城山
鏡山
384.6m
三上山
432m
相場岩（相場山・雨岩）
353.3m
菩提寺山（桜山）（竜王山）
山本山（見当山）
324.4m
虎御前山
218.6m
小関山より
安養寺山
234.1m
石部
雨山
（竜王山）
280.7m
小関山より
竹生島
琵琶湖
長浜
田川不動
180m
322m
水口
飯道山
664.2m
杣川
239.8m
行者山
（現在240m）
264.8m（もとの高さ）
土山
太神山（田上山）
599.7m
山女原
安楽越
（大峠）
相場振山
544m

しく、中島氏の研究では、鏡山・観音寺山・虎御前山での旗振りは否定されている。

『こうらの民話』には甲良町の古老から聞き取ったと思われる「取引米のたて値」の話がある。中島氏はこの文献にはふれていない。

「堂島で取引米のたて値が決まると、まず天王山の山頂に知らせて、山頂に待機している人が、たたみ二畳ほどもある大きな旗で、手信号を送ります。それを東山の山頂の人が遠眼鏡で見て、『あっ、きょうは右へ二度大きく振られたから、二円安だ』とか、『今日の旗は、黄色だから三円高だよ』というぐあいに、情報をとらえていました。こうして、東山から三上山山頂へ、三上山から八幡山へ、八幡山から荒神山へ、荒神山から彦根の中央の取引所に知らされて、堂島のたて値で、彦根でも取引されるというぐあいでした。この方法も、時には大風のために、途中で相場がまちがって伝えられたり、山頂に待機している人が、わざと相場をかえてしまって大もうけをしたりと、いろいろなことがあったそうです。」

天王山でも旗振りは行われたが、他の資料によれば実際は柳谷西山(大沢山)と考えられる。東山は二石山を指すものであろう。三上山には旗振り伝承はなく、相場振山(野洲)に該当すると考えられる。旗振り場は無名に近い山に設けられたことがよくあり、付近の有名な山の名前が代用されて記録されることが多かったようである。

中島氏によって古老からの聞き取り調査で判明した長浜方面への通信ルートは、「大阪堂島、千里山、阿武山、柳谷西山、二石山、小関山、安養寺山(あんようじやま)、相場振山(野洲)、小脇山(おわきやま)十三仏、荒神山(こうじんやま)中腹、佐和山、長浜」であった。彦根には荒神山から伝達された。

安養寺山中継所は、頂上の三角点付近での旗振りの話が伝えられている(中島①)。近藤論文(「大阪の旗振り通信」）にもこの山名が伝えられている。

相場振山（野洲）と小脇山十三仏（岩戸山、十三仏山）についてはあとで述べよう。

荒神山中継所は、ドライブウェイが清崎町からの旧参道（なかなか趣きのある道である）と出合う、ヘアピンカーブの地点にあった（中島①）。土取り以前は突出していて眺望がよかったという。ここから彦根米穀取引所と佐和山に信号を送った。

木村至宏編『近江の山』には、荒神山の頂上について、「近年までは、ここから旗を振って米の相場を決めていた、と奥山二三男宮司は話されていた」とあり、頂上で行われたようにも読み取れるが、中島氏は荒神山神社の神主さんらの証言から、旧参道の途中であることを確認している。

『彦根市史（下冊）』によれば、佐和山と荒神山で旗振りが行われ、彦根と長浜の両取引所は明治二七年に創立されたという。

佐和山中継所は頂上付近にあったと思われる。旗振りの伝承が残っていて、山頂から長浜絲米取引所へ信号を送った（中島①）。

『安土ふるさとの伝説と行事』には、佐和山から虎御前山に通信したとあるが、中島氏の聞き取り調査では裏付けがとれず、おそらく、長浜絲米取引所方向に通信したのを誤解したのだろうと考えられる（方向が一致）。

池田末則『地名伝承論—大和古代地名辞典』の五八頁には、「朝日新聞」東京本社版の記事（昭和六一年四月六日）の引用があり、「江戸時代には、大阪の米相場を越前に連絡した『旗振り山』と呼ばれるところも同じである」とある。新聞の日付は四月七日が正しいが、越前は誤植ではないようだ。取材記者は渡辺久雄氏の名前を記しており、その著書『忘れられた日本史』を参考にしたらしいことがわかる。

渡辺氏は越前方面に旗振り通信ルートがあったとは述べておらず、越前ののろし山に言及しているだけである。中島氏の研究でも長浜から北の旗振り山は見つかっていない。

津市の倉田正邦氏が元福井大学の杉本壽氏から旗護山(はたご)(敦賀市・美浜町、三一八m)での旗振りの話を聞いている(『日本山岳ルーツ大辞典』)とのことであるが、現地では確認できず、美浜町教委によれば、地元では愛宕社がまつられていることから「愛宕山(あたご)」と呼ばれており、転訛かもしれないという。やはり、越前ルートは幻なのであろうか。

相場振山(野洲)

二八三・二m

滋賀県野洲市の相場振山は三上山・妙光寺山の北方にある双耳峰で、三等三角点峰(二九二・九m、点名は小篠原(こしのはら))と西峰(二八三・二m)からなる。旗振りが行われていたのは西峰である。ここから八幡方面に通信したという話も残っている(中島②)。近藤論文では、三ツ阪山の山名で伝えられているが、現地の西麓にある地名(三ツ坂バス停あり)によって命名されたものであろう。

『角川日本地名大辞典』「滋賀県」では三角点峰を「兜盔山(かぶとやま)(別名は奥山(おくやま)・田中山)」とし、「甲山(かぶとやま)」を古墳名として、表記上は区別している。一方、伏木貞三(ふしきていぞう)『近江の山々』や、ニューエスト『滋賀県都市地図』(昭文社)では三角点峰を「甲山」としている(現在では筆者からの情報で田中山に修正されている)。また、現地に湖南岳友会が設置した道標では三角点峰を「かぶと山」としている。

ところが、『近江輿地志略』(一七三四年完成)の桜生村(さくらばさま)の項には「兜盔山(かぶと)、同村にあり。高十間許、往還

相場振山

大路の傍也」とある。高さが十間（一八ｍ）ほどなら、明らかに甲山古墳のことである。中山道の傍らという位置も合う。つまり「甲山」と「兜甃山」は同一の古墳を指していることがわかる。

『野洲町史』第一巻では、相場振山に相当する山を「田中山」または「奥山」とし、「甲山」とは呼ばない。野洲町の小字資料によれば、山体の東側が「奥山」、南西側が「田中山」、北西側は「細谷山」と称している。地元では通常、田中山と呼んでいる。

中島伸男氏は相場振山の別名を大岩山・辻山とし、木村至宏編『近江の山』や長宗清司『琵琶湖周辺の山』でも大岩山と呼ぶ。しかし、大岩山は田中山の北に続く標高一二〇～一五〇ｍの丘陵（採土で大半が消失。銅鐸の出土地）を指し、相場振山の別称にはふさわしくない。また、角川地名大辞典では、相場振山の東方の「城山（しろやま）（野洲町）」の説明で「辻山ともいう」「古老は相場振山ともいう」と記し、両者を完全に混同してしまっている（城山には旗振り伝承はない）。

以上のことから、相場振山を「かぶと山」「大岩山」と呼ぶのは不適切であり、「田中山（奥山）」と呼ぶのが適切と考える。中島②によると、小篠原の「鈴木氏家譜」に「田中山の頂上にて」とあり、地元の呼称であることが明白である。地元のパンフレットには相場振山・田中山の表記が採用されている。

厳密にいうと、田中山は二つのピークの山体の総称で、狭義では東側の三角点ピークであり、相場振山は西側のピークで旗振り地点を指している。

コースガイド

石仏や遺跡・古墳群の宝庫である相場振山と妙光寺山をめぐるコースを紹介する。

JR東海道本線野洲駅で降りる。駅前の直線道路を進み、新幹線高架下すぐ手前で養専寺への標識に導かれて中山道をたどる。児童公園（稲荷神社池跡地）、稲荷神社の鳥居を過ぎて、本藍染工房の案内プレートのある辻（三ツ坂）で右折して国道を横切り、道標に従い左折してすぐ右折すると真福寺（無住）である。

土手に出て、水のない小川を渡り山道をまっすぐ行くと福林寺跡石仏群がある。解説板の右手奥に室町時代の磨崖仏（観音・阿弥陀・地蔵）がある。その裏手の平らな岩の側面に十四体の稚拙ではあるが風情のある地蔵磨崖仏が刻まれていて、左端に「森家」とあり、江戸末期頃に森氏が刻ませたものと推定されている（瀬川欣一『近江　石のほとけたち』）。さらに奥に寺阯の石標と一石五輪塔があり、周辺の巨岩にも石仏が刻まれている。ここの背後に福林寺古墳群（十一基の横穴式石室墳）がある。

土手に戻り、右手に野洲中学校（福林寺跡地）を見て南下すると岩谷墓地で、背後に三基の古墳がある。左手に六地蔵があり、旗振山の標識に従って登ると、ほどなく鉄塔に出る。さらに登ると、展望が開けて西峰に着く。相場振山と記したプレートのそばに穴のあいた岩があり、相場を知らせる大旗の竿を支えた台石であったことがわかる（カバー写真参照）。三上山と妙光寺山の間に見える安養寺山からの旗振り信号を受け、辻ダムの左上方に見える秀麗な二三一m峰（吉祥寺山）の彼方にある小脇山十三仏（箕作山系の西の岩戸山）へ黒い旗で送信したという。

福林寺跡磨崖仏（ノミの跡が残る）

道標は、左が銅鐸博物館方面、右がかぶと山を案内している。右をとり、三角点峰（田中山）への縦走路をたどる。岩が多く特異な風景が広がっている。すぐに展望のよい三角点に着く。頂上には少し草も生えている。ここから南方の展望岩ピークを目指して、尾根伝いに踏み跡をたどろう。辻ダムの向こう側に城山がよく見える。急坂を下り、登り返すと整備された遊歩道に出て、展望岩ピークに着く。ここで右に下るのもよいが、左に進めば県立希望が丘文化公園がよく見え、すぐ次の分岐で右折して階段を下っていこう。

管理道に出る。右上の配水タンクから西方にかけては田中山古墳群（約三十基）がある。橋を過ぎて左へ進むと、ほどなく左手に「銅鐸古代の里めぐり妙光寺山磨崖仏入口」という看板が目につき、入ってすぐ右手の山道をたどる。この辺りが山脇（やまのわき）古墳群（十基）である。途中で小川を渡って左に登ると岩神神社の前に出る。さらに先に進むと妙光寺山地蔵磨崖仏の前に出る。直立した花崗岩に地蔵立像を半肉彫りしたもので、鎌倉時代の元亨四年（一三二四）の銘がある。

岩神神社のそばに出世不動明王・妙光寺御池方面を示す分岐標識があり、細い山道をたどり、右へ谷を横切って上がっていくと尾根道に出る。右をとり、落葉の道をたどると妙光寺山の山頂に出る。雑木の中で展望はまったくない。六角氏の家臣の三上氏が永享年間（一四二九〜四一）に妙光寺山に城を築いたと伝わる。山頂と西方尾根上（標高二三〇m付近）の両方に削平地が見

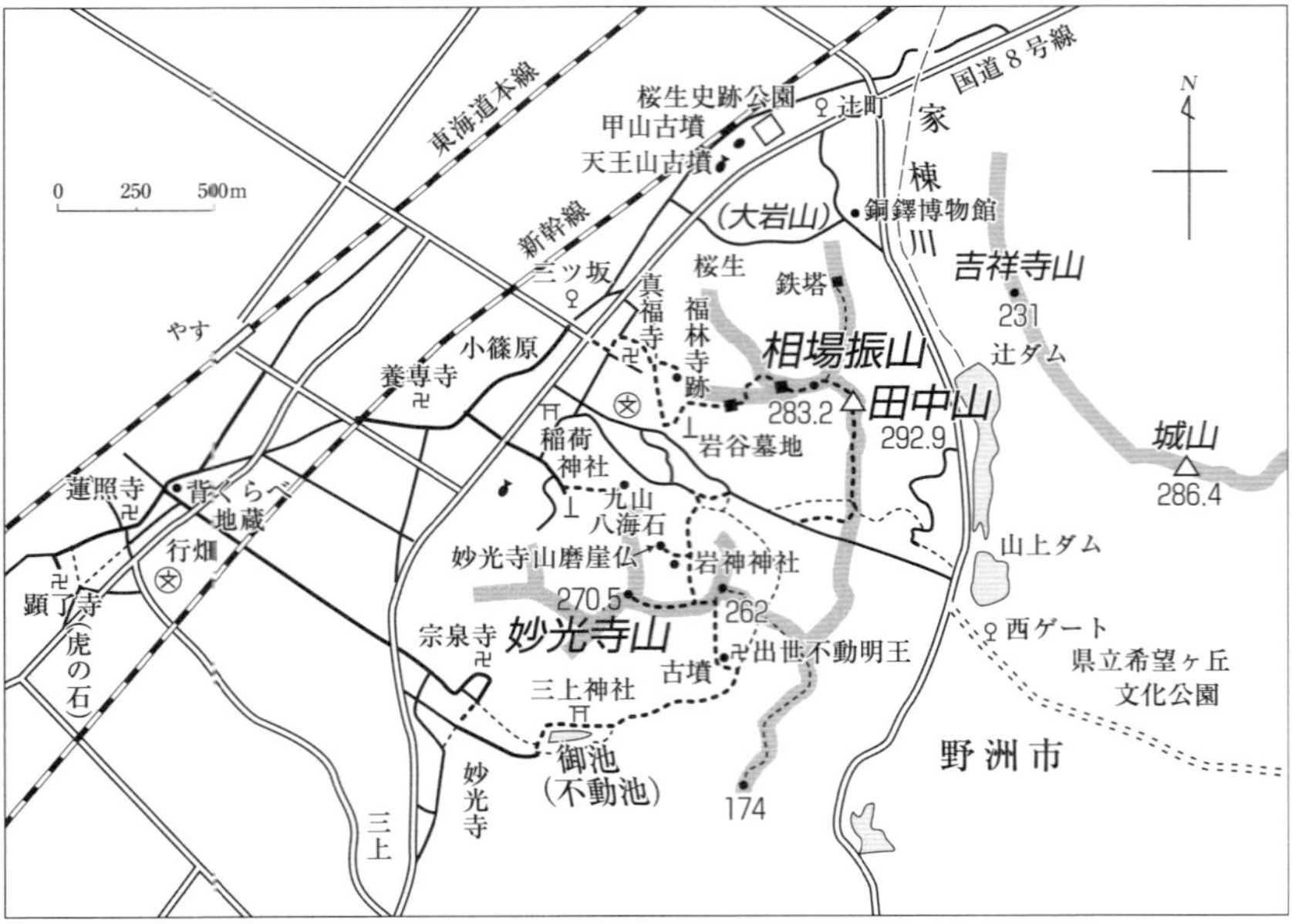

られる。

頂上付近は道が不明瞭なので迷わないように注意して尾根道を戻る。登り返すと分岐点に出る。右をとり、尾根筋を下る。途中に不明瞭な分岐があるが道標や目印に注意して左をとれば、やがて、左手に横穴式石室墳が現れる。東光寺不動古墳群（約二十基）といい、この南斜面や東方の尾根などに分布している。道は左に折れて、ほどなく出世不動明王（不動堂）に出る。巨岩に刻まれた不動磨崖仏（鎌倉時代頃）を見学する場合には、寺僧の許可を得るとよい。

妙光寺山磨崖仏（書込地蔵）

不動堂を出て、林道を下ると右に分岐があり、妙光寺御池（不動池）の北側の三上神社に着く。寛文五年（一六六五）に御上神社から勧請されたもので、ここには七世紀末創建と伝わる東光寺があったが、大永四年（一五二四）に消失した。御池の北側の山麓には、三上神社古墳群（約三十基）が分布する。

御池の堰堤を通り、元の道に出て途中で宗泉寺に立ち寄る。天文一六年（一五四七）に宗泉が東光寺の一院を再興したものという。階段上の薬師堂に木造薬師如来座像（秘仏）が安置されている。本堂は平成一〇年に改築されている。寺の北西斜面に宗泉寺古墳群（十数基）がある。寺から西側に出ると右手に宅地の森が見え、三上館下屋敷という方形館城の遺構である。東方に中屋敷と上屋敷の遺構も存在する。道なりに右に曲がり妙光寺道をたどると行事神社の前に出る。ここは行畑といい、行合と中畑の合併町名である。広場の横のお堂には背くらべ地蔵と呼ばれる大小二体の石仏がある。大きい阿弥陀仏が鎌倉後期、小さい地蔵が室町末期という（清水俊明『関西石仏めぐり』）。『近江輿地志略』には長比の地蔵とある。辻で右折すると中山道と朝鮮人街道（江戸時代に朝鮮通信使が往還した道）の分岐点（外和木の標）に出る。ここにあった道標は西方の蓮照寺に保存されている。朝鮮人街道を経て野洲駅に戻る。

なお、紹介したコースの山林内は、磨崖仏も含めて、松茸シーズンの九月下旬から一一月下旬頃までは入山禁止なので留意されたい。

虎の石（顕了寺）

九山八海石

野洲中学校体育館の南二五〇mにある鉄塔の北東一〇m下に九山八海石（くせんはっかいいし）という名石がある。凸凹石（でこぼこいし）で、仏教的世界観を象徴している。西方の墓地の北側（送電線直下の鉄柱・鎖が目印）から入れる（茨に注意しよう）。四ツ家（よつや）の顕了寺（けんりょうじ）の名石である虎の石もかつて同じ場所にあった。これらは『野洲町物語』と『湖国百選 石／岩』に紹介されている。

また、国史跡大岩山古墳群は、桜生史跡公園（野洲駅南口から近江バス「希望が丘西ゲート」「村田製作所」行き「辻町」または「三ツ坂」下車八分）として公開され（平成一一年三月）、案内所にはパネル展示があるので、歴史公園と銅鐸博物館の見学の際に立ち寄るとよい。（平成一一年一二月五日・一一日・一九日歩く）

《コースタイム》（計四時間二〇分）

野洲駅（三〇分）福林寺跡磨崖仏（四〇分）相場振山（五分）三角点峰（四五分）妙光寺山磨崖仏入口（二五分）磨崖仏（二五分）妙光寺山山頂（三五分）出世不動明王（五五分）野洲駅

〈地形図〉二万五千＝野洲

岩戸山（小脇山十三仏）　三二五・六m

岩戸山（小脇山十三仏。十三仏山。箕作山の西方）中継所は、八日市市（現東近江市）・安土町境の標高三二五・六mのピークにあった。

岩戸山では、山頂の岩座に紅白のターバンが巻かれている。同様のターバンは船岡山の北東七〇〇mにある伏鉢形の山「紅淬山」（標高一七七・八m）の巨石群の頭部にもあり、原始信仰、山の信仰を残している（木村至宏編『近江の山』の太郎坊山の項）。

岩戸山の岩座や下方の岩には、受信方向の相場振山（野洲）および近江八幡市岡山方面とを指している矢印が見られる（中島①）。これは、旗振り通信の方向の目印として刻まれたものらしい（口絵写真参照）。即座に送る方向を知るためのものなのだろう。こういった矢印の刻まれた場所は他の旗振り場にはなく珍しい。ただし、中島氏の調査では近江八幡市岡山に旗振り伝承は残っていないため、実際にどこへ伝えるための目印なのかは判明しなかったという。次の送信方向である荒神山は独立した山で明白なので、矢印は必要としなかったのだろう。

近藤論文、『安土ふるさとの伝説と行事』、『野洲町史1』、『野洲町物語』では、観音寺山（別名、繖山）を旗振り場としているが、実際に旗振りが行われたという証言は見つからなかった（中島①）。太郎坊山での旗振りの記述（古谷勝「旗振り」）についても同様に裏付けは得られていない。おそらく、太郎坊山は箕作山頂の南にあり、その西方に位置する岩戸山における旗振りと混同したものではないだろうか。また、観音寺山は岩戸山の北隣の山であり、岩戸山よりはるかによく知られた山であるから、間違って伝えられたものと思われるのである。

ところで、『こうらの民話』には三上山から八幡山へ知らせたとある。中島②には「鈴木氏家譜」に、相場振山(田中山)から八幡への取り次ぎをなす、とあることから、八幡山(鶴翼山)への通信の可能性もあるが、旗振り伝承は確認されていない。この「八幡」というのが、どこのことなのか不明のままであった。

ところが、『近江八幡　ふるさとの昔ばなし』に「米相場師お蝶」という話があるのを見つけたことによって、小脇山の矢印と「鈴木氏家譜」の「八幡」の謎が解けることになったのである。それを紹介しよう。

近江八幡の長田町にあった五郎兵衛という米屋の主人の妻はお蝶といい、美人で、男まさりの米相場師だったという。このお蝶は、慶応元年(一八六五)、堂島で旗振り通信が始まった時、米相場を長田村まで、大旗を振って早く知らせる方法を思いつき、大もうけをしたという。

「お蝶は人を使って、大阪から旗でリレーする場所を造り、時間を決めて大旗を次々と振らせました。そして、半日とたたぬうちに、大阪の米の値段を知ることができるようにしました。最後に旗を振らせた場所は、鏡村の山の頂上でした。

この旗を見に行く役目は主人五郎兵衛でした。ちょうど五郎兵衛の裏の田んぼから、鏡の山を見通すことができます。」

中島氏の聞き取り調査では、鏡山に旗振り伝承はなく、相場振山(田中山)が旗振り場であった。つまり、「鈴木氏家譜」の「八幡」は、お蝶のいた長田村(今の近江八幡市長田町)であり、岩戸山の岩の矢印は、長田町を指していると考えると、すべて辻褄が合う。

相場振山で旗振りをした鈴木治平は天保三年(一八三二)に生まれ、明治一三年(一八八〇)に亡くなっている(中島②)ので、慶応元年(一八六五)頃に旗振りをしたのも治平であろう。長田町から見ると、鏡山の右側に相場振山が連なっており、お蝶は、鏡の山に含めて呼んでいたものであろう。

船岡山(岩戸山の南西。舟岡山)でも旗振りがあったという(中島①)。「受け場」といって、通信ルートの途中で分岐して、頼まれてその土地でおろすために振ったところがあり(水谷與三郎「旗ふり通信」)、それに相当するケースであろうと思われる。

コースガイド

岩戸山(十三仏山)、小脇山などというと、ほとんど知られていないが、箕作山、太郎坊山(赤神山)は有名で、ガイドブックによく紹介されている山である。岩戸山、小脇山から箕作山にかけての縦走路もやぶ道と言われていたが、利用者が増えて、今では一般向けのハイキングコースとなっている。

近江鉄道八日市線市辺(いちのべ)駅で降りる。ここは蒲生野の中心である。駅から西へ少し歩くと右手に案内板があって、線路を渡り、左へ車道をたどると阿賀(あが)神社前に着く。船岡山の麓で、平成五年には万葉の森が整備されている。

阿賀神社の左手から万葉歌碑のある丘に上がり、旗振りの行われた船岡山(展望台があり、標高一四三・七m)を縦走してみよう。左手の山麓には『万葉集』ゆかりの植物なども植えられている。

展望台からまっすぐ降りると、麓に出て、左手に古墳を見て車道に出る。北へ進み県道を横切り、内野調整池を右に見ながら北進して、道が左に曲がるとほどなく右側に岩戸山登山口おやすみ処が見つかる。

登山口から右へ入ると道はすぐ左折し、ぐんぐん高度を上げて、岩戸山に至る。時々展望があり、左右の石仏に心がなごむ。やがて聖徳太子ゆかりの十三仏山に着く。大きな岩山が目に入り驚かされる。

建物の前を通り過ぎ、左から回り込んで、ややスリルのある尾根道をたどって、道標分岐で左をとって上ると、紅白のターバンを巻いた岩座が現れる。ここが岩戸山の頂上である。絶好の展望台である。岩座には側面に矢印が刻まれている（ターバンで隠れている場合もある）。これは野洲市の相場振山を指しており、通信方向を容易に見つけるための目印として使われたようである（口絵写真参照）。

もうひとつの矢印は、上ってきた時の姿勢のままでいえば、左手の下方にあって見つけにくい位置にある。数メートルばかり、突き出した部分まで降りて、下を覗き込むと、松の木の間の岩場に矢印が見つかることだろう。これは、一見、近江八幡市岡山方向を示すように思えるが、地図を見れば、美人で男まさりの米相場師、お蝶のいたという長田町が手前に見つかるはずである。

旗振り通信の行われた明治時代へタイムトラ

船岡山の展望台

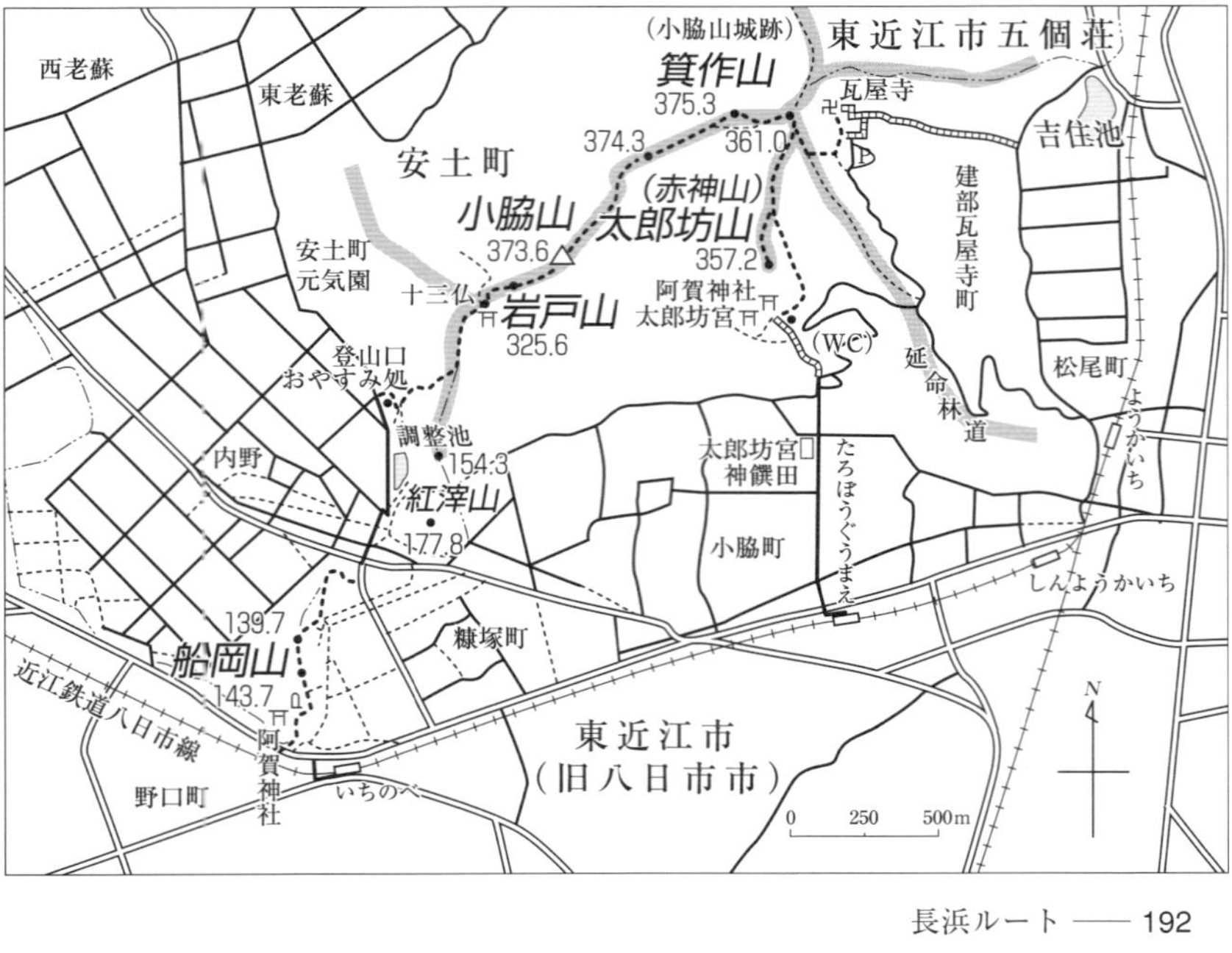

ベルするのには、絶好の展望台といえるのではないだろうか。

先の道標のところへ降りて、東へ尾根道をひたすら縦走し、箕作山（小脇山城跡）の頂上に着く。展望はあまりない。道標分岐で右をとって、左に現れる道標に従って急坂を下り、左へ観音像前を経て、瓦屋寺に立ち寄るとよいだろう。

太郎坊山の山頂にて（撮影：菅原哲夫）

太郎坊山をバックにして（撮影：須田香織）

寺名は聖徳太子が四天王寺創建の際、瓦をこの地で造ったことに由来すると伝わる。秋には紅葉が素晴らしいが撮影は禁止のようだ。分岐に戻り、太郎坊山に向かう。道標に注意しよう。太郎坊山の山頂は狭い岩場でパノラマ展望が開けるが、強風の時には避けたほうが無難かもしれない。元の分岐から下れば太郎坊宮の手洗いのすぐ上に出る。悪心のあるものが通るとはさみつけるという「夫婦岩」がある太郎坊宮を巡ってから下り、太郎坊宮前駅へ向かう。駅への途中で振り返ると、太郎坊山の勇姿が素晴らしい。

（平成一五年一一月二三日歩く）

《コースタイム》（計三時間三〇分）
近江鉄道八日市線市辺駅（一五分）船岡山（二〇分）登山口（三〇分）小脇山十三仏（五〇分）箕作山（一五分）瓦屋寺（二五分）太郎坊山（一五分）太郎坊宮（四〇分）近江鉄道太郎坊宮前駅

〈地形図〉　二万五千＝八日市

（ルート地図は一八〇ページも参照）

桑名ルートの概要

中島伸男氏の研究（「三重県向け旗振り通信ルートについて」中島②）によって、大阪から桑名方面への旗振り通信は、滋賀県内を経て、三重県境を越えて伝達されていたことが明らかとなっている。そして、中島氏の推定した滋賀県内における桑名方面への通信ルートは、当初は「安養寺山、雨山、行者山、相場振山」となっていた。

雨山の山頂

石部町（現湖南市）の雨山文化運動公園の山頂（二八〇・七m）は雨山である。別名を「竜王山」といい、頂上での旗振りの目撃談が残されている。明治二〇年代には、一日に六回、黒旗による旗振りが行われていたという。前後の中継地点は不明だが、中島氏の調べでは、安養寺山か小関山から受けて、東のほうの行者山に送ったと考えられるという。

次の中継所といわれる行者山は、甲賀市水口町巉峨（ぎか）の八坂神社の南方にあり、かつて標高二六四・九mあった山頂は見晴らしがよく、古老による旗振りの伝承が残っている。三角点のあった最

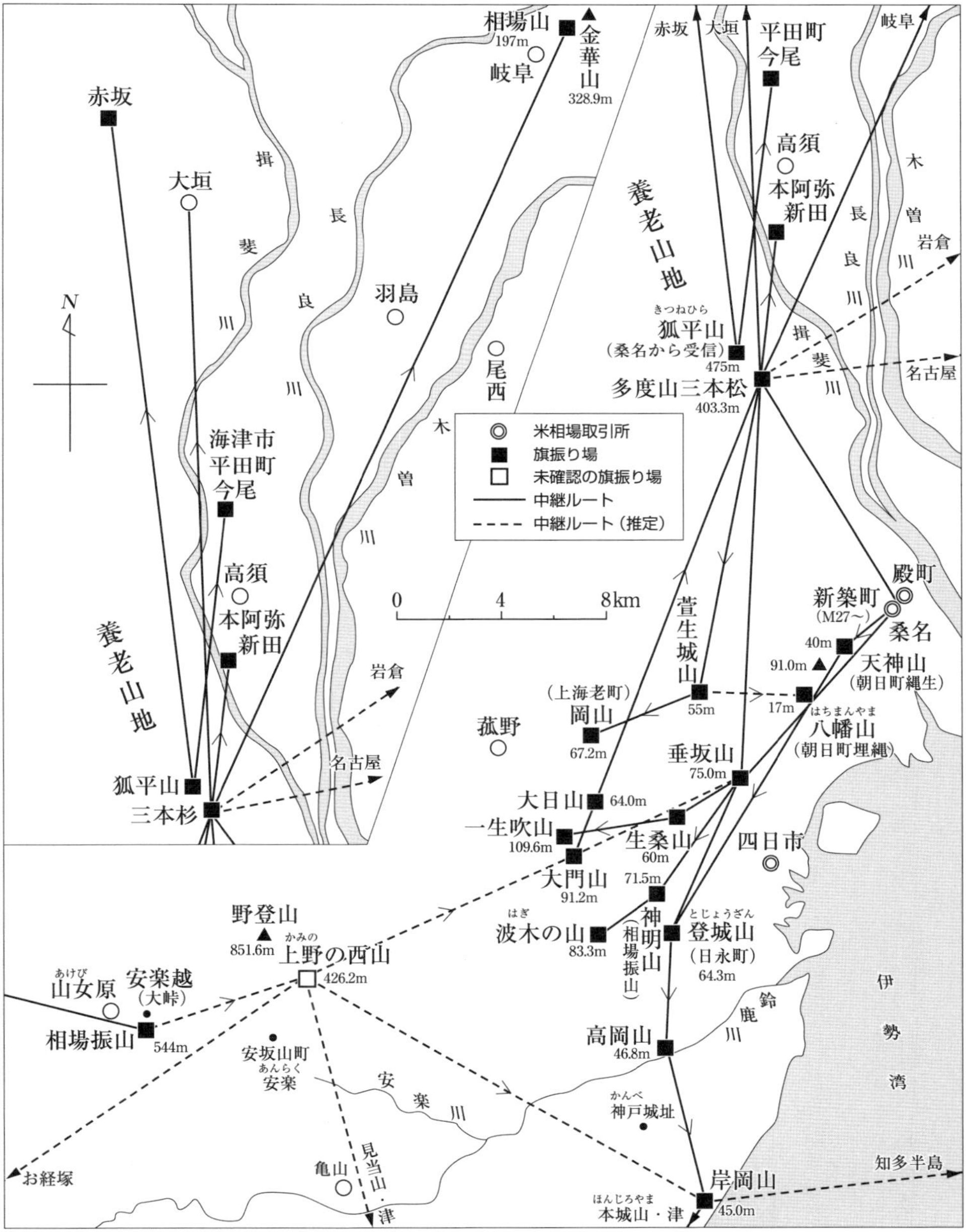

195 —— 桑名ルートの概要

高地点は、ゴルフ場のクラブハウスを建てるために切り下げられ（中島②）、現在では、二四〇mほどになっている（二万分の一、水口町全図3、平成六年）。

中島氏は「雨山と行者山の間の見通しの点で少々疑念が残っており、この間を結ぶ中継点がなかったかをもう少し調べてみたい」（中島②）と述べられていた。

そこで、筆者が、地形図で計測したところ、雨山から行者山方向へは、三雲（みくも）駅南東にある標高三二二mの山が遮っており、通信は困難であることがはっきりした。つまり、未確認の中継点の存在が浮かび上がる。

筆者は、この未確認の中継点がどこか、知りたくてたまらなかったが、平成一二年（二〇〇〇）に出版された『京阪神から行ける滋賀の山』の中に、今まで知られていなかった旗振り山である「菩提寺山」が紹介されていて、それが、まさに未確認の中継点である可能性に気付いたのであった。菩提寺山については、あとで詳しく述べることにしよう。

行者山からは、相場振山（滋賀・三重県境）へ送信されたという。この中継所は、伊賀市土山町山女原（あけびはら）の東、三重県境の安楽（あんらく）越えから南に一〇〇mほどに位置する、標高五四四mのピークである。この相場振山についても、あとで紹介することにしたい。

以上のことをまとめてみると、中島氏の推定ルートは修正が必要であり、桑名方面への通信ルートは、滋賀県内においては、「小関山（相場山）、安養寺山、菩提寺山（桜山）、行者山、相場振山（土山）」であれば、合理的であることが判明したのであった。雨山は、これらの中継ルートとは独立した旗振り場と考えることができるだろう。

次に、三重県内の旗振り地点に関しても、中島氏の研究（中島②）があり、多度山、野登山、お経塚、高旗山が紹介されている。

また、『三重の古文化』第四八号(通巻第八九号、三重県立図書館・天理大学附属図書館蔵)に掲載された、川合隆治「旗振り通信について」という論文は、三重県内の旗振り地点に関する郷土資料や古老からの聞き取り内容を要領よく紹介している。桑名から四日市を経て、津へ連絡する、明治中期の通信ルートも明らかにされている。

川合論文によると、桑名砂利株式会社社長杉山和吉氏、および『桑名市史』の著者平岡潤氏が古老から聞き取った結果を、川合氏に昭和四十四・五年頃教示したものは、次のとおりである。

(杉山氏が聞いたルート)

・桑名発信—多度山—生駒山—堂島へ

・桑名—多度—高須—岩倉—名古屋へ

・桑名—垂坂山—野登山—大阪へ

(平岡氏が聞いたルート)

・桑名—垂坂山—野登山—大阪と津へ

・桑名—多度—大垣へ

つまり、桑名—垂坂山—野登山—大阪というルートの存在が示される。一方、中島②論文には、鶏足山(野登山)からお経塚(中島氏は関町・伊賀町境にあるという)への通信が伝承されているが、野登寺の住職は旗振り伝承を聞いていないとのことで、裏付けがとれないままであった。県境の相場振山から野登山方面に通信が行われたかどうかの確認が必要と思われた。

大阪・京都から滋賀・三重県境の相場振山(土山)に至るルートは先に紹介したとおりで、ほぼ明らかとなったが、次の通信地点と考えられる鶏足山(野登山)の旗振り場については、いまだに明らかではない。

『鈴鹿市史第三巻』には、「鈴鹿山麓の西庄内町上野(かみの)の坂口和夫家にも、遠眼鏡が残っている。祖父源之譲(慶応二年生まれ)が大阪方面から滋賀県を経て伝わって来る米相場を渥美半島の方へ伝えたとのことであるが、はっきりしたことは分からない」とある(慶応二年は一八六六年)。

さらに、和夫氏の母(ひさへ)の歌も紹介されていて、「亡き父は若き日西の山頂にて　米の相場の旗ふりしと聞く」(昭和六十一年『三楽だより』一一二号)とある。ここに、旗振り場所として、「西の山頂」とあるので、野登山の中腹とは考えにくい。

筆者は、上野の西南西方向にあり、四〇六mピークの東北東二三〇メートルに位置する、標高四二六・二メートル(平成一〇年測量「二五〇〇分の一鈴鹿都市計画図(用途図)二〇」による)の山が旗振り場である可能性が高いと考える。この山は、県境の相場振山が見通せて、東や南への通信も可能な立地である。場所が近いので、関係者には、「野登山」の名称で、伝承されたものと思われる。野登山とは独立した山なので、野登寺の住職が知らなくても無理はないであろう。

鈴鹿市教育委員会の服部龍二氏を通じて、坂口和夫氏に確認していただいたが、和夫氏は旗振り地点はご存じなく、母は高齢のため、聞き取りは無理とのことであった(平成一二年九月三〇日付の返信による)。旗振り地点を確認しておいてもらえたらと悔やまれる。なお、「上野(かみの)西山」というのは、筆者が京都ルートの柳谷西山にならってつけた仮称であり、実際の山名は不明である。渥美半島の方へ伝えたというのは、おそらく、渥美半島方向の手前に岸岡山(鈴鹿市)があることから、旗振り山である岸岡山へ伝達したことを示すものであろう。

上野西山の次の中継所は垂坂山(たるさかやま)(四日市市垂坂町・羽津(はづ))と考えられる。『年表　四日市のあゆみ』の明治二四年の記事に「垂坂山に旗振り始まる(桑名から大阪への米相場を知らす)」とあり、杉山・平岡両氏の調査と一致する。垂坂山は羽津中学校の西の山で、標高七五・〇mである。なお、ここでの旗振りは川合氏が想定しているように、もっと以前から行われていた可能性が高い。垂坂山からは、桑名と上野西山方面に送信することができる立地にある。

桑名の米市場は天明四年(一七八四)の設立である。明治一〇年に設立された桑名米穀取引所の米相場は全国に重きを置かれ、天下の売買高下を左右したという(『桑名市史』)。ことに「桑名の夕市」は有名で、他の取引所が終わった後に開かれ、桑名にしかなかったため、桑名の相場が全国の相場をゆるがしたこともあったという(西羽晃『桑名の歴史』)。堂島の米市の影響は相当大きく評価されるが、実は桑名会所の夕市相場が下地になり、翌日の相場予想の材料となっていたという(『桑名市史』)。したがって、桑名発信の米相場も、堂島と同様に旗振り通信で各地に伝えられたというわけである。

桑名取引所はもと殿町にあったが、明治二七年一二月二九日に新築町へ移転した(川合論文、『桑名市史補編』)。昭和六年末に解散した桑名米穀取引所の跡は、現在、新築児童公園となっていて、市指定史跡である(西羽晃『桑名歴史散歩』)。

以上のことから、大阪より桑名への通信ルートは、次のようにまとめられる。

「堂島、千里山、阿武山、向谷山、二石山、小関山、安養寺山、菩提寺山、行者山、相場振山、野登山(上野西山)、垂坂山、桑名」

中継地点は一三カ所となり、一二回の中継で情報が届くことになる。大阪から桑名まで一〇分で中継できたというのは驚きである。もしかすると、一〇分というのは、このルートではなく、奈良経由のルートかもしれない。

菩提寺山

三五三・八m

中島氏が気付かなかった旗振り山は菩提寺山であった。別名は桜山で、竜王山、甲西富士とも呼ばれる。昭和六一年(一九八六)、太田二郎氏は野洲町南桜区長の小嶋清氏(昭和二年生れ。平成八年没)へ取材を行い、菩提寺山で旗振りが行われたことを明らかにされたという。

筆者は太田氏から、小嶋氏の話の内容を知ることができた。それによると、「雨岩　旱魃期にこの岩で雨乞神事を行ない灯明を上げた。相場山(岩)とも呼ばれ、この岩より双眼鏡などで、大津の瀬田や近江神宮方面の旗合図(米相場)を見て、水口へ送った」という。つまり、行者山(甲賀市水口町)で受けとった信号は、明らかに、菩提寺山から発信したものである。なお、瀬田や近江神宮(昭和一五年創建)付近での旗振りは裏付けられず、瀬田方向の手前にある安養寺山や、小関山からの通信と考えるのが妥当であろう。

鈴木儀平「菩提寺小史8」(菩提寺地区ミニコミ誌『ぼだい人』第一〇号、一九九二年三月一五日発行)にも「かつ(ママ)ての『旗ふり岩』である」という記述があり、菩提寺山の北にある「視界二〇〇度余りの絶好の眺望台」が旗振り場所であったことを裏付けている。筆者の依頼により、太田氏が鈴木氏に通信方向を確認したところ、「栗東の方から」とのことで、山名は確定できなかったが、安養寺山と考えてよいのではないだろうか。

近藤論文には桑名ルートについて「田川山より竜王山、桜山を経て桑名に至るもの」とあるが、これらの所在地はよくわかっていない。竜王山が雨山、桜山が菩提寺山である可能性はあるが、明確ではない。一方、野洲川を昔は田川と呼んでいたという(『甲西路をいく』九九頁)。三雲駅の南西八〇〇ｍには田川不動がある。田川山の記載は、伝聞によるもので、何らかの錯誤が混在しているのかもしれない。

『守山市史』には田上山とあるが、これは安養寺山を指すものと考えられている。田川山＝田上山＝安養寺山であれば、近藤論文がそのまま生きてくるが、いかがであろうか。ただし、文中で同一の山を別の名称で呼んでいることになる。近藤氏が聞き取りをした石橋久吉氏は、旗振り場の名称は聞き及んでいても、実際の場所についてはあまりご存じなかったのかもしれない。

コースガイド

ＪＲ東海道本線野洲駅前から北山台行き滋賀交通バスに乗り、びわこ学園前で下車して、菩提寺山の展望岩(雨岩)へ登った。その時に参考にしたガイドは『山と渓谷』七九九号(二〇〇二年二月号)である。

びわこ学園前バス停から、南へ向かう道に入る。左手に目印があるが、ややわかりにくいかもしれない。目印に従って山道をたどるとよい。尾根伝いの道となり、周辺の景色とあいまって、快適な気分で歩ける。岩場もあって変化に富んだ道が楽しめる。途中で右からの道と合流し、さらに先で『京阪神から行ける滋賀の山』に紹介されている、みどりの村東口バス停からのコースと出会う。その少し先に旗振り通信の行われた相場岩がある。ここでは抜群の展望が開けているが、高度感があるので、旗振りをした人は、さぞかし度胸のすわった人だったのであろう。タイムスリップにはぴったりのスポットといえよう。

山頂では展望がない。南峰との間から東へ下ると西応寺に出られる。参考になるガイドブックには、内田嘉弘『京都滋賀南部の山』などがある。西応寺の右側(西側)に沿った道はぬかるんでいることが多いので注意されたい。北山台西口バス停か、ＪＲ石部駅へ向かおう。

(平成一四年三月三〇日歩く)

《コースタイム》(計二時間二〇分)

びわこ学園前(五〇分)菩提寺山(三五分)西応寺(一〇分)北山台西口(四五分)ＪＲ石部駅

〈地形図〉二万五千＝野洲

菩提寺山の展望岩（雨岩）から通信方向（南西）に、
日向山（手前）と安養寺山（奥側）が重なって見える

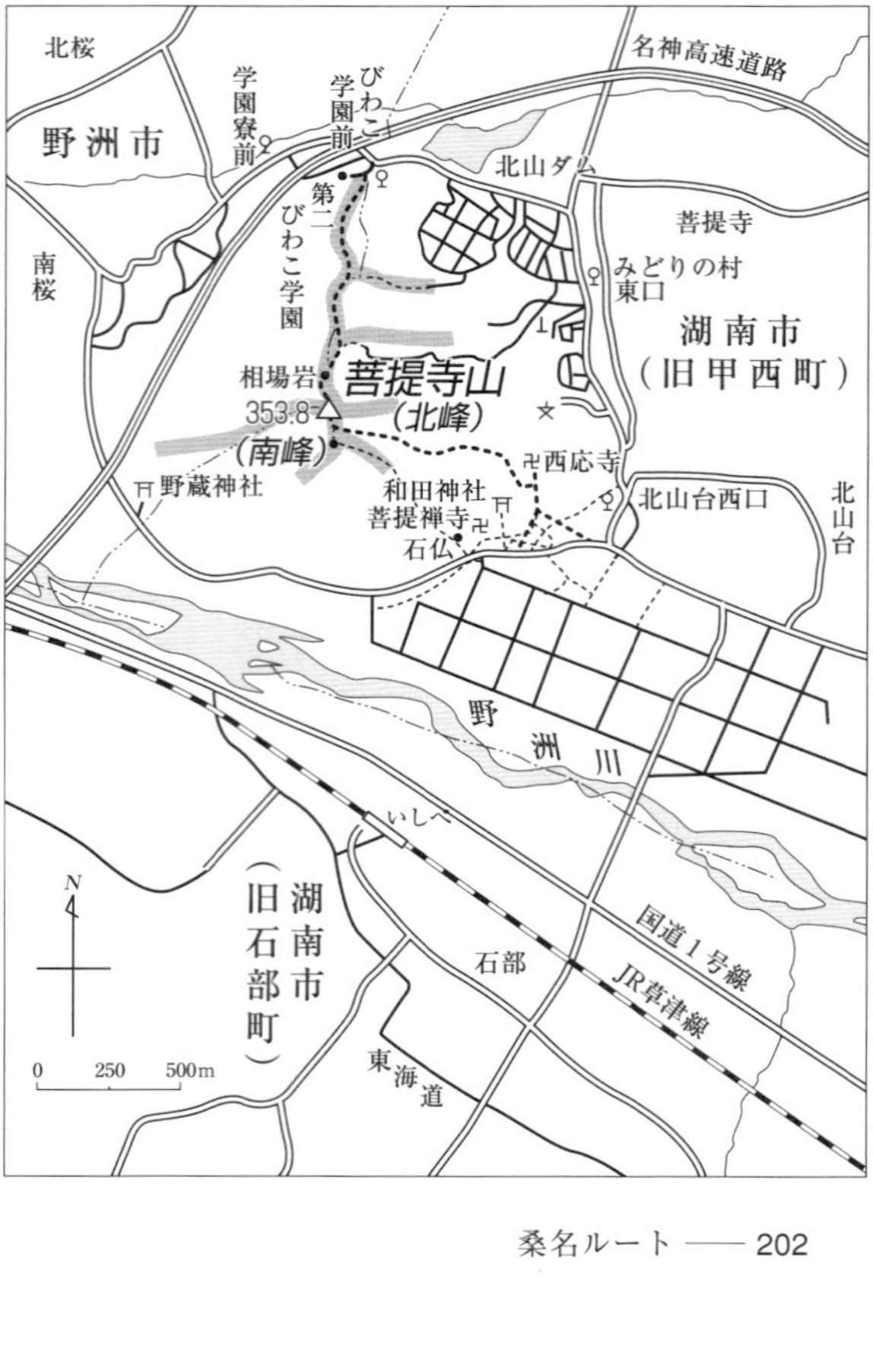

相場振山（土山）

五四四m

相場振山（滋賀・三重県境）中継所は、土山町山女原（あけびはら）の東、三重県境の安楽越え（あんらくごえ）から南に一〇〇mほどに位置する、標高五四四mのピークにある。飯道寺山からの信号を受けたという伝承が残るが地元では裏付けは取れない（中島②）。おそらく本当は行者山で、この山が無名であるため、近くの有名な飯道寺山の山名が言い伝えられたのだろう。

旗振りをしていたのは、山女原の丸田栄治郎さん（昭和二年、七〇歳で没）で、旗振り場には雨露をしのぐ程度の屋形が組まれていて、一〇時にはいつでも宮の谷を登って、頂上で旗を振っていたという（中島②）。

三重県亀山市池山町でも大峠（安楽越え）での旗振り伝承が残るが、伊勢のどこに通信したかは不明であった（中島②）。

亀山市歴史博物館に旗振り山について問い合わせたところ、学芸係学芸員の小林秀樹氏より、父親から米相場伝達の旗振りをした場所と教えてもらったという方と共に相場振山の現地調査を行った（平成一二年一一月一一日）という報告が届いた。場所は安楽峠の旧峠道の頂上付近から更に登った山頂とのことで、まさしく五四四メートル峰であろう。山頂付近では、比叡山（推測）や伊勢湾など東西の展望が得られたというが、筆者の踏査では、思ったほどの展望は得られなかったことを付け加えておきたい。

相場振山から四日市方面を望む（亀山市歴史博物館提供）

コースガイド

JR関西本線亀山駅から石水渓（せきすいけい）方面へのバスに乗り、池山西バス停から完全舗装された林道をたどって、石水渓を経て、滋賀・三重県境の相場振山の調査を行った。

安楽峠（あんらく）の南側の切り通しの右端に赤テープの目印があり、入ってすぐ旧安楽峠に達する（そのまま進むと左に回り込むが、すぐに廃道となってしまう）。

峠から右手の急斜面を登り切ると相場振山の山頂（標高五四四m）である。山頂からは北西方面（滋賀県側）が見えているが、三重県側は樹林に閉ざされていて、野登山付近の山並みは確認できない。この時に、赤テープで相場振山の表示をつけておいた（平成一七年現在でもこの表示は残っている）。

先へ少し下ると滋賀県側の広大な展望が楽しめる。山頂より少し北側では樹木のすきまに野登山方面が見えていた。

堀淳一『地図で歩く古代から現代まで』には「安楽越え」が紹介されているが、舗装林道のみのレポートで、旧安楽峠には全く触れられていない。旧道が廃道であるためであろう。

（平成一三年一一月二五日歩く）

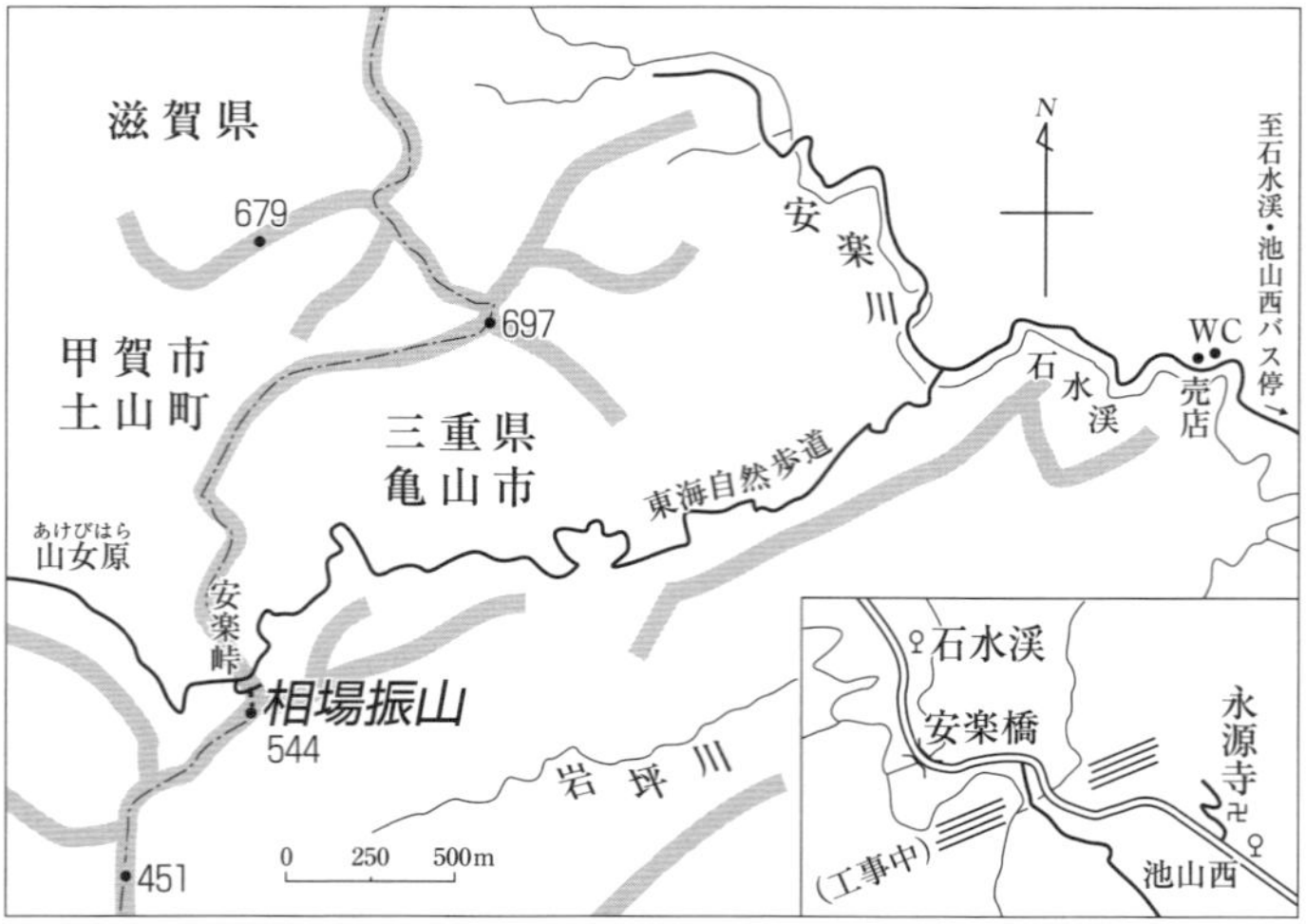

相場振山(土山)への登山道にて(三重県側を眺望)

石水渓

《コースタイム》(計三時間一〇分)
池山西バス停(一時間四〇分)安楽峠(五分)相場振山(五分)安楽峠(一時間二〇分)池山西バス停
〈地形図〉　二万五千＝亀山・伊船・鈴鹿峠
〈地　図〉　昭文社＝「御在所・霊仙・伊吹」

四日市・津ルート

（ルート地図は一九五ページも参照）

四日市ルートの概要

四日市市教育委員会文化課の清水正明氏が、一九八〇年頃に県地区下海老町の萩義道氏（前農協理事）他から聞き取った旗振り通信の経路は、次のとおりである。萩さん自身も、その先輩から、伝承を聞き取ったものだという。今では萩さん以外は全て故人である（平成一二年当時）。大阪と桑名を結ぶルートとは別に設置された通信網と考えられる。

①桑名→萱生町字城山（旧萱生城跡）→上海老町岡山山頂（終点）

②桑名→垂坂山→生桑町・生桑山毘沙門天→桜町一生吹山（旧出城山城）→日永町字登城山（旧日永城跡

③桑名→多度

このルートで気付くのは、ほとんど四日市市内に限られていることである。朝日町のポイントがなければ相互に通信できない所もあるが、朝日町の旗振り場の情報を萩さんは聞いていないためはっきりしなかった。実際には、朝日町には天神山と八幡山の二カ所に旗振り場があったことが判明している。

萱生（四日市市萱生町字城山）中継所は、春日部宗方が築いた萱生城があったところで、標高五五ｍである（現在、井戸跡だけが残る）。ただし、桑名とは、途中で遮られてしまい、通信できない立地にある。

岡山（四日市市県地区）中継所は、山頂に古窯跡があり、あがたが丘三丁目・上海老町の南西方向にあ

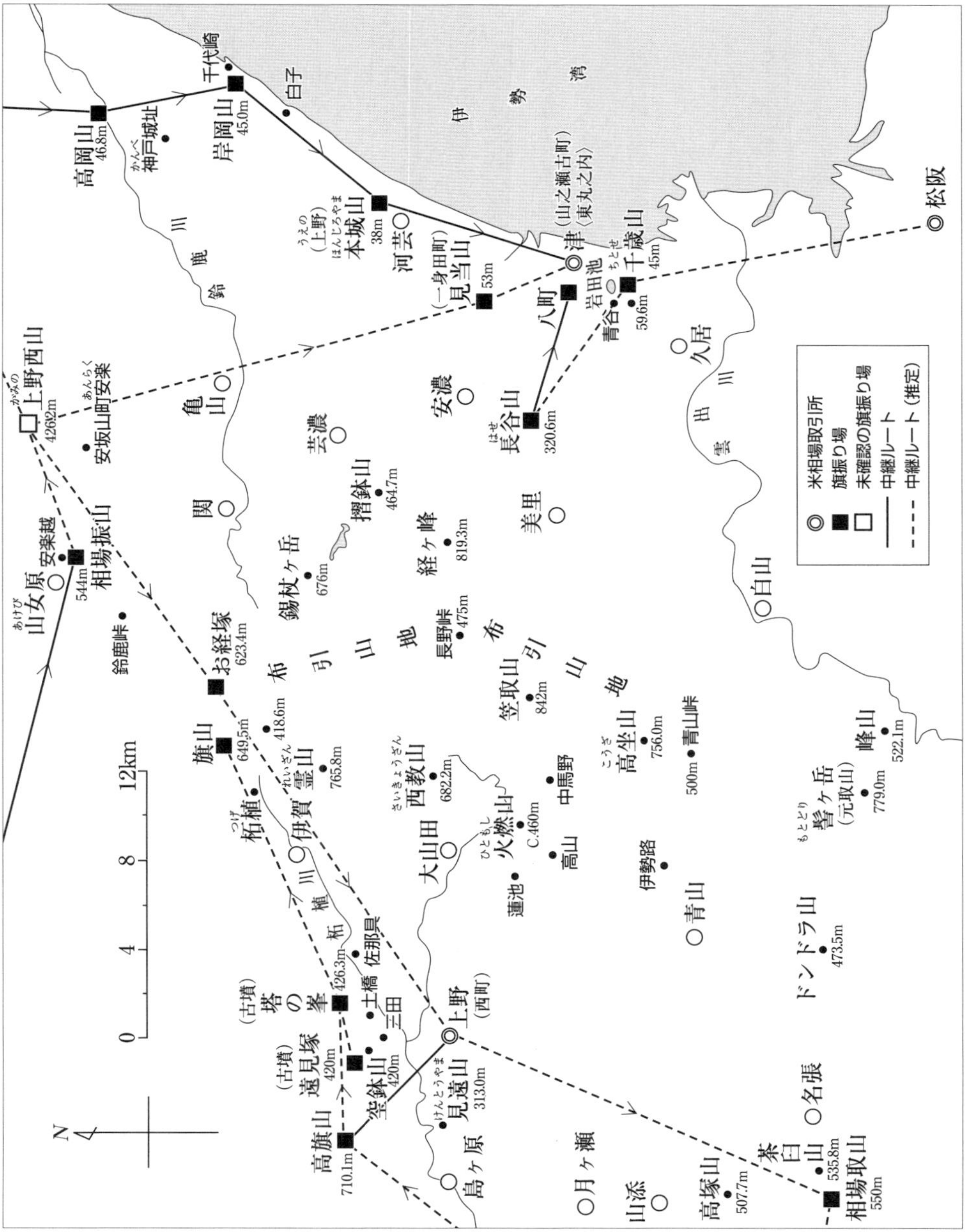
米相場取引所
旗振り場
未確認の旗振り場
中継ルート
中継ルート（推定）
伊勢湾
千代崎
白子
高岡山 46.8m
神戸城址
岸岡山 45.0m
本城山 38m
（上野）
河芸
見当山 53m
（一身田町）
津
（山之瀬古町）
〈東丸之内〉
八町
岩田池
青谷 59.6m
千歳山 45m
松阪
久居
雲出川
長谷山 320.6m
安濃
芸濃
亀山
上野西山 426.2m
安坂山町安楽
鈴鹿川
関
山女原
安楽越
相場振山 544m
鈴鹿峠
錫杖ヶ岳 676m
摺鉢山 464.7m
経ヶ峰 819.3m
美里
白山
お経塚 623.4m
布引山地
長野峠 475m
笠取山 842m
高坐山 756.0m
青山峠 500m
峰山 522.1m
髻ヶ岳（元取山） 779.0m
旗山 649.5m
418.6m
霊山 765.8m
西教山 682.2m
中馬野
柘植
伊賀
大山田
火燈山 C.460m
高山
蓮池
伊勢路
青山
柘植川
佐那具
ドンドラ山 473.5m
塔の峯（古墳） 426.3m
土橋
三田
上野（西町）
遠見塚（古墳） 420m
空鉢山 420m
高旗山 710.1m
見遠山 313.0m
島ヶ原
月ヶ瀬
名張
山添
高塚山 507.7m
茶臼山 535.8m
相場取山 550m
0 4 8 12km
N

る標高六七・二mの独立丘陵である。地形図の五七・九m三角点のすぐ南西にある地点で、赤水町の北東方向になる。四日市市教育委員会文化課の東條寛氏によると「県地区で古老から昔聞いた話である」として、岡山での旗振りが伝わるという。萩さんの証言によると、岡山は旗振りの終点であったという。発掘調査によって、古墳時代後期から平安時代末期に至る七基の古窯址が発見されている（中山善郎『よっかいち歴史と文化財散歩』）。

生桑山毘沙門天（四日市市生桑町）は四日市商高の北七〇〇mにあり、標高は約六〇mである。

桜町一生吹山（旧出城山城）は四日市市智積町の南の一〇九・六m三角点付近で、毘沙門天がある。山頂付近は桜町ではなく、智積町と川島町の境に位置する。清水正明氏によると、出城山城（一生吹山城）は、天文年間（一五三二〜五五）、佐倉城（桜町字城丸、天平二四年小林氏の築城）の出城として、鈴鹿郡の峯氏との合戦の際の拠点として築かれたものだという。一生吹山と日永城跡の立地を見ると、相互の通信は限界すれすれにある。生桑から直接、日永に送信したかどうかは不明である。

日永（四日市市）中継所は、日永町字登城山（旧日永城跡）にあり、標高六四・三mである。四日市市教育委員会の東條寛氏によると、『日永ものがたり』には旗振りの記録がなく、日永郷土史研究会でも把握していなかったとのことである。

四日市市域は、桑名から近いこともあって、萩義道氏が把握していなかった旗振り場が他にも設けられていた。それらが明らかになったのは、平成一六〜一七年のことで、四日市市の保田彰氏の運営しているホームページ「あきらちゃんの自然散策」から、神明山（相場振山）、波木（羽木）の山、大門山、大日山が旗振り場であることがわかった。

神明山（別名相場振山）とは、四日市市西日野町の三等三角点「西日野村」（標高七一・五m）である。

近鉄八王子線西日野駅の北西方向で、四郷小学校の北北東に位置している。平成一六年、保田彰氏からの情報を得て、八月二二日に現地を訪れてみた。

四郷（よごう）風致地区の公園の東端、春の丘の最高地点に、平成九年、日野親睦会によって設置された案内板に神明山（別名、相場振山）の説明があった。案内板の背後は竹藪で眺望はなく、柵のすぐ外側に三角点標石がある。説明によると、神明山の名称の由来は、この地に神明社が祭られていたためで、明治四〇年に熊野神社（現在の日野神社）に合祀されたという。神明社は、伊勢神宮を勧請したもので、祭神は天照大神である。

明治当時、この山頂では四方を眺望でき、西へは羽木の山、東へは垂坂山へ米相場を双眼鏡と手旗信号で伝達したという。

羽木の山とは、神明山の南西方向、波木町北西の山（三等三角点「波木村」標高八三・二六m）と思われるが、造成地（標高約四五m）となり、既に失われている。四日市四郷高の南方1kmの地点である。

神明山山頂の案内板（平成9年4月建立）

さらに、平成一七年三月になって、四日市市川島町の大門山（九一・〇m）が旗振り場であることを初めて知ることができた。やはり、「あきらちゃんの自然散策」に紹介されたもので、「中日新聞で知った、旗振り山と黄金伝説の里山歩きに出かける」とあった。保田彰氏に問い合わせたところ、山友達から「中日新聞」の記事についての連絡をもらって初めて大門山の存在を知ったという。

その記事というのは、平成一七年二月一九日の同紙に掲載された「大門山の黄金伝説を追え」というもので、戦前の川島村郷土誌に「七堂伽藍の大寺院建立せられたり。……中央なる大門の地中に黄金を埋めおかれたり」とあることから、戦国時代の黄金伝説にロマンを求めて、二月二七日に行うイベントを紹介したものである。次のような興味深い記事もあった。

「大門山は大正時代、大阪の米相場を名古屋に伝えるのろし台があった。鈴鹿、亀山の両市境の野登山から大門山を経由し、四日市市神前の大日山までリレーし、赤や黄色ののろしで米相場を伝えたという。」

ここでいう「のろし」は実際には、旗振りや松明

大門山の黄金伝説を追え

四日市　27日金属探知機使い探索

四日市市川島町の大門山（九一㍍）に大寺院があった戦国時代、織田信長軍に攻め込まれ、再建を期して境内に黄金が埋められた。そんな黄金伝説が眠る大門山で、地元ボランティアらが散歩道を整備し、二十七日には小学生らも参加して黄金を探す。大正時代にはのろし台もあった大門山で、黄金は見つかるか―。（中沢　穣）

地元市民や小学生ら参加　戦国のロマンこの手に

四日市市西部の茶畑を抜け、大門山の尾根伝いに約十分歩くと、頂上に着く。不自然な石が転がる北斜面に、寺とのろし台があったという。

「大門、大門、七大門、中なる大門に金が出る」。川島町に口承される歌だ。戦前の川島村郷土誌にも「七堂伽藍の大寺院建立せられたり。…中央なる大門の地中に黄金を埋めおかれたり…」とある。

川島町郷土史研究会の桂山孝夫代表は「大門山に大寺院があり、一五六七年に織田信長の家臣、滝川一益が北勢に攻め入った際、敷地内に黄金を隠した」とみる。

この時、周辺がすべて焼き払われ、黄金の存在を裏付ける史料はない。しかし伝説は消えない。尾根沿いに深さ約二㍍の穴が点在する。「明治初期に黄金を探した人たちが掘った」と桂山さん。

今回は、明治時代にはなかった金属探知機が強力な武器。アメリカ製で地下一・五㍍まで探知可能だ。

山頂まで散歩道を整備　大日山へのろしも

大門山は大正時代、大阪の米相場を名古屋に伝えるのろし台があった。鈴鹿、亀山の両市境の野登山から大門山を経由し、四日市市神前の大日山までリレーし、赤や黄色ののろしで米相場を伝えたという。

二十七日はボランティアや川島小学校の児童らが、黄金探しのほか、大日山へのろしを上げる。のろし（狼煙）は、オオカミのふんを使うと、煙が真っすぐ立ち上るという。今回、名古屋市の東山動物園からオオカミのふんをもらって使う。

川島地区の社会福祉協議会や地元ボランティア「かわしま里山を愛する会」（井上完二会長）は昨年十一月から、大門山山頂まで散歩道を作った。二十七日にも雑木林の間伐作業をする。

地区市民センターの矢守隆爾所長は「身近な里山にたくさんのロマンが眠る。里山を見直すきっかけになれば」と話している。一般の参加も可。問い合わせは、同センター＝電059（321）3020＝へ。

大寺院があったとされる大門山からのろしがつながった大日山が見える＝四日市市川島町で

「中日新聞」平成17年2月19日（＊野登山の「のろし台」の地点は不明）

による「火の旗」を振ったものと思われる。「色ののろし」は材料費が高くつくからである。毎日の通信には安価な方法が用いられることは当然であろう。

大門山では、二月二七日に山の散策道の開通を記念したイベントが行われた。山中に埋められたコインなどを探し当てるゲーム、金属探知機の反応する場所を掘るなどの黄金探し、のろしの再現も行い、当時の雰囲気を味わった。残念ながら黄金は見つからなかった。のろしは、大日山でも上げられたという(平成一七年二月二八日付「中日新聞」)(「旗振り通信の研究」㉕)。

大門山・大日山

九一・二m
六四・〇m

大門山の山頂に設置された説明板(平成一六年一一月設置)には、次のように記されている。

「この位置から西南西方向に　鈴鹿の野登山、北北東に神前の大日山があります。大正時代に大阪の米相場を東京へ知らせるため、桑名、名古屋への取次ぎをするのろし場として活用され、煙の色によって米相場の動きを知らせました。」

野登山の山頂で旗振りが行われた伝承は残っておらず、筆者は、その南東の上野西山を指していると推定している。

大門山の山頂付近で行われた散策路の整備は平成一六年一一月から始まったが、里山の再生を願っての話題づくりとして黄金伝説とのろし伝承が活用された好例といえるだろう。

里山再生のきっかけづくりをしたのは、川島地区市民センターの矢守隆館長(当時)で、黄金伝説については川島町の田中幸民氏（農業）から、のろしについては川島地区福祉協議会の会長の服部長昭氏から聞いた話だということであった。

川島町郷土史研究会の桂山孝夫代表によれば、大門山の尾根に点在する深さ約二mの穴は、明治初期の黄金探しの跡だということである。

戦国時代、大門山には大寺院があったが、永禄一〇年（一五六七）に織田信長の家臣、滝川一益が北勢に攻め入ってきて、周辺はすべて焼き払われたが、再建を期して、寺院の敷地内に黄金を埋めて隠したという伝説が残る。

明治期に見つからず、今回、アメリカ製の地下一・五mまで探知できる機器を使っても発見できなかった黄金の存在を裏付ける史料はないが、身近な里山に残るロマンに興味は尽きない。

コースガイド

筆者は、保田氏の現地情報を得て、平成一七年四月一六日に大門山、一生吹山、大日山の踏査を行った。伊勢川島駅から鹿化川（かばけ）の北側に沿う道をたどり、途中で、別所谷方向へ南下する道を上がると茶畑で、大門山への大きな案内板に従って尾根筋を進むと山頂に着く。北側にのろしリレーのためになされた切り開きがあるが、あまり展望はない。新聞記事やインターネット情報、現地案内板のおかげか、時々、大門山への来訪者とすれちがったが、山頂での好展望を期待した人

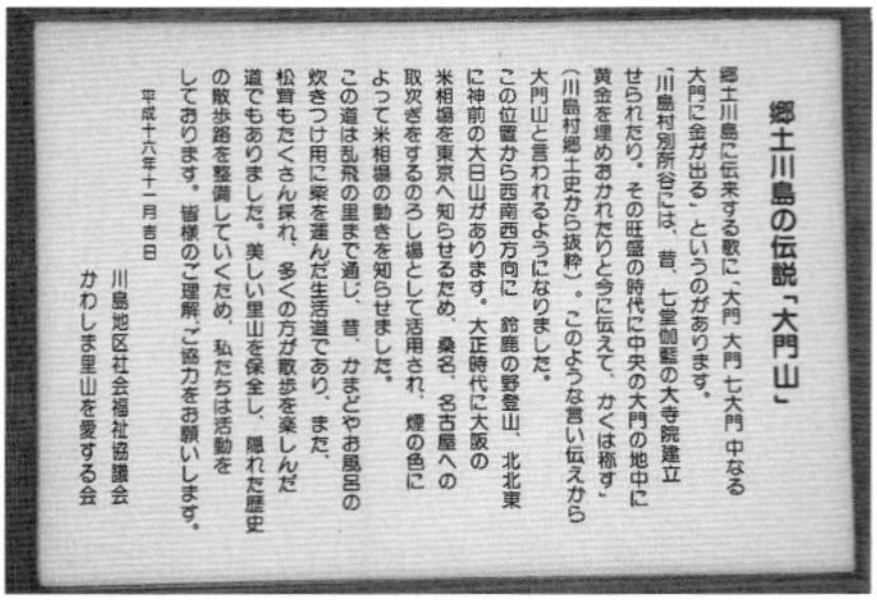

大門山山頂の案内板

大門山への案内板

には残念なことであろう。ただ、途中、茶畑の上方のベンチの設置された展望地はおすすめできる。

大門山の山頂から戻り、鹿化川沿いに西へ向かい、乱飛地区から鉄塔の横を通り、一生吹山の配水池に出る。左に回り込むと毘沙門天がある。この辺りが旗振り場であろう。

配水池の南側から道を下る。高角駅の横をまっすぐに抜けて、高角町を通り、大日寺に出る。寺から左手に抜けると登り口がある。案内板があり、階段を上がるとすぐに大日山の山頂に出る。神前（かんざき）の大日山は現在

大門山山頂から北側を展望

大日山自然公園の三匹の猿

一生吹山 毘沙門天

では公園化され、大日山自然公園となっている。三匹の猿（見ざる聞かざる言わざる）の像やベンチ、東屋などがあって、見晴らしの良い公園となっている。もとの道をたどって、高角駅へ戻る。

（平成一七年四月一六日歩く）

《コースタイム》（計二時間五五分）
近鉄・湯の山線伊勢川島駅（五〇分）大門山（五〇分）一生吹山（五〇分）大日山（二五分）高角駅
〈地形図〉二万五千＝四日市西部

津ルートの概要

樋畑雪湖「信号通報の歴史」（『民族』第二巻、第二号）には「東は京都、近江、桑名、四日市を経て阿野津に達してゐる」とあり、桑名から四日市経由、津（阿野津）への通信ルートがわかる。

舌津顕二編『白子郷土史後編』によると、明治の中頃から、桑名での米相場を、「朝日（三重郡）、日永、高岡山（河曲郡）、岸岡山、上野の山（奄芸郡）、津」の順に旗信号で知らせたという。

朝日（三重郡朝日町）中継所は、地元でも不明になっていたが、筆者の朝日町役場への問い合わせがきっかけとなって、町内二カ所に旗振り場があったことが判明した。

朝日町歴史博物館の浅川充弘氏が町内の古老（昔、農協に関係していた人）にたずねたところ、大字縄生にある天神山（苗代神社の北側の裏山。標高四〇メートル余）と大字埋縄にある八幡山が旗振り場であったという証言が得られたのであった（平成一三年）。

八幡山は、現在では宅地化されて残っていないが、善照寺の東一〇〇m付近が小字「八幡」で（『朝日町史』二五四頁）、合祀のために廃止された八幡神社の跡だという（同二三三頁）。この二カ所のうち、桑名取引所と通信できるのは天神山であり、これが朝日中継所ということになる。

日永(四日市市)中継所は、日永町字登城山(旧日永城跡)にあり、標高六四・三mである。ここは朝日町の天神山から受信できる立地にあり、高岡山へも送信可能である。

高岡山(鈴鹿市)中継所は、鈴鹿川の北側、高岡町の高岡神社のある山で、高岡台の南側になる。四六・八m三角点がある。旗振りが行われたのはおそらく頂上であろう。

保田彰氏が平成一六年八月に高岡山で二人の地元の人に会い、手旗信号はこの山と神戸(かんべ)城跡との間でしていたのではないかと聞かれたという。高岡山から神戸城跡がよく見え、岸岡山は霞んでいたからであろうか。高岡山と神戸城跡との間で旗振りをしたという記録は、筆者の知る限りでは残されていない。

岸岡山山頂の古墳広場

岸岡山(鈴鹿市)中継所は、岸岡町にある四五・〇m三角点のある山である。前方後円墳(岸岡山二一号墳)がある。別名を旗振り山、見当山ともいう。もとは、高い一本松があって、漁夫が海上から見当をつけるよい目標であった。麓の千代崎では、明治中期から館善次郎という人が旗振りを行ったという。その真鍮製の遠眼鏡(全長四八㎝)は、のちに買い取られ、浜中家に所蔵されている(『鈴鹿市史第三巻』)。角川地名大辞典にも、旗振り場として紹介されている。

本城山(ほんじろやま)(河芸町〈現津市〉上野)中継所は、標高三八mの山である。ここから津米穀取引所方面に送信された。

『河芸郷土史』には、明治四〇年に津で電話が架設されるまで用いられたという「本城山相場合図所」の紹介がある。津の中町(津市北丸之内）の相場所から、本城山、岸岡山と合図を送り、四日市、桑名へと送ったという。連絡のため、逆向きの通信の必要もあったのであろう。津米市場は、江戸時代後期には山之瀬古（津市東丸之内）にあり、全国でも屈指の標準市場として米商人が群集したという（『津市史第二巻』）。

見当山（津市一身田上津部田）中継所は、新池の東にある標高五三ｍの山で、川合隆治氏の調査によると「大正時代には頂上に樹木なく、赤色のハゲ山で相場を知らすため旗を振ったときいております」とのことである。

『桑名市史』の著者平岡潤氏が古老から聞き取ったルートとして「桑名―垂坂山―野登山―大阪と津へ」があり、野登山（上野西山と推定）から津方面に伝える場合の中継地点として見当山が用いられたのではないだろうか。

関口精一『津市地名辞典』によると、見当山は「犬頭山」とも書き、古く巨松があり、航海者の目標となったという。

『鈴鹿市史第三巻』によると、「伊勢の米相場は、桑名・四日市・津・山田などの米市場で行われ、大坂堂島を中心とした米相場とも連絡していた」という。従って、松阪米穀取引所や山田米穀取引所でも、旗振り通信が行われたようである。

『通信協会雑誌』（大正三年二月号）の記事の中の、旗振り通信の行われた場所のリストに、松阪と山田の地名が見える。松阪へは旗振り伝承の残る千歳山（津市垂水字千歳）から伝えたのだろう。

名古屋・江戸ルート

（ルート地図は一九五ページも参照）

名古屋ルートの概要

川合論文によると、『尾張の遺跡と遺物臨時号』（名古屋郷土研究会、昭和一五年七月刊）に犬山出身の歌人斎藤富三郎氏の多度の旗振りの文があり、岐阜・大垣・岡崎へも連絡していたという。

また、八ツ面山（愛知県西尾市八ツ面町）の旗振り信号は天候不良の場合は、不確実を条件として、米相場の精算勘定に入ったとのことで、これを霞付相場と称したという。

なお、掲載雑誌『尾張の遺跡と遺物』は戦時中にガリ版印刷で発行されたもので、復刻版（上中下三冊）が活字新組で出版されている。残念なことに、この臨時号の原本は、愛知県図書館の調査によると、愛知県下の図書館（大学関係を含む）には一冊も所蔵されていない。復刻に際しては、名古屋市鶴舞中央図書館と春日井市図書館所蔵の原本が用いられたが、臨時号は収録されていない。

春日井市図書館の所蔵原本の中に、一二号から二三号の総目次があり、臨時号は全て斎藤氏の執筆で、「愛宕山＝旗信號＝河川原如文化」が該当の論文であろう（タイトルで、「如」は誤記で、「始」が正しい）。

川合論文で、杉山氏が古老から聞いたものとして、桑名—多度—高須—岩倉—名古屋へ、というルートがあり、平岡氏が古老から聞いたものとして、桑名—多度—大垣へ、というルートがある。高須は岐阜県海津町（現海津市）高須、岩倉は愛知県岩倉市のことらしい。多度山からは、高須、名古屋市、岐阜市、大垣市の各方面へ送信したわけである。

海津町歴史民俗資料館の原田昭二氏によると、海津町（現海津市）本阿弥新田の大地主、佐野家（慶安年間に新田開発をした、京都本阿弥家の佐野紹益の後裔）では、多度山頂から旗振りで示された桑名の米相場を見て米の売買を旗振りで指示したという伝承が残っているとのことである（平成二三年）。

稲葉山城（岐阜城）のある金華山（三三四ｍ）の南西方向に相場の伝達に由来すると思われる「相場山」（一九七ｍ、岐阜市伊奈波山東洞）がある。

相場山の記載があるのは、『図説・美濃の城』である。その解説文中に「相場山」とあり、地図には、

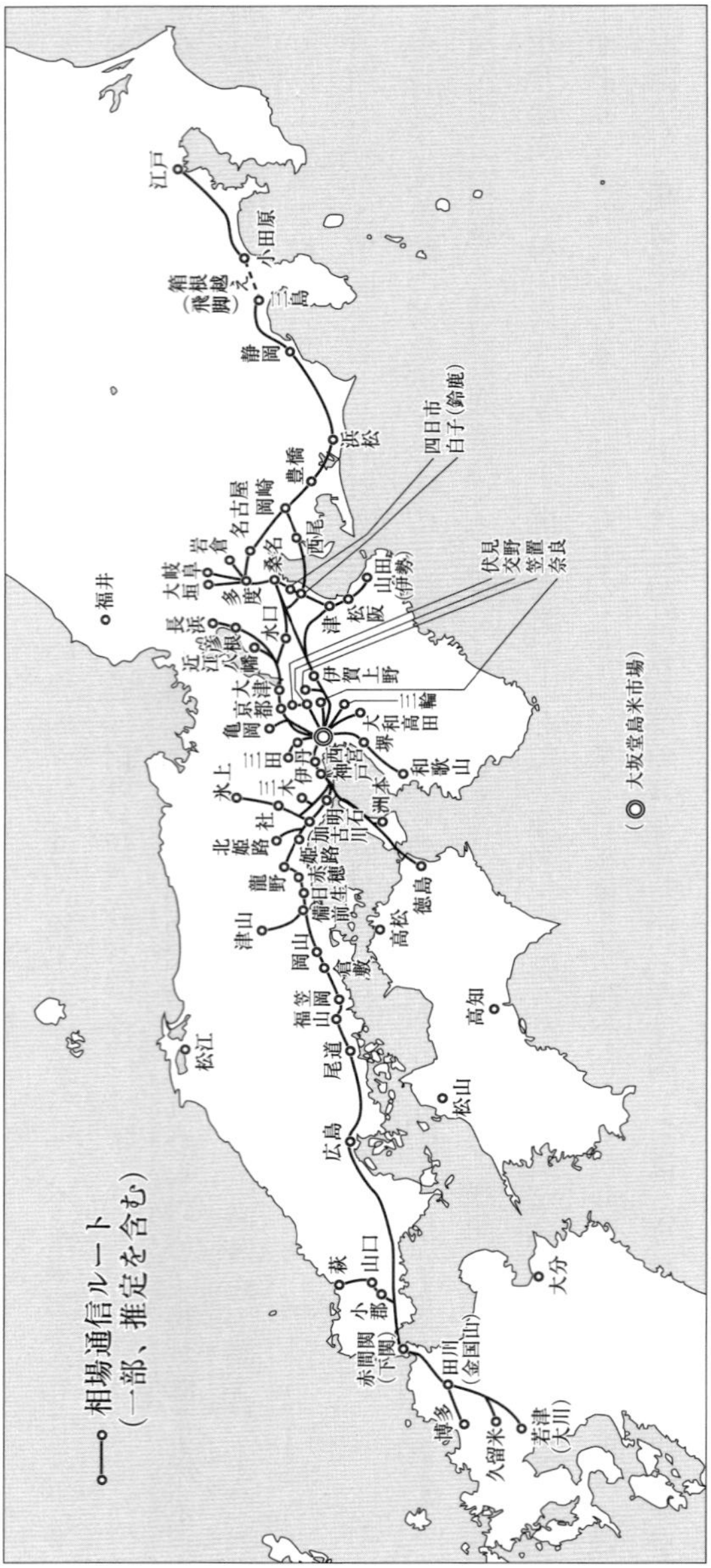

伊奈波神社の東南東三〇〇ｍに「相場山砦」とある。相場山の南西方向一七〇ｍにはＮＨＫ上加納放送所がある。相場山砦と明確に記載されていることから、このピークが相場の伝達に利用された山であることはまず間違いないであろう（ただし、ルビに「あいば」とあり、若干、疑問が残る）。

多度山　四〇三ｍ

三本杉（桑名市多度町）中継所は、三重・岐阜県境の多度山頂上付近（高峰神社のすぐ北、標高四〇三ｍ）である（中島②）。

『三重県の地名』によれば「多度山頂三本杉付近には、明治初年から二十年頃まで、大阪の米相場を桑名の米穀取引所に知らせる旗振りが行われていた」という。

『多度町史』には、三本杉の山上で「鈴鹿山を通して来る大阪相場を桑名取引所の二階の窓から見張る望遠鏡に知らせ、名古屋、岐阜に送信する」とある。

鈴鹿山といえば、通例、東海道の鈴鹿峠を指している。標高五四四ｍの相場振山（甲賀市土山町・亀山市境）は、鈴鹿峠の北東方向に位置しており、相場振山は鈴鹿山にあるものと考えて矛盾しない。文意は、県境の相場振山を経てきた大阪相場を多度山で受けて、桑名に知らせると共に、名古屋などに送ったと受け取れる。川合論文に、桑名―多度山―生駒山―堂島というルートがあることから、多度山から垂坂山辺りに連絡した可能性がある。おそらく、「相場振山―上野西山―垂坂山―桑名」と伝達されたが、垂坂山・桑名・多度山は通信方向に応じて、相互に連絡しあったものだろう。

多度山

多度町教育委員会からいただいた「史跡、三本杉の相場振り」という年代不明の手書きの資料には次のようにあった（平成一二年）。

「史跡　三本杉の相場振り　三本杉（現在の展望台）において電信、電話の敷設されていない明治の初め頃、大阪、桑名、名古屋の間を遠く旗信号によって米穀取引所の米相場を通信する信号所が設けられており、赤旗・白旗を大きく振って鈴鹿の山を通して来る大阪相場を桑名取引所に知らせ、名古屋・岐阜に送信する『相場振り』が行なわれていた。」

川合論文には平岡潤氏が聞き取った話として「多度を経て名古屋の広小路のビルの屋上へ」とあり、多度山の山頂から直接、ビルへ送信したこともわかる。

堀田吉雄他編著『桑名の民俗』の聞書篇には堀田氏による以下のような「桑名の夕市」の項目がある。堀田氏は日本民俗学会に所属して活躍された方である。当時の状況がリアルに描かれていて面白い。

四日市、津、上野、松阪にも取引所はあったが、桑名の米市が最も有名で、実力を持っていたという。それは、十楽の津といわれた中世以来の歴史的背景があったからに外ならない。三大河川の水運という地の利があり、濃尾勢の米が、桑名へ流れ込んだのであった。

そういう大きな背景があって、桑名の米市は、天下に名をとどろかせたという。俗謡の「桑名の殿さん時雨で茶々漬」という殿さんも、松平さんではなくて、相場師のことであった。殿さんとも、将軍とも呼ばれた。
一攫千金の延べ相場師のこととて、食生活も贅沢三昧であったが、それに飽きると、名産の時雨蛤で、茶漬さらさら、これが一番うまいわいといったという。つまり、花柳界から生れた言葉らしい。

市場も、北魚町、殿町、吉津屋と転々したが、しまいには新築に移っていった。午前と午後に相場を立てたが、その他夕市といって臨時に何回でも市を立てた。それが評判であったという。

桑名市文化財審議会の初代会長だった杉山和吉翁は、この夕市の状況をよく知っていた。女たちが、桑名の殿さんの袖にすがりつき、しきりに「してくれしてくれ」とせがんだという面白い話を、しばしば聞かせてくれた。もちろん、夕市を立てて、一丁はらしてくれという意味だ。それを女らがいうからおかしかったのであろう。多分大正頃の話であろう。

また、杉山翁は、ドイツ製の望遠鏡を大事にしていて、私などに見せて下さった。この望遠鏡で、手旗信号を読み取ったのだと語られた。

多度の三本杉に手旗送信所があって、名古屋の相場を知ったという。ノロシを揚げたり手旗を振ったりして、堂島の米相場を知らせたのであった。

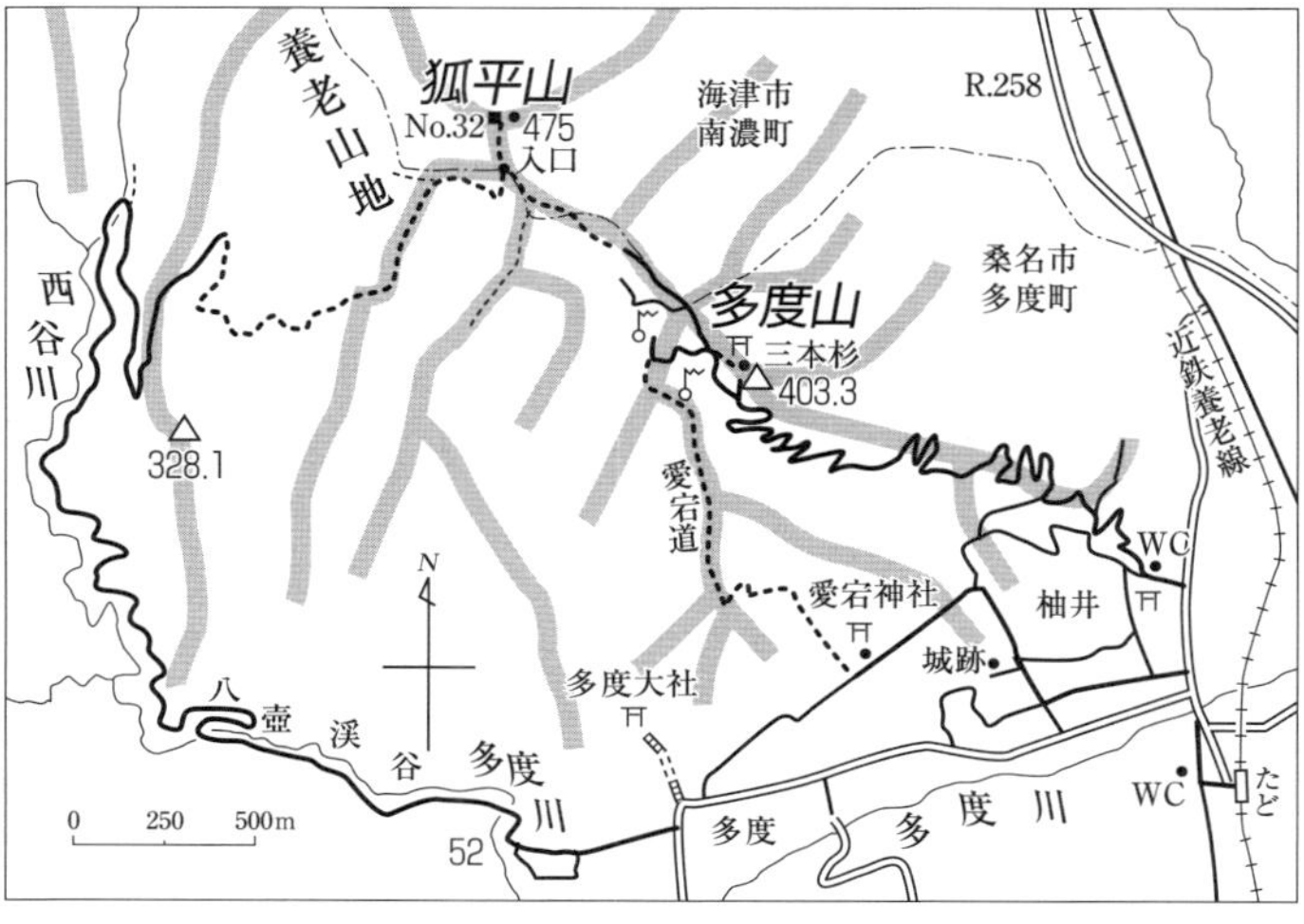

コースガイド

JR東海道本線大垣駅で近鉄養老線に乗り換えて約一時間、多度駅で降りる。多度駅には「てくてくまっぷ」があり、「多度山水郷展望コース」のイラストマップには、「山上で明治時代に大阪と桑名・名古屋間を、赤・白の旗信号を振って、東西の米相場を知らせる『相場振り』がおこなわれた」と記載されていた。

多度駅より、多度大社へ向かう。多度大社からは八壺渓谷沿いの林道をたどり、終点から山道に入る。養老山地の尾根に出て、中継塔のそばを進む。

山上の高峯神社の横には、ご神木の三本杉がある。記念碑からは水郷を眼下に広大な濃尾平野が展望できる。揖斐川・長良川・木曽川の流れが大きく横断し、正面に名古屋市街、右手に桑名市街が見えており、旗振りに最適の立地である。山頂からは、車道を下り、多度駅へ戻る。

なお、「てくてくまっぷ」のように、先に山頂に向かい、多度峡・多度大社を経て戻るほうが、所要時間が短縮できるようである。（平成一三年一二月二日歩く）

《コースタイム》（計三時間五〇分）

近鉄養老線多度駅（三〇分）多度大社（二時間三〇分）多度山三本杉（五〇分）多度駅

〈地形図〉　二万五千＝弥富・阿下喜

多度山の三本杉

多度山山頂からの展望

狐平山

四七五m

インターネット情報によれば、多度山の山行の記録に、多度山の鉄塔三二号の横に、「相場振り跡地」という標柱が建っており、その横には「相場振り」と題した、茶色の説明板が設置されているという。これは、当初、多度山の山頂のことばかり思い込んでいたが、平成一三年の山行で、そのような石柱が見当たらなかったことから、全く別の場所であることに気付いた。そこで、その確認のため、多度山に出かけてみることにした。

鉄塔32号の入り口はこの右側にある

狐平山にある「相場振り跡地」碑

「相場振り」の説明板

近鉄養老線多度駅から愛宕神社へ向かう。神社の左手から愛宕道をたどり、山頂の中継所に出て、三角点のある展望台から鉄塔三二号（相場振り跡地）を経て、戻ることにした。

愛宕道は全般に急坂だが、雑木林の中を主として尾根筋をたどりながら登る静かな道である。急坂なので健脚向きになっているが、危ない箇所もなく、舗装道をたどるよりも登山にふさわしい良い道である。

旗振りが行われた多度山の山上広場には三角点があり、すぐ横に、「三本杉の相場旗振り（説明板）」が横倒しになっている。いずれ朽ちてしまう運命であろう。文化の継承のため、石碑などのような恒久的なもので の再建を願うものである。

インターネット情報によれば、多度山の山行の記録の中に、多度山の鉄塔三二号の横に、「相場振り跡地」という標柱があり、「相場振り」という茶色の説明板が設置されているという。そこで、この鉄塔を目指すことにした。

多度峡へのハイキング道を上がり、道が大きく左へ曲がるところにコンクリート舗装がしてあるが、その直前の左手に鉄塔三二号を示す黄色の矢印があるので、見落とさないように注意しよう。入り口を見つけたら、その右手の巡視路に入る。

ほどなく、鉄塔三二号に出る。その先に東側の展望が大きく開ける「相場振り跡地」の石碑（平成九年四月吉日　下一色区建之）のある場所に出る。「相場振り」の説明板の内容は次のとおりであった（ＨＰ「養老の三角点」には二〇〇三年七月の山行の中に「相場振り説明板」として掲載されている）。

「相　場　振　り

電信・電話がなかった頃には、情報を早く知る方法にいろいろ苦心した。特に米を扱う業者にとっては、変動する米価（相場）を早く知ることは商運にかかわる重大事であった。

当地の狐平山に見晴のよい標高三四〇メートルの山頂があり、ここで桑名から紅白の手旗で数字をあらわすのを望遠鏡で受信し、それを紅白の手旗を振って、今尾・赤坂へ送信した。紅白の手旗を上下左右に振って数字をあらわすのである。使用した望遠鏡は長さが約一メートル、直径が約一〇センチ、三段に延びるもので、重いので肩にせおってのぼった。旗手をつとめたのは、松山の田中才次郎さんや、下一色の佐藤善七さんで、一日交替であった。

　　　　　下　一　色　区

　　　　南濃町教育委員会」

説明板に見られる「狐平山」は、読み方が示されていないが、海津市南濃町には、六世紀半ば頃に比定される「狐平（きつねひら）古墳」がある。「狐平山」の標高三四〇ｍとあるが、鉄塔三二号が立つ地点には、地形図で読み取ると、標高四八〇ｍの等高線があり、「相場振り跡地」の石碑のある場所は標高が約四七五ｍであろうと思われる。

「今尾」とは海津市平田町今尾である。また、「赤坂」とは大垣市赤坂町で、江戸時代、三河国赤坂宿と区別するため「美濃赤坂」と呼ばれて物資輸送で栄えた中山道赤坂宿を指している。

養老山系の峰々には櫓（やぐら）が組まれ、多度山の山頂だけでなく、その北西方向約九〇〇ｍに位置する「狐平山」も旗振り場であったわけである。養老山系では他の地点にも旗振り場は設置されなかったのであろうか。興味は尽きない。

（平成一七年五月七日歩く）

《コースタイム》（計二時間四五分）
近鉄養老線多度駅（三〇分）愛宕神社（四五分）多度山三本杉（二〇分）狐平山（一時間一〇分）多度駅
〈地形図〉　二万五千＝弥富・阿下喜

江戸ルートの概要

旗振り通信が大変便利なものであることから考えると、川合論文が述べているように、「米の大消費地である江戸にこの通信があったのか」という素朴な疑問を誰しも抱くであろう。川合氏はその解答を得られなかったようである。

西羽晃『桑名歴史散歩』には次のような記述が見られる。

「(桑名の)相場値段は手旗信号によって、多度山へ送られ、中継されて、名古屋、大垣、江戸、大坂、馬関(下関)へリレー式に伝えられました。」

つまり、江戸方面への通信が行われたことが示されているのである。この内容の出典を西羽晃氏(三重郷土会・会員、桑名市徳成町)に問い合わせたところ、「昔に桑名に在住の古老からの聞き取りによるものです。(中略)その古老も今は故人となられています。『江戸』という点も不解明です。川合隆治氏とも面識がありました。氏は永らく電話局に勤務されていた関係から『旗振り通信』に興味があり、調べておられましたが、この方もすでに故人となっておられます」とのことであった(平成一三年四月一日付返信による)。

昭和五五年五月二七日付の「神戸新聞」の記事(兵庫探検総集編「旗振山」)の中にも、江戸への通信を示す注目すべき記事が見られる。

「旗振り通信は、速さでは飛脚の比ではない。(中略)江戸へは、途中の箱根越えが地形の関係から飛脚方式になるため、八時間。それでも、かつての東海道線特急『つばめ』の速さだ。」

これは驚くべきことである。箱根越え以外は、江戸まで延々と旗振り通信ルートが設けられていたというのである。島実蔵『大坂堂島米会所物語』に「江戸まで普通の飛脚で七日、早飛脚でも三日かかるのが、たった一日で届くといわれた」(一八八頁)とあるのはどうやら事実に基づくもののようである。ただし、「神戸新聞」の記事が何を根拠にしたものなのかはまだわからなかった。

『通信協会雑誌』大正三年二月号(通信協会)の二六～二七頁に掲載された「相場通信に利用されたる旗振信號の沿革」という記事には、安政六年(一八五九)頃の通信箇所として「東は静岡、濱松、岡崎、豊橋、名古屋、桑名」とあり、静岡、浜松においても、旗振り通信が行われていたことがわかった。しかし、具体的な旗振り地点は現在でも見つかっていない。

江戸ルートの旗振り場を知るために、「米相場」をキーワードにインターネット検索を試みた。すると、「米相場で大活躍した望遠鏡」という記事が見つかり、「江戸の相場はその日の内に、大阪に伝えられたといいます」とあって、以下のような参考文献が二冊、紹介してあった。これらによって、江戸ルートが姿を現すこととなった。

その一冊である、白山晰也『眼鏡の社会史』は、メガネと望遠鏡の歴史を綴った名著である。望遠鏡の我が国への伝来は慶長一八年(一六一三)という。西鶴の『好色一代男』によって、延宝期(一六七三～八一)に遠眼鏡(遠目鏡、千里鏡)はかなり普及していたことがわかる。この本の一六二頁に、「米相場と望遠鏡」の項目があって、「東京—大坂間を八時間で伝えたといわれるから驚くほど早い」とある。この項目の相場通信の内容は、参考文献の二冊目である次の本を出典として、まとめたものであった。

樋口清之『こめと日本人』(家の光協会)は、日本の米の文化と歴史を振り返るもので、「世界最大の望遠鏡、米相場で活躍」という記事(一六三～五頁)が、「神戸新聞」の江戸・大阪間の旗振り通信についての記述の出典と思われる。記事は次のとおりである。

「符牒をつくって、だいたい一両一石が基準の単位の値段で、米価を伝えた。

一両一石という米価が、江戸幕府二百六十年の基本である。基本値に対して上がる、下がるの相場を知らせた。だいたい米価は下がる。その下がり値を、今日はいくらになった、今日は一両に対して一石一斗一升になったというようなことで、その端数さえ知らせればよい。相場の一斗一升だが、一斗一升といってしまうとわかるから、それを符牒で知らせた。

知らせる方法に、手旗信号だとか、音響信号だとか、いろいろな情報伝達の方法を用いた。とにかく大阪から東京まで、八時間で伝わるほど早かったそうである。

しかし、信号による伝達は、箱根山を除いてのことである。箱根はそうはいかない。箱根八里は一里ずつ早飛脚が走った。ほかはみな手旗信号で、それを望遠鏡で見て伝えた。箱根山は、三島(静岡県)から小田原(神奈川県)まで走るので、時間がかかってしまう。そのために、その飛脚は特別の鑑札を持っていて、真夜中でも関所が通れるようになっていたという。

飛脚は、値段を書いた木の札を竹の棒にはさんで背負い、裸になって一里の道を走る。そこで待っている飛脚がまた走るというふうにして、金銀の相場と米相場の両方を伝えた。これは公の情報ではない。三井家は、八時間ちょっとで江戸に入るという早さで、私的に金銀や米相場を知り、その情報で米を売り買いし、すぐまた翌日返事を伝えた。今日はその値で買うか、売るかというような操作をするのである。

三井家は、むしろ米相場よりも金銀の相場でもうけた。上方が銀で、江戸が金相場である。金と銀の値段が、絶えず相場でちがう。その差で買い占めたり売ったりするのだ。」

「大阪では堂島の米相場の屋根に望楼があり、そこで手旗を振って、前に述べた一石一両の基準で、米の相場の高低を知らす。

西のほうは、いま神戸市灘に摂津本山という駅があるが、その上の保久良山から望遠鏡で米価を知らせる手旗を見ていた。その手旗で、今日は一両に対して一石一斗になったなどと知らせる。それをつぎつぎに知らせるのだが、大阪から広島まで、四十分足らずで知らせがとどいたそうである。

東のほうは、生駒山で見ていた。生駒山(奈良県)の望遠鏡がいちばん長いが、雨が降って天気が悪いとよく見えないので、その時は翌日まわしになる。そのつぎは、いまの奈良の東、そして笠置山からずっと伊賀(三重県)を通り、白子の海岸から知多半島(愛知県)の先端で見ていて、それから東海道を三島までいく。三島から小田原までは、裸の飛脚が走る。それを小田原からまた手旗と望遠鏡で送る、という手順になっていたそうである。

この生駒山に、長さが二メートルもある、世界最大の望遠鏡がいまも残っている。世界最大というのは、オランダから日本に伝わった望遠鏡は長さ六十センチほどだが、その望遠鏡、つまり慶長年間に渡来したものを、とうとう日本人は、文化文政年間に、二メートルもの望遠鏡に仕立ててしまった。」

実に興味深い資料である。おそらく樋口氏が古老から綿密な聞き取りをして記述したものだろう。

三井家の大坂ー江戸間の相場伝達ルートを筆者の資料をもとにして再現してみた場合、次のようになるのではないかと思われる。桑名・名古屋を経由せず、伊勢湾を越えていることに注目したい。

「大坂—生駒山(天照山)—奈良の東(国見山)—笠置山・伊賀(高旗山、旗山、お経塚、上野西山)—白子の海岸(岸岡山)—知多半島—西尾(八ツ面山)—岡崎—豊橋—浜松—静岡—三島—(飛脚)—小田原—江戸」

右のルートの場合、岸岡山から知多半島に送信したことが示唆される。ここで思い起こされることを記しておこう。上野(かみの)西山(鈴鹿市)における伝承では「米相場を渥美半島の方へ伝えた」と紹介したが、上野西山から岸岡山(白子)へ伝達すると、その方向の延長線上に、知多半島をかすめた右側に渥美半島が浮かんでいる。上野西山の中継所の役割は、非常に広範であったものと思われる。

仮に、大坂・江戸間がすべて、旗振りで伝達できた場合、大坂・広島間が四〇分であることを考えると、おそらく一時間余りで通信できたことであろう。旗振りに一時間とすれば、箱根越えは七時間だろう。

樋口清之『うめぼし博士の逆(さかさ)・日本史1』には次のような若干、異なった説明がある。

「大坂から江戸までは、一時間四〇分前後で届いた。伊勢湾など海をはさんだ場所では望遠鏡のひとのぞきですむような工夫がされ、画期的なスピード・アップが達成された。しかし、箱根の山だけは越すに越されぬらしく、さすがに何人もの人間が走って伝えた。」

岡崎市立東海中学校現職教育社会科(代表　二村義隆)編集『おかざき東海風土記』の「第十三章　小字の由来と民話」の中の「本宿の小字と民話」(一九九頁)には次のような記述が載っている。

「ネムル沢　鶇巣の北原山と南原山の間を『ネムル沢』と呼びますが、この地は江戸時代には、ここから岡崎の米の相場を遠めがねで見て、それを手旗で宮崎方面に知らせたといわれます。」

鶇巣(とうのす)町は岡崎市の東南端に位置している。東は額田町(現岡崎市)に隣接し、鶇巣の東北東方向八㎞に宮崎の集落がある。かつては、額田町東南部が宮崎村であった。宮崎方面とは、額田町南東部の山塊と考えれば、豊橋市(旗振り通信が行われた)への中継が可能である。

小早川秀雄『鵜巣村風土記』の小字地図には「北原山」「南原山」があり、通称名を記載した地図には「ネムリ沢」が載っている。鵜巣町の神明宮の東四五〇m付近に、谷の入口があり、東北東方向に谷を刻んで、標高三〇八・六m三角点(北原山の西端)へ突き上げている。この谷がネムリ沢である。なお、北原山と南原山を区切る車道のある谷は、清水沢となっている。『鵜巣村風土記』に旗振りに関する記述はないが、旗振り場は、おそらく、この三〇九m峰であろうと思われる。地元で聞き取り調査がなされて、旗振り地点や前後の通信方向が明らかになることを願うものである。

筆者の調査で明らかになっている最も東での旗振り伝承はこの岡崎(鵜巣)におけるもので、ここから東方向に相当な距離がある東海道沿線での伝承は全く不明である。

江戸後期から明治にかけてのことであり、伝承が途絶えている可能性も高いが、もしかすると、おばあちゃんに尋ねたら、自分のおじいちゃんに聞いたことがある、と教えてくれるかもしれませんよ。どなたか、旗振り伝承の聞き取り調査に挑戦してみませんか?

伊賀ルート

（ルート地図は二〇七ページ参照）

伊賀ルートの概要

上野市教育委員会事務局文化課文化財係の山崎寧子氏からは、「高旗山、塔の峯、旗山」という伝達ルートの情報や、天保一三年（一八四二）刊の茶静編『俳諧職業尽』（『俳文学大辞典』参照）の中にある「火振」という、夜間の松明（たいまつ）による米相場の通信（昼間は幟（のぼり）を用いる）にふれた項目の存在をご教示いただき、その原書の写しと解読文も頂いた（平成一二年）。一般向けに紹介されたことは多分なく、大変、貴重な資料である。

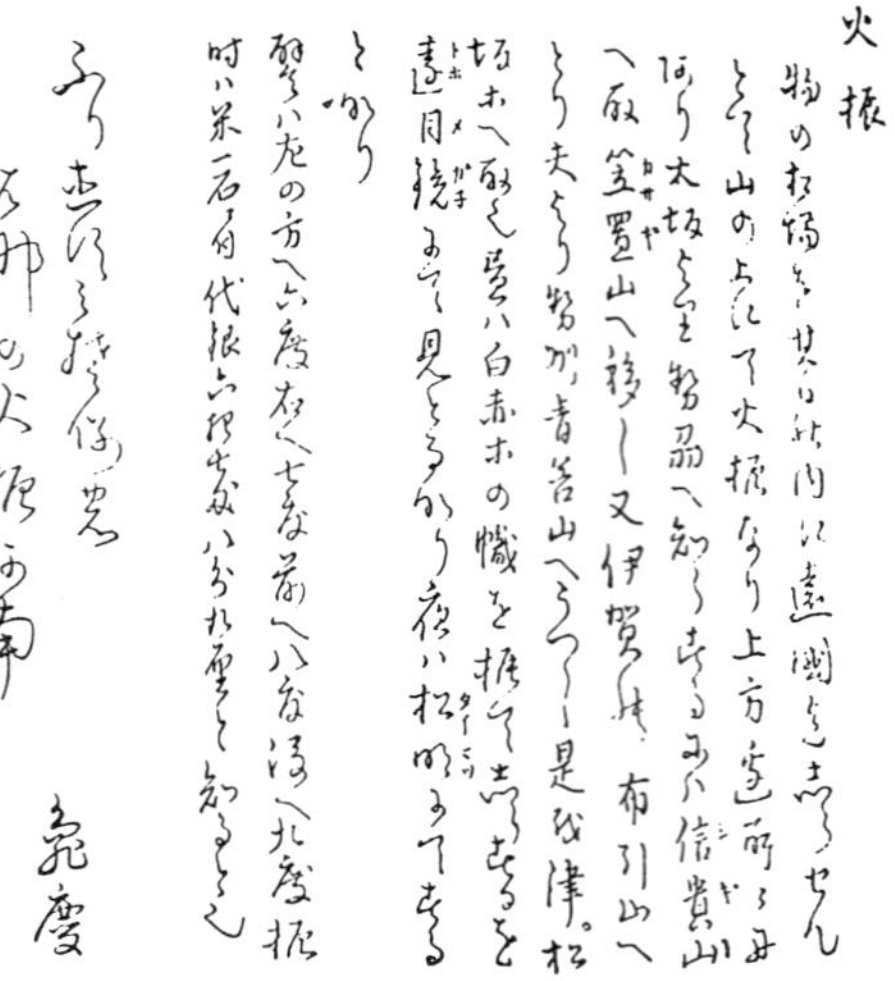
『俳諧職業盡』（天保13年）

山崎氏の解読文には「青□山」「みそ□」と二カ所に空白字があって、その一つが火振り（旗振り）地点を示しているので、原書の写しを送って、西脇市郷土資料館の脇坂俊夫氏（筆者の八千代中学校での恩師。古文書にくわしい郷土史家）に該当字を解読してもらったところ、「谷」「か（何）」ではないかという返答であった。津市内には「青谷」の地名があり、「三十日（みそか）の端（はな）（初め）」の意味と考え

『俳諧職業盡』の「火振」の図

られ、合理的に思える。

だが、その解説書が、日野栄子編著『俳諧職業尽・誹諧職人尽画図並びに索引』にあることを『俳文学大辞典』の記述から知ったので、新潟県立図書館の蔵書を、大阪府立中之島図書館に依頼して借り出し、調べてみたところ、該当箇所には「善」「れ」とあり、食い違っていた。

そこで、『基礎　古文書のよみかた』の監修者、林英夫氏（立教大学名誉教授）にお尋ねしたところ、前者は「谷」の可能性が高く、「善」または「笘」かもしれないという（笘の可能性は低い）。後者は「れ」で、「例」の変体仮名とのことであった。原書のくずし字からの判断では、「みそれ」が正しいようだが、意味は「みぞれの花」としても、やや苦しい。やはり、「みそかのはな」であろうと思われる。

『俳諧職業尽・誹諧職人尽画図並びに索引』の該当箇所から引用して紹介しよう。

「火振　物の相場を其日の内に遠国迄しらせんとて山の上にて火振なり上方邊所々にあり大坂より勢州へ知らするには信貴（シギ）山へ取笠置（カサギ）山へ移し又伊賀の布引山へとり夫

より勢州青善山へうつし是を津、松坂等へ取也昼は白赤等の幟を振てしらするを遠眼鏡(トホメガネ)にて見とるなり夜は松明(タイマツ)にてするとなり　譬は左の方へ六度右へ七度前へ八度後へ九度振時は米一石ニ付代銀六把七匁八分九厘と知ると也　ふり直すみそれの　はなの火振かな　亀慶」

ただし、文中の「六把七匁」は、山崎氏の解読文に「六十七匁」とあり、当時の米価を考えれば「六拾七匁」が正しい。原書のくずし字は確かに「把」と読み取れるので、書き誤りかも知れない。となると、「みそれ」とあるのも「みそか」の書き誤りの可能性があるかもしれない。「青善山」はもちろん「青谷山」が正しいものと判断できる。

つまり「大坂―信貴山―笠置山―伊賀布引山―勢州青谷山―津―松坂」という江戸後期の旗振り(火振り)通信ルートが判明したことになる。興味深い資料であり、その候補地と思われる旗振り場を次に紹介していこう。

千歳山(津市垂水字千歳)中継所は、岩田池の南、千歳ケ丘バス停の西にある小山で、その南に千歳ケ丘団地がある。川合論文によると、「川村のぢいさん」という人が若いとき、岩田の千歳山で旗を振っていたという(津市の倉田正邦氏の聞き取りによる)ことである。千歳山は、松阪、山田(伊勢市)方面への中継地点であろう。

『津市地名辞典』によると、千歳山の最高所(四五m)は松ノ台と言い、高虎手植えの松がある。古く、航海の目標となり、江戸後期に遊園として整備された。西に布引山地、東に伊勢湾が眺望できたという。

青谷山(勢州)の位置はよくわかっていない。しかるに、千歳山の西方に青谷の地名がある。今は半田という町名だが、バス停名に青谷口と青谷がある。二重池の北に、五九・六m三角点があるが、ここは青谷山ではないようである。岩田池は津市丸山字青谷にある(『角川日本地名大辞典』)。津市教育委員会事務局文化課の松尾篤氏によれば、江戸期の絵図に「青谷山」はないが、「青谷池」はあり、岩田池に同定できるという。

以上のことから、千歳山が青谷山である可能性が高い。林英夫氏は、はじめ青谷山を長谷山の書き誤りと思われたようだが、後に、青谷の地名に注目され、筆者に知らせて下さった(平成一三年)。

長谷山(はせやま)(津市・安濃町・美里村)(現津市)は、標高三二〇・六mの山である。『津市史第二巻』には「堂島の相場をくらがり峠にてうつし夫より大和伊賀の山々へ取りつまり本郡長谷山にて行ふを八町の某家へ取ると云ふ」とある。大和伊賀の山々をどのように中継して長谷山に連絡したのかは不明であるが、『俳諧職業尽』に布引山とあるので、布引山地の可能性がある。くらがり峠とあるのは、生駒山の暗峠の北にある天照山(五一〇m)のことであろう。

伊賀の布引山地といえば、笠取山(八四二・四m)の南東から高坐山(こうざ)(高座山、七五六・〇m)を経て、青山峠にかけての布引(青山)高原をいう。

津市教育委員会の松尾氏は布引山地の笠取山を旗振りの候補地とするが、伝承は確認できておらず、美里村教育委員会の谷口氏は笠取山では強風のため旗振りは無理という。大山田村・青山町(現伊賀市)、芸濃町・白山町(現津市)では旗振り伝承は見つかっていない。関町(現亀山市)では、お経塚での旗振り伝承のみで、錫杖ケ岳(六七六m)付近での伝承はないようだ。髻ヶ岳(もとどり)(元取山、七七九・〇m)にも伝承は見当たらない。

長谷山と旗山(伊賀町=現伊賀市)は同一の中継ルートのポイントと考えられるが、その両方を見通せる中継地点を示す文献が見あたらない。地形図から読み取ってみると、標高六〇〇m以上の布引山地の大半(笠取山を含む)が不適と判断され、錫杖ヶ岳がかろうじて可能な地点と思われた。

筆者は旗山の頂上直下の鉄塔で布引山地の山々を展望した結果、錫杖ヶ岳・摺鉢山および笠取山東方一kmの鉄塔付近が中継地点の候補地となることを確かめた。中でも布引山地の東にある経ヶ峰の北東に位置する摺鉢山(四六四・七m)が条件にぴったりの山であることに気が付いた。今のところ、摺鉢山での旗振り伝承は確認できていない。だれか、布引山地の旗振り山の謎を解明してくれないものだろうか。いまだ知られざる旗振り場が発掘されずに眠っているのではないだろうか。

塔の峯中継所は、上野市(現伊賀市)土橋(つちはし)の北方にある四二六・三m三角点の山頂で、古墳がある。ここが中継点であることは、上野市教育委員会事務局文化課文化財係、山崎寧子氏の教示によったもので

旗山の山頂(三角点)

旗山山頂付近の鉄塔からの展望
(左が錫杖ヶ岳、中央に摺鉢山)

高旗山山頂から塔の峯を望む

ある(上野市の文化財専門委員の山本茂貴さんが山崎氏に教えた話に基づく)。

遠見塚(上野市〈現伊賀市〉三田(みた))については、『角川日本地名大辞典(三重県)』の上野市三田の解説に「空鉢山には米の相場を知らせたという遠見塚がある」とあり、山崎氏が聞き取りをした方の話からも、旗振り地点だったのではないかという。高旗山とは直接、通信できる立地にはなく、むしろ塔の峯と通信できる立地である。

遠見塚古墳と呼ばれる方墳がある地点は、上野市(現伊賀市)野間の北方、三七八・二m三角点の北北西五〇〇mである。池ケ谷池(池の谷池、野間の北方)の西南西三〇〇mの小尾根上に位置している(標高四二〇m)。明治期には遠見塚周辺は茶畑であったという。遠見塚の位置については、市田進一「遠見塚古墳」(伊賀盆地研究会会報NO一四、一九八〇年一一月一日)に詳しい。

高旗山中継所は、甲賀市信楽町・上野市(現伊賀市)境にあり、山頂(七一〇・一m)付近と思われる(中島②)。『上野市史』に、「明治初年、西町に米穀取引所のあったころ、京阪地方の米相場をいち早く知る手段として、手旗信号が用いられていた。(中略)上野に一番近い信号所は、高旗山であった。高旗山の旗の合図を、取引所の櫓の上から眼鏡で見て、相場の変動に対処していた」とある。

旗山(伊賀)

六四九・五m

富本時次郎編纂『帝国地名大辞典』(明治三五年)の山谷の項目(二五六頁)を開くと、旗山の記載が見られる。地形図には載っていないが、鈴鹿の登山ガイド地図にも記載があって、地元で山名がよく知られた山であることがわかる。

西尾寿一『鈴鹿の山と谷6』の中では、旗山の呼称の由来について、「合戦の時に物見が旗を振っていたのであろうか」と記してあって、かなり古くからの名称と考えていることがわかる。西山秀夫編『続・ひと味違う名古屋からの山旅』や西内正弘『鈴鹿の山ハイキング』(私家版)にも旗山のガイドがあるが、山名の由来にはふれていない。

ところが、偶然、入手できた『京阪神近郊ハイキングすいせん100コース』(日本交通公社関西支社、昭和二八年)という古いガイドブック(図書館でも所蔵されているところはまずないだろう)の柘植駅周辺をめぐる「余野・メリーカントリーコース」の案内の中には次のような記述があって驚かされた。

「北に進むとすぐ右手に旗山が望まれる。通信設備の幼稚な時代、大阪の米相場を伊勢各地へ伝えるため、山頂から山頂へ旗章によつて送信したもので、この山もそれにより旗山の名がある。」

古いガイドブックにも、地元の伝承を収録した貴重な資料が含まれていることに感心させられるのであるが、最近のガイドブックはいかがであろうか。

旗山は伊賀町(現伊賀市)柘植の東方にそびえ、鴉山池の北にある山(油日岳の南方の六四九・五m三角点)である。伊賀町教育委員会に尋ねるとさすがに、米相場の旗振り場であったということを把握しておられた。鴉山というのは山名でなく地名であり、鴉山池や旗山付近を指しているのだという。

旗山の東方の七一七m峰は、山口温夫・山口昭共著『鈴鹿の山』(山と渓谷社、昭和四一年)には烏山と記載されている。ヤマケイアルペンガイド二二『鈴鹿・美濃』や『マイカー登山ベストコース「名古屋周辺」』には小平山とあるが、実際に登ってみると、頂上には「こべらやま」という読み方も示されている。西尾寿一氏は旗山の別称に柘植で採取された「コベラ」を示しており、これが烏山の方に流用されれているようである。

　松井志津子編『名古屋から行く　隠れた名山64』では、地元では「烏山」という山はない、という主旨の注意が示されている。

　『伊賀町史』付図「伊賀町大字小字名略図」によると、小字「烏山」は、鴉山池付近からその北側斜面をいい、地形図で採石地となっている一帯である。その東隣に当たる、旗山から烏山（小平山）にかけての稜線から南方の一帯を小字「寒風」と呼んでいる。したがって、「烏山」というのは、山名でなく、採石地一帯の小字名であり、これを七一七m峰に用いるのはおかしいというわけだろう。

　伊賀町（現伊賀市）の柘植では、旗山付近一帯の笹の広がる平らな山塊を「コベラ」と呼んでいるようである（柘植からは、七一七m峰は見えない）。そこで、七一七m峰を、あやふやな呼称の「烏山」でなく、「小平山」と呼ぶようになってきたのだろうと思われる。

　伊賀町（現伊賀市）では、七一七m峰に確実な山名はないようだが、関町教育委員会に問い合わせたところ、「近くに住む町職員の談」として、「地元ではカラスヤマと呼んでいる」とのことであった（平成一三年）。

　「旗山」をキーワードにしてインターネット検索をすると、「エッセイ拾ノ段」（池田裕氏執筆）が見つかる。その中には「岡鼻付近に旗山というお米の相場を知らせるために旗を振っていた山がありました」とあり、伊賀町（現伊賀市）の旗山が米相場通信の山であることが公開されていた。池田氏によると、古老からの聞き取りによったそうである。地元では旗振り伝承が今でも残っていることがわかる。

烏山（小平山）の山頂

エッセイによると、伊賀町(現伊賀市)の旗山はかつて修験場であったらしく、役行者像大小二体がまつられていたが、採石のため山を削る際に他の場所に移されたという。大きい像は大杣(おおそま)池の近くの役小角と書かれた鳥居から少し山を登ったところにまつられているそうである。

コースガイド

旗山は、鈴鹿の山のガイドの中に比較的よくとりあげられているほうだろう。いくつかのうち、西内正弘『鈴鹿の山ハイキング』は丁寧に調べられていて、わかりやすい。筆者は、ガイドは文章で綴るより、近鉄のてくてくまっぷやこの本のように、詳しい地図に分岐点を明示して、注意事項を書き込むのが一番わかりやすいと思う。ただし、現地調査は相当、綿密に行う必要があるから、市販のガイドで実行しているものは少ないようだ。詳しくガイドしているものほど、商業的出版に向かないというのは、残念なことである。読者が詳しい地図よりも、きれいな景色や花のカラー写真がふんだんに入ったものを求める傾向があるのも、やむをえないことなのだが……。いずれにせよ、道も含めて、未知の部分が残っているほうが好奇心がくすぐられるのはもっともなことである。

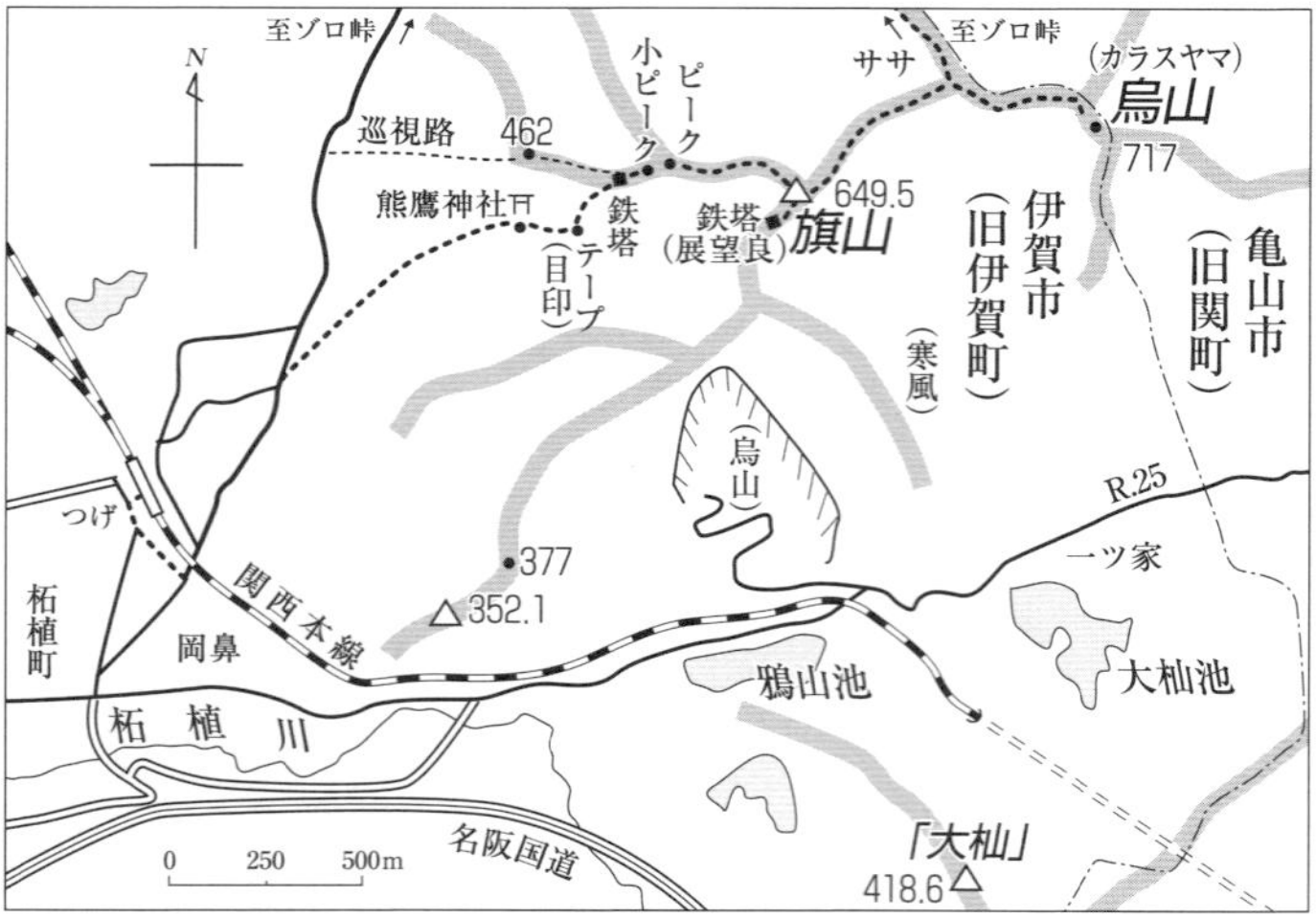

西内正弘『鈴鹿の山ハイキング』で紹介しているコースを案内することにしよう。なお、西内正弘『地図で歩く鈴鹿の山　ハイキング100選』にも「旗山・烏山」の項目があり、サブコースも紹介しているので、参考になるだろう。

ＪＲ関西本線柘植（つげ）駅で降りる。東側に、旗山が大きく見えている。南東に向かい、線路を渡ってから北東へ向かって歩く。分岐で右をとる。林道の終点となり、熊鷹神社に出る。

神社の左手から山道をたどる。倒木があって歩きにくいところもあるがテープの表示に従って左手の尾根に向かって登る。尾根道となり、木の階段の鉄塔巡視路と合流する。急坂を登りきると、そこが山頂三角点である。三角点から右に少し行くと、展望の広がる鉄塔に出られる。

鉄塔から戻り、稜線を歩く。笹を漕ぎながら展望を楽しんでいるうちに烏山（小平山）に着く。山名は烏山が妥当だと思うが、コベラにこだわる人も多いようだ。山頂に山名板を付ける人やガイドブックを書く人は、無用の混乱を起こさないような配慮が必要だと感じる。ここは以前から烏山と呼ばれており、小平山は使わないほうがよいのではないだろうか。

分岐点まで戻り、ゾロ峠に下る。東海自然歩道をたどって、道標に従い、柘植駅へ戻る。

（平成一三年五月四日歩く）

《コースタイム》（計四時間二〇分）
ＪＲ柘植駅（一時間二〇分）旗山（三〇分）烏山（一時間）ゾロ峠（一時間三〇分）柘植駅
〈地形図〉　二万五千＝鈴鹿峠
〈地　図〉　昭文社＝「御在所・霊仙・伊吹」

お経塚

六二三・四m

中島伸男氏によれば、関町教育委員会の聞き取り調査によって、加太の中在家の人が、お経塚の上で旗振りをしていたことがわかっている（中島②）。東の鶏足山（野登山）から赤と白の手旗で送られてきた名古屋からの米相場を望遠鏡で受けて、柘植の霊山へ送り、柘植から生駒山へ送られて大阪へ届いたという。坂森政太郎さん（明治三五年生れ、昭和五八年没）の先々代だという。中島氏はこの地点を関西本線加太トンネル南方の四一八・六m三角点（点名「大杣」）と推定していた。北北東に大杣池がある。しかし、この山では、鶏足山からの信号を受信することは難しいと思われた。

そこで、『鈴鹿関町史下巻』所収の「関町小字図」を調べてみたところ、六二三・四m三角点が「御経塚」となっていた。関町（現亀山市）加太地区にあり、那須ケ原山の南方に位置している。旗山とお経塚はごく近い位置にあるが、相互に通信できず、独立した通信ルートであることを証明しているように思われる（ただし、旗山から南へ五〇〇mほど縦走すれば、お経塚の頂上が見通せる地点がある）。

西尾寿一『鈴鹿の山と谷6』で「お経塚」を調べてみると、六二三mの山（経塚山）を指し、「御経山」の俗名を持ち、少し気取って「御経塚」とも呼ばれているとある。山頂やや南に経塚があるのが山名の由来という。

鶏足山（野登山）は旗振りをするには標高が高すぎ、中島氏が野登寺の道山性宏住職に尋ねても、旗振り伝承は残されていない（中島②）。したがって、上野西山が旗振り場ではないかと筆者は考えている。ただし、今のところ、裏付けはとれていない。

お経塚から、鶏足山(野登山)の南東に位置する上野(かみの)西山への見通しはきく立地にある。坂森さんの話では、霊山(れいざん)へ送ったというが、霊山寺に照会しても旗振りの伝承は残っていないという(中島②)。お経塚は、桑名から大阪方面への中継地点の一つではないだろうか。そして、伊賀上野の取引所方面に直接、通信できる立地にあり、その方向に送った場合、霊山の右裾に通信する形になり、証言との矛盾が少なくなる。奈良県山辺郡室生村(現宇陀市)の相場取山では奈良・上野間の通信取次ぎをなしたといい、しかも、通信方向からいうと、霊山の山頂を乗り越えた向こう側にぴったり位置していることは興味深い。

明治一〇年以降、桑名の取引所の米相場の影響が大きくなると、桑名、垂坂山、上野西山、お経塚、伊賀上野、相場取山(室生村)を経て、国見山、生駒山(天照山)より大阪へと伝えるルートがよく利用されるようになったのではないだろうか。

コースガイド

お経塚(経塚山)に登ってみた。JR関西本線加太駅から西へ一時間でJR線をくぐってすぐ、登山口の北在家中津川林道に入る。最初の分岐で右をとり(まっすぐ左をとると地形図の道だが途中で消える)、ほどなく右に登り口がある。尾根伝いに送電線巡視路をたどる。急坂を登り、地形図の四〇三mピークを乗り越えて、北西へひたすら赤テープとビニールひもに導かれて檜林の急斜面をよじ登る。

平坦な尾根に出て倒木の多い中にイワカガミを見つけた。再び急登し、登山口から一時間二〇分で展望のない山頂に着く。

頂上では、人工林に閉ざされ、展望がなく、樹間からすかしても見通しが悪く、上野(かみの)西山や上野盆地は隠れてしまっていたが、林の成長していなかった頃は広大な展望が開けていたことだろう。

西に下ると、下は原石山（げんせきやま）（採石場）で展望がある。南に下ると山名の由来となった経塚があるが、その先の地形図にある道はたどれない。北尾根の道は雰囲気が良いがやぶとなる。

お経塚山頂付近にある経塚

登りに用いた道を引き返したが、檜林の中の急降下の際、目印のテープを見失い、右よりに真南へ下って尾根伝いの踏み跡をたどると、丸太の渡してあるところに出た。左側には流れが合流している。明瞭な道を下って、板橋を渡り、巡視路の登り口に戻った。所要一時間。目印がないのでわかりにくいが、こちらの道を登りに使う方が四〇三mピークをわざわざ乗り越える必要がないのでよいかもしれない。

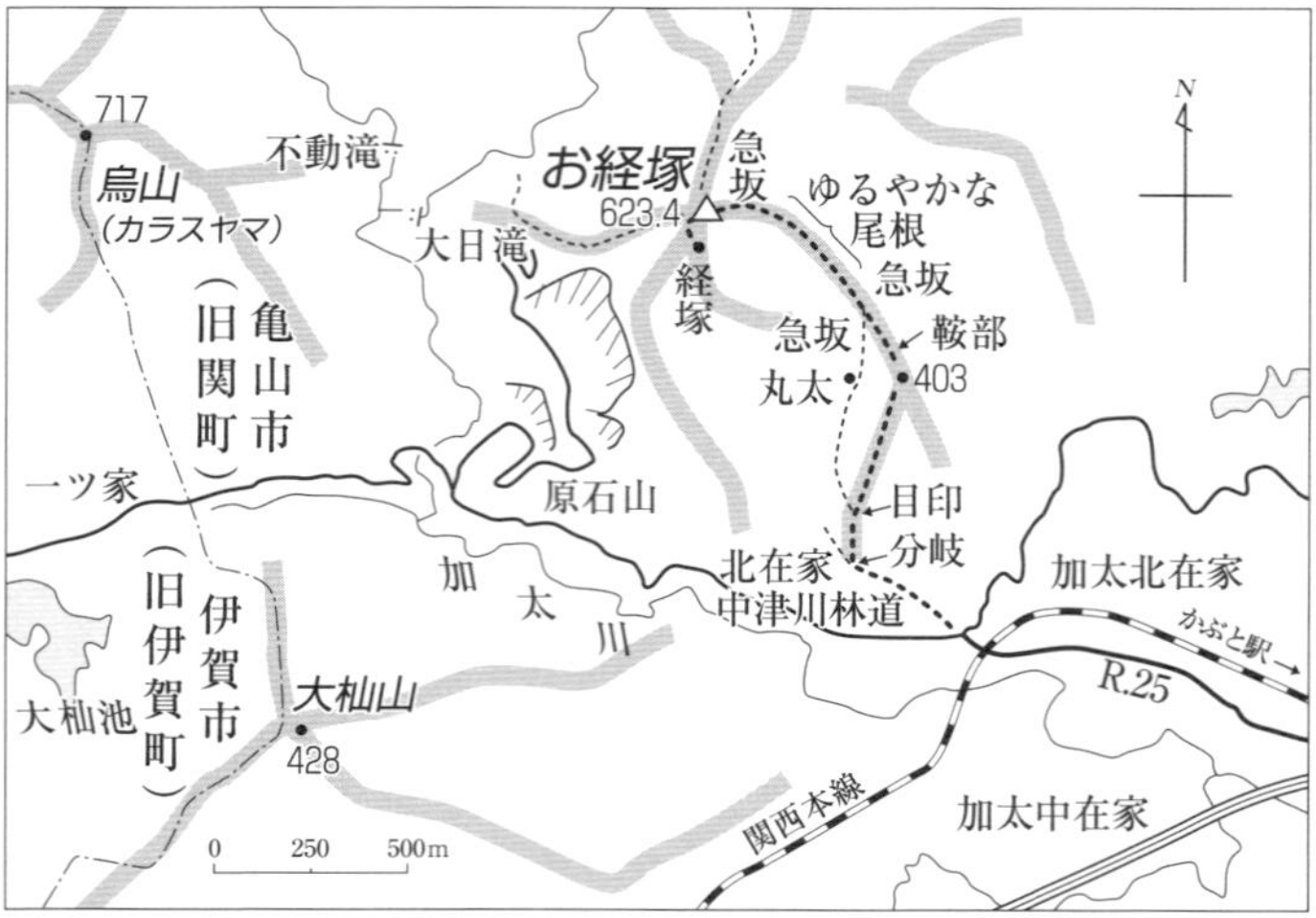

なお、このコースは、歩き慣れない人には難しいコースなので注意が必要である。読図のできる、山慣れた人だけにおすすめしておきたい。地形図に記された山道は廃道となっていることも付け加えておこう。

西内正弘『地図で歩く鈴鹿の山　ハイキング100選』（平成一五年）には、この経塚山（お経塚）のガイドがある。西麓の不動滝や大日滝を見学してから東海自然歩道を北東へたどり、経塚山の北尾根にとりついて、山頂に至り、採石場の上から西尾根を経て、もとの歩道に戻るというものである。このコースも山慣れた人向きである。

（平成一三年五月五日歩く）

《コースタイム》（計四時間三〇分）

ＪＲ加太駅（一時間）林道入り口（一時間二〇分）お経塚（一時間一〇分）林道入り口（一時間）ＪＲ加太駅

〈地形図〉　二万五千＝鈴鹿峠

お経塚（経塚山）の山頂

奈良ルート

奈良ルートの概要

『きんてつニュース』第二九九号(昭和四七年一月一日)の「かくれ古寺・慈光寺」の記事に、次のような記事が載っている。

「慈光寺の谷向いの山は奈良朝時代にノロシをあげた場所と推定されている。小字名も天照山という。」

「大きな山のうねりの間に小さいうねりになっているのが、この天照山である。」

「慈光寺のある髪切の里におもしろい古老の口伝がある。このノロシ場は江戸末期から明治のはじめまで『旗ふり場』の異名があった。その日の米相場を知らせる旗信号を送ったというのである。」

この記事のことは『大阪の情報文化』にふれられている。天照山は暗峠のすぐ北のピークで、生駒山山頂の南に設けられた旗振り中継所であった。近藤文二「大阪の旗振り通信」によれば、通信経路は「暗り峠・奈良」とあり、ここから奈良へ通信されたことがわかる。

『津市史第二巻』には、「堂島の相場をくらがり峠にてうつし夫より大和伊賀の山々へ取りつまり本郡長谷山にて行ふ」とあるので、天照山を経て、大和伊賀経由で三重県の長谷山に通信されたことがわかる。

天照山の山頂の散石群は昭和三八年に滝川政次郎他の調査が行われ、ノロシ山(高見烽(のろし))の遺構と推定

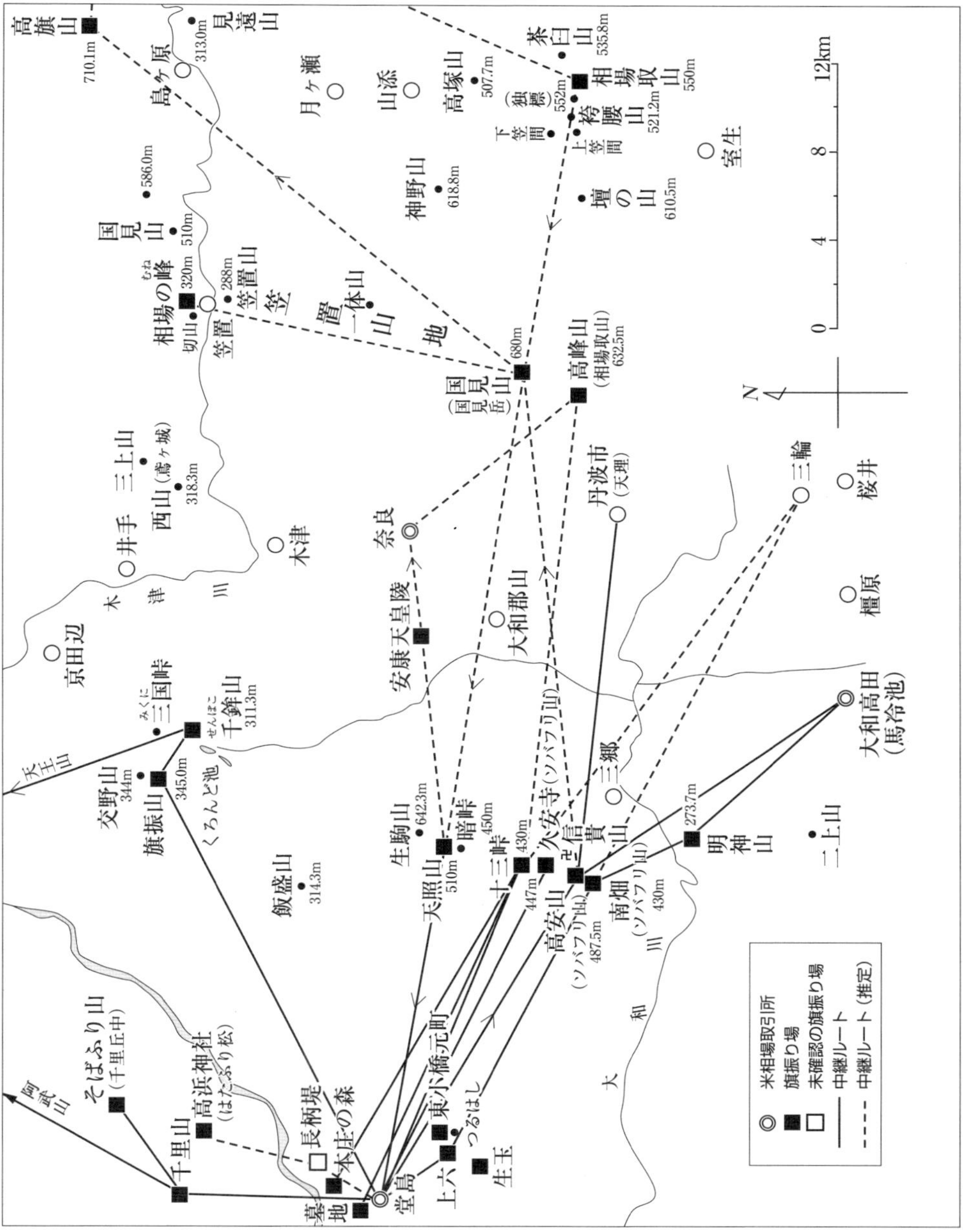

247 —— 奈良ルートの概要

されているという（高安城を探る会編『夢ふくらむ幻の高安城』第二集）。

十三峠（八尾市・平群町境）からは、山城国天王山、山城国大原野、奈良取引所、神於山、紀州今畑など、各方面に送信されたという（近藤論文）。京都方面への中継は明治初めごろ廃止され、奈良取引所は明治三七年ごろ廃止されたので、旗振りも中止となった。

滝川政次郎「高安城と日唐戦争（下）」（『史迹と美術』五二九号、昭和五七年一一月）には、「十三峠は堂島の米相場を大和の三輪の米市場へ通報する旗振りがいた所として有名であった」とある（『飛鳥地名紀行』）。

十三峠からは、奈良、三輪、大和高田への送信が伝わる（『地名伝承論』、『奈良県史』第一二巻）というが、奈良市内へは直接、送信できない立地であり、高田への送信も方向から考えると、どうも不自然に思われる。

『當麻町史』（昭和五一年）には、岸田定雄氏（奈良東大寺学園教諭）による聞書に次のような旗振りの話が見られる。

「つい三十年も前になるが、十三峠で幼い日その振る旗を見ていた七十余の老媼からもその話を教えられたことがある。」

昭和二〇年頃の聞き取りとすれば、その六〇年ほど前とは、明治二〇年頃ということになる。

ソバフリ山（平群町久安寺）は、十三峠の南方一㎞にある四四六・五m峰で、旗振りが行われたという証言が久安寺の人から得られている（『夢ふくらむ高安城』第六集・第七集）。西は大阪平野、東は平群谷から松尾山方面が一望できる展望台である。

高安山山頂（四八七・五m）は、ノロシ跡（高安烽）と確認されている（『地名伝承論』）。信貴山城の出城があって、「相場振り山」（ソバフリ山）とも呼ばれ、八尾市郡川の田畑庄太郎氏が少年のころ、旗振りを目撃しており(『夢ふくらむ高安城』第五集)、大和高田へ知らせていたという(同第二集)。

樋畑雪湖(『江戸時代の交通文化』)によれば、昭和二年頃、喜田貞吉文学博士から次のような教示を受けたという。

「十年ばかり前に河内と大和の境上、高安山頂(もと烽のあつた所)へ上りて堂島の米相場を丹波市其他へ旗振にて通信して居るのを実見しました。二人がゝりで双眼鏡を一人が持ち、一人が旗を振つてゐるのです。電話や電信より費用もかゝらず(其内一人は当六十歳とか七十歳とか)早くてとてもやめる訳には行かぬと申して居りました。」

丹波市は現在、天理市域である。『喜田貞吉著作集一四』によれば、大正三年五月二二～二三日に、生駒・高安・信貴山を歩いた時の目撃談に該当する。

三郷町南畑出身の石井庄司博士は、大正初めに、高安山の頂上から、堂島の相場を高田に報告している男の人と出会ったことを記している(「奈良県観光」昭和六一年四月一〇日)(『地名伝承論』)。

『角川日本地名大辞典・奈良県』には、高安山で堂島の米相場を大和・伊勢方面へ旗で通知したとある。ソバフリ山(三郷町南畑)は信貴山朝護孫子寺の西方一・四㎞にある標高四三〇mの山で、大阪は見えないので、高安山頂からの指令を見て、奈良県側に伝えたのではと推定されている(『夢ふくらむ高安城』第五集・第六集)。しかし、実際は地形上、ソバフリ山から大阪堂島方面は遮られていない。

『三郷路を歩く』には南畑の「ソバ振り山」の項目があり、「江戸中期から大正初期まで、大阪堂島の米相場を見通しのよい山頂で縦２ｍ、横１・２ｍの白旗を上下左右に振り、王寺の春日山を経て、大和高田に速報する中継所となっていた」とある。

『新訂王寺町史本文編』には「信貴山南畑の『相場振山(ソバフリヤマ)』を経て、高田(池ノ端)、三輪・奈良などに送信した」とある。

近藤論文には、中継ルートとして、「上本町六丁目辺・信貴山・高田」が示される。この中の信貴山での旗振りというのは、おそらく、南畑のソバフリ山を指すものであろう。

明神山(王寺町畠田)中継所は『三郷路を歩く』等に「春日山」となっていて迷うが、『王寺町史』民俗編には「明神山頂(二七五米)は展望がよく、大和と大阪との中間連絡地点として手旗信号を行なう場所に利用したこともあったと伝えている」とある。直接、堂島からは受信できない立地であり、南畑のソバフリ山で中継したことがわかる。

『當麻町史』には、岸田定雄氏が、竹内の仲田藤太郎翁(明治一二年生まれ)から、昭和四九年夏(当時九五歳)に聞き取った次のような話が載せられている。

「翁の祖父は、大阪の堂島に立つ日々の米相場を知りそれで米穀商をしていたが、この商いに失敗したという。」「大阪から旗によってリレーされてくる値を、王寺町の明神山で受け、これをまた次

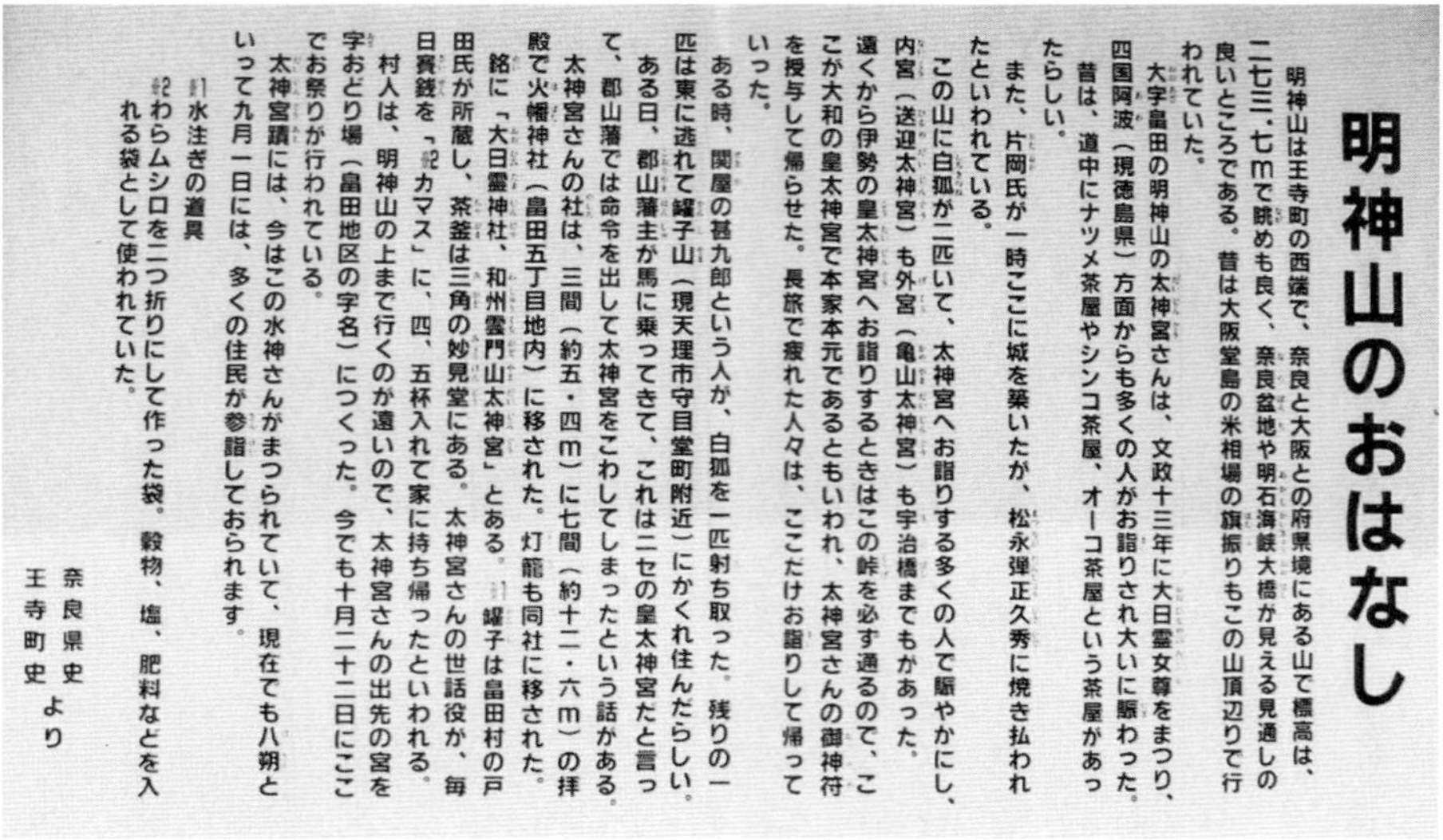
明神山のおはなし
明神山は王寺町の西端で、奈良と大阪との府県境にある山で標高は、二七三．七mで眺めも良く、奈良盆地や明石海峡大橋が見える見通しの良いところである。昔は大阪堂島の米相場の旗振りもこの山頂辺りで行われていた。

大字畠田の明神山の太神宮さんは、文政十三年に大日霊女尊をまつり、四国阿波（現徳島県）方面からも多くの人がお詣りされ大いに賑わった。昔は、道中にナツメ茶屋やシンコ茶屋、オーコ茶屋という茶屋があったらしい。

また、片岡氏が一時ここに城を築いたが、松永弾正久秀に焼き払われたといわれている。

この山に白狐が二匹いて、太神宮へお詣りする多くの人で賑やかにし、内宮（送迎太神宮）も外宮（亀山太神宮）も宇治橋までもがあった。遠くから伊勢の皇太神宮へお詣りするときはこの峠を必ず通るので、ここが大和の皇太神宮で本家本元であるともいわれ、太神宮さんの御神符を授与して帰らせた。長旅で疲れた人々は、ここだけお詣りして帰っていった。

ある時、関屋の甚九郎という人が、白狐を一匹射ち取った。残りの一匹は東に逃れて鑵子山（現天理市守目堂町附近）にかくれ住んだらしい。

ある日、郡山藩主が馬に乗ってきて、これは二セの皇太神宮だと言って、郡山藩では命令を出して太神宮をこわしてしまったという話がある。

太神宮さんの社は、三間（約五・四m）に七間（約十二・六m）の拝殿で火幡神社（畠田五丁目地内）に移された。灯籠も同社に移された。※1鑵子は畠田村の戸銘に「大日霊神社、和州雲門山太神宮」とある。太神宮さんの世話役が、毎日賽銭を「※2カマス」に、四、五杯入れて家に持ち帰ったといわれる。

村人は、明神山の上まで行くのが遠いので、太神宮さんの出先の宮を字おどり場（畠田地区の字名）につくった。今でも十月二十二日にここでお祭りが行われている。

太神宮跡には、今はこの水神さんがまつられていて、現在でも八朔といって九月一日には、多くの住民が参詣しておられます。
※1水注ぎの道具
※2わらムシロを二つ折りにして作った袋。穀物、塩、肥料などを入れる袋として使われていた。
奈良県史
王寺町史 より
明神山の山頂の案内板(撮影：木村　実)

へ知らせる。高田にもその中継所があった。」

明神山の山頂には「明神山のおはなし」という案内板が建てられていて、「昔は大阪堂島の米相場の旗振りもこの山頂辺りで行われていた」と説明されている（平成一七年）。

安康天皇陵（奈良市宝来町古城）が旗振り中継所であったという伝説があるという（『地名伝承論』）。池田末則氏に問い合わせたところ、文献によるものでなく、地元で聞いた伝承であるという。立ち入りが自由であった江戸時代のことであろう。

『新訂王寺町史』本文編には「奈良（現近鉄奈良駅北側）を経て、旧五ケ谷村の高峰（相場取山、転じてスモウトリ山）に至り、笠間を経由して伊賀方面にも連絡」とある。奈良取引所は明治三七年頃に廃止されたので、旗振りも中止となったという。

高峰山（天理市・奈良市米谷境）（旧五ケ谷村）中継所は頂上を「ソバトリ山」といい、標高六三二・五mである。転じて「相撲取り山」の俗称も伝わる。山頂から堺市の海が見え、のろし台があったと伝わり、「ノロシ山」とも呼ばれる。鉄塔の約五〇〇m西に、「トビアナ」の俗称が残る。「飛ぶ火穴」の転訛語という。

高峰山は伊賀方面への旗振り中継地点であったという（『五ケ谷村史』、『新訂王寺町史』本文編）。しかし、室生村（現宇陀市）上笠間の相場取山方面は壇の山が遮っており、伊賀方面（伊賀上野、高旗山）への通信もできない立地である。十三峠から直接、奈良へ送信できないので、高峰山は、その中継地点の役割をしたものかもしれない。

信貴・生駒山系は、大阪から大和・伊賀方面への伝達に欠かせない中継地であるために、多くの旗振り場が設置されたが、系統が複雑でどの方面への中継に用いられたかを知ることは困難である。ただ、複数の証言と立地条件から妥当なルートの再現は可能であろう。
大阪から大和方面に送信されたルートは、次のとおりと考えられる（起点の大阪は省略）。

①生駒山（天照山）、奈良
②十三峠、高峰山、奈良
③十三峠、三輪
④久安寺（ソバフリ山）
⑤高安山、丹波市
⑥高安山、大和高田
⑦上本町六丁目、南畑、三輪
⑧上本町六丁目、南畑、明神山、大和高田

国見山　六八〇m

『五ケ谷村史』によると、池田末則氏は奈良市中畑町の奥田毅氏からの聞き取りで、中畑の「北方に国見山があり、北椿尾領には十八国が見える所があるといい、大坂堂島の米相場の中継をしていた」ことを確認している。中畑集落の北で、北椿尾町に属し、見晴らしの良い山と言えば、城山（奈良市北椿尾町字城山、五二八・七m）であろうか。

筆者は、奥田氏に問い合わせてみたところ、旗振り場は城山でなく、中畑町の北東の国見山（六八〇m）であり、年代は明治初期頃で、三重県方面から受けた信号を生駒山へ送ったという重要な証言を得ることができた（平成一二年一一月）。三重県方面というのは、高旗山とも考えられ、立地上は通信可能である。あとで述べる相場取山からも受信でき、生駒山地の旗振り場（天照山・高安山）とも通信できるこ

国見山方面（矢田原町より）

とから、重要な中継地点であった可能性が高い。

国見山は奈良市と天理市の最高峰である。国見岳、国見ケ嶽ともいう。国見山もそれに次ぐ高峰であるフキガッポ（ダス原峰、六七五ｍ）も地形図に山名の記載がない。奈良山岳会編『大和青垣の山々』の中に紹介されているだけで、従来、ほとんど知られることのない山々である。

『田原村史』によれば、旧田原村（現奈良市田原地区および杣ノ川町）の最高点は国見山、次高点はダス原峯、次々高点は塔の森（六六六・三ｍ）となっている。

『日本山名総覧』には、「国見」を冠した山名は五八座もある。頂上にのぼれば周囲の国々を見渡せるほど展望のよい山に名付けられたものである。奈良市の最高峰である国見山もその名のとおり、展望が良く、旗振りには絶好の山である。不思議なことに、筆者の知る限りでは、旗振りの行われた国見山は、ここだけである。一般に標高の高い国見山が多いため、山頂への往復に時間がかかり、旗振りには向いていなかったのかもしれない。

天保一三年（一八四二）の本（『俳諧職業尽』）には「大坂、信貴山、笠置山、伊賀布引山、勢州青谷山、津、松坂」という通信ルートが載せられていた。これを筆者の得た情報によって再現すると、次のようになると考える。

「大坂、高安山（信貴山）、国見山、高旗山、塔の峯、旗山、布引山地、長谷山、津・千歳山（青谷山）、松阪」

この場合、国見山を笠置山としなければ辻褄が合わない。二〇万分の一地勢図などにあるように、笠置山地は笠置山から一体山を経て南に続く山地であり、国見山は笠置山地に属している。『俳諧職業尽』にある笠置山が笠置山地を指すのであれば、それほど的はずれとは言えない。国見山での旗振りは長い歴史を持ち、重要な役割を演じたように思われるのである。

コースガイド

ＪＲ・近鉄奈良駅前から下水間（みま）行きのバスに乗り、田原横田バス停で降りる。白砂川に沿って歩くと左手の消防ポンプ倉庫のそばに鎌倉中期の地蔵石仏があり、右手からの道と合流してすぐ左側に、県指定文化財の南田原磨崖仏（俗称は切りつけ地蔵、鎌倉後期）がある。

長谷（ながたに）の集落を過ぎ、分岐で右をとり、川を離れて日吉神社へ上がっていく。「塔の森」の解説板があり、その左手に石仏、板碑（室町後期）、宝篋印塔（南北朝時代）などが並んでいる。神社境内に入ると鳥居があり、その下が茶畑になっている。

少し上がると右側に山道が合流している。この山道は明瞭で今でも利用できる（麓にある登り口は草が茂り、少しわかりにくい）。道なりにそのまま進むと、

分岐があり、左へ上がる。ほどなく、長い石段の下に着く。石段を利用してもよいが、左の道を上がり、小屋の横に出て右手の道に入る方が楽であろう。ちょっとした平坦地が「塔の森」である。

「塔の森」には二重基壇の上に立つ六角層塔があり、県指定史跡(昭和二九年指定)である。横に破片が残存していて、製作当初は十三重石塔であったらしい。台座・笠石ともに平面六角であるのは珍しく、独特の味がある。最も装飾的な奈良後期の傑作とされる。

塔の森六角層塔

国見山山頂の展望台

先程の小屋のところに戻る。下り道があり、少したどると小さな池の横に祠がある場所に出る。その下の道は荒れているので引き返し、国見山への縦走路を道標に従って進むと鞍部に出る。直進してのぼっているクマザサにおおわれた道が縦走路で黄色の目印がある。左へ続く明瞭な道は尾根を乗っ越して急な下りとなり、池の手前で右に折れて、ゴルフ場内の通路を経て、別所から七回峠(七廻峠)や福住方面へ出る時に利用できる。

縦走路を上がると三等三角点「長谷」に出る。展望はまったくない。『田原村史』はここを「塔の森」と呼んでいる。いったん下ってのぼり返すと右からの尾根道と合流している。左へ一〇〇mほど進むと境界杭があり、左にゴルフ場の駐車場に通じる細い道がササに隠されながら踏み跡を残している。下方に倒木があってやや歩きにくいが、利用は可能であり、別所方面に出られる。

縦走路をたどると倒木の箇所が出てくる。分岐点に来ると、道標があり、左にそれてすぐ右へ進むとよい。分岐点で右へ続く矢田原町への道は最近は倒木などの影響で利用が途絶しているようだ。奥ケ谷への下り道も茨が繁茂し廃道に近い。分岐点から左方にあたる別所への道も猛烈なササに覆われて通行不能になっている(道形は明瞭である)。

ほどなく「奈良市のエベレスト(チョモランマ)国見山山頂もうそこ」と記したプレートが現れ、気持ちのよいクマザサの道を分けると手作りの展望台のある国見山の山頂に着く。北東側と西側の展望が開けていて爽快な気分が満喫でき、旗振りには最適の場所であることがわかる。昭和四〇年代ごろには三六〇度の展望が楽しめたようだが、最近は樹木が南北方向を遮るようになっている。

山頂から少し下ると林道に出る。ほどなく約六五〇mのピークに着く。二万五千分の一の地形図に示された直進する尾根伝いの道は倒木のオンパレードになっていて非常に歩きにくいが通行はできる。急な下りとなり、やがて左手から古道が合流する(古道は南方の途中でブッシュとなり通行困難)。左右に茶畑を見ながら下って五つ辻に出る。右に下って矢田原口バス停に着く(五つ辻で直進してもよい)。

約六五〇mのピークから、倒木くぐりやまたぎ越しを避けたい場合は、北東方向に延びる尾根伝いの林道をたどるとよい。鞍部に出ると尾根道は通れなくなり、左右に道が現れる。左へ下ろう。急坂の途中の枝道はどちらをとってもすぐ合流している。

さて、左に谷を見たりしつつ下っているとほどなく春日宮神社のすぐ上に出る。左に降りて、すべりやすい危険な石段はパスして車道をたどり、矢田原口バス停に着く。

その後、内田嘉弘『大和まほろばの山旅』に、この国見山が紹介された(平成一二年)。『奈良県の山』(平成一六年)にも収録されている。最近は歩きやすくなっているようである。

(平成一一年一〇月一〇日歩く)

《コースタイム》(計二時間四〇分)

田原横田バス停(五五分)日吉神社(一五分)塔の森石塔(三〇分)国見山山頂(四〇分)春日宮神社(二〇分)矢田原口バス停

〈地形図〉 二万五千=大和白石

相場取山

五五〇m

『山辺郡史』（大正五年）に「相場取山　袴腰山ノ東方ニ聳ヱ第二ニ位スル高峯ニシテ海抜五五二米アリ往昔奈良上野間ノ相場信号取次ヲナシタル所ナリト云フ」とある。

相場取山について、奈良県室生村教育委員会の勝山好弘氏に問い合わせたところ、上笠間の勝井章文氏が「祖母や福田勝次氏から、相場取山で、火を振って相場を送ったことを聞いている」とのことであった。

筆者は『山辺郡史』の記述だけでは相場取山の正確な位置がわからないので、上笠間の福田勝次氏に問い合わせてみた。

福田氏は父から聞いていた話の記憶をもとに、平成一二年一〇月、大字上笠間小字峠（七戸余り）の人々に聞き取りを行ったという。三人程が知っておられて、その一人に教えてもらった相場取山は、袴腰山（五二二・二m）の東方九〇〇mに位置する五五二m独標（昭和四三年測量の二万五千分の一地形図「名張」に初めて記載されている）のさらに東南東二五〇mに位置するピーク（標高約五五〇m）であり、東には伊賀盆地が広がり、上野市（現伊賀市）付近や青山高原が見渡せる立地という。

福田氏は、『山辺郡史』にある記述と完全には一致していない（相場取山は五五二m）のを気にしておられたが、明治期の五万分の一地形図には五五二m独標の記載はなく、約五五〇mの山が『山辺郡史』にいう相場取山と考えて矛盾しないと考える。しかも筆者の実地踏査でも、上野方面が見える地点であることが裏付けられたから、火振り地点にふさわしい。

勝井氏は「中継点は山添村の神野山か都祁村小倉の壇の山か、どちらかであろうと思います」というが、福田氏による山添村と都祁(つげ)村(現奈良市)の古老たちへの聞き取り調査(平成一二年一一～一二月)によると、どちらの山でも「そんな話は聞いたことがない」という結果であったという。

福田氏は、父が話を聞いた家の主人は亡くなっているので、その妹さんに尋ねたところ、「私が小さい時、お正月には、鏡餅を神棚の神様と、『めがねさん』にと、二組お供えしておられました。それは、この『めがねさん』のおかげで、相場取り山の『のろし(合図)』をはっきり見ることが出来、お金をたくさんもうけさせてもらった大切な宝物だから、お供えして、おまつりしているのだ、と教えられたことを覚えています。しかし、どんな物か見せてもらったことはないし、見たこともありません。多分、望遠鏡のようなものだったのではなかろうか」ということを話してくれたが、それ以外のことはわからないとのことであった(以上、福田氏からの平成一二年一二月一四日付、返信による)。

筆者は、池田末則氏の記述から、生駒山系や奈良からの信号を受けて、高峰山から室生村(現宇陀市室生区)の相場取山経由で伊賀上野に送信したのであろうと思っていた。ところが、相場取山の位置が判明するに伴い、地形上、高峰山と相場取山の相互の連絡は、壇の山が遮っていて不可能であることがわかり、別の通信ルートを考える必要が生じた。そして、国見山は、三重県方面から生駒山への中継地点であるという証言から考えると、桑名から発信して、垂坂山、上野西山、お経塚(関町＝現亀山市)を経て、伊賀上野、相場取山(室生村＝現宇陀市室生区)、国見山、生駒山(天照山)、大阪と伝達されたと考えるようになった。

コースガイド

筆者は相場取山の実地踏査を行った。五五二m独標の南方の谷（作業道があるが倒木で歩きにくい）を詰めて北東方向へ斜面をよじ登り、尾根伝いに山頂に達することもできたが、一般向きでなく、おすすめできない。

近鉄大阪線赤目口駅で降りて、黒田の集落へ向かい、勝手神社の背後、無動寺の北の尾根道から山に入る。深く掘れており、古くからの道のように思われる。静かな山道をしばらく登って行くと、広い地道に出合う。左をとって、茶臼山へ向かう。茶臼山の頂上は中継塔が立っている。ここからは車道をたどり、青葉開拓の中を進む。

相場取山の山頂の東は「高原の村　青葉」である。その中の急な車道をまっすぐに上がり、終点で右寄りのやぶのように見えるところに突入してみると、実際には平坦な道が続いていて、すぐ小さな峠に出る。そこから左（南西）の山道を上がる。明瞭な道なので相場通信をした峠集落の人が利用した道と想像する。

谷に出ると昔の道はやぶに消えてしまう（谷を強引に進めば通れないこともないが）ので、右か左の尾根

筋を登って頂上に出るとよい。左右どちらのほうでも通れるので時間的にも大きな差はないだろう。

右手のほうにある最高地点の辺りは樹林に囲まれているが、西方に国見山が見え、北北東には伊賀上野方面が見える場所がある。「火の旗」と呼ばれる松明による火振りが行われたのは、おそらく、この辺りであろう。

なお、笠間峠の北の高原の村からは相場取山がよく見え(口絵写真参照)、峠の集落からは、五五二m独標と相場取山の山容が確認できる。

笠間峠を経て車道を下ることもできるが、ここは、峠の集落の石碑のあるところ(ここが旧笠間峠である)から、東へ山道を下り、黒田坂を経て、坂之下から赤目口駅に戻る。

この黒田坂は「松明(たいまつ)調進の道」と呼ばれている。大和路に春を告げる「お水取り」(奈良東大寺二月堂の修二会(しゅにえ))に使われる松明は、名張市赤目町一ノ井(赤目口駅南方)の極楽寺に集めて奉納される用材で、伝統行事として七五〇年も続く供進だという。毎年、三月一二日に極楽寺を早朝に出発して、黒田坂を上がり、奈良道を担ぎ歩いて東大寺まで搬送されるのである(山と高原地図『赤目・倶留尊高原』二〇〇二年版。絶版)。鳥のさえずりが聞こえ、落葉の積もる古道に歴史を重ねながら黒田坂・奈良道を歩くのは心地良い。

相場取山は筆者が「再発見」するまでは、米相場の通信の山であることも忘れ去られ、今でも誰も注目することもない全く無名の山であり、やぶがちであるので、山慣れた人だけにおすすめしておきたい。くれぐれも、やぶ歩きに慣れていない人が立ち入ることのないようにお願いしておく。

もちろん、黒田から茶臼山を経て、旧笠間峠から坂之下に下る道は一般向きであり、おすすめできるハイキングコースである。

(平成一三年四月二二日・五月二〇日歩く)

《コースタイム》(計四時間五分)

近鉄大阪線赤目口駅(三〇分)黒田(一時間二〇分)茶臼山(三〇分)高原の村青葉(二〇分)相場取山(三〇分)旧笠間峠(五五分)赤目口駅

〈地形図〉 二万五千=名張

相場取山山頂から国見山（中央）を望む

黒田坂（松明調進の道）

峠の集落から北方に見える相場取山

京田辺・笠置ルート

（ルート地図は二四七ページ参照）

千鉾山

三一一・三m

京都新聞社編著『京・近江の峠』の中の「三国峠（みくに）」には、次のような記述がある。

「土地の古老によれば、戦いに敗れた落武者は、逃げる途中、千鉾山付近で、刀ややりなどの武器を埋め、敵の追及を免れたという。千鉾山の名の起こりだそうだ。『昔、この村で一番高い千鉾山の頂上から、村人が旗かノロシで大阪の北浜や伏見のコメ相場の上がり、下がりの動きを伝えた。村人たちは、この合図を見て、きょうは北浜へ、あすは伏見へと相場の高い方へコメを出したそうだ』。と高船の古老、岡田平造さんは語っている。」

この千鉾山は、京都府京田辺市高船集落の西、生駒市境にある三一一・三m三角点である。この旗振り場の存在は、従来、ほとんど知られていないようである。

『田辺町郷土史　社寺篇』の、字高船の石船（いわぶね）神社の解説に、「櫂峰（かじがみね）（千鉾（せんぼこ））」とある。つまり、千鉾山は「かじがみね」または「せんぽこ」と呼ばれているわけである。

京田辺市教育委員会の鷹野一太郎氏によれば、「せんぼこやま」と呼んでいるという。岡田平造さんはだいぶ前に亡くなられたとのことで、もう地元でも「小さい頃、聞いたことがある」「ガラス製の遠

千鉾山山頂にある石碑

瘡(笠上)神社

メガネを使っていた」という程度で、ほとんどの人は知らない、あるいは忘れてしまっているというのが現実だという。通信の方向については、岡田さんの話以外のことは全く不明という。なお、三角点の点名は「高船」であり、「笠神山」の山名もあるようだ(慶佐次盛一『近畿周辺三角点山名』大阪低山跋渉会、平成八年)。

千鉾山の北に瘡神社(笠上神社ともいう)があり、痘瘡平癒の信仰があり、昔は訪れる人も多かったそうである(『京・近江の峠』)。その北方に山城・河内・大和の国境があり、その近くの峠を三国峠と呼んだという。戦国時代、南方の打田と北方の尊延寺との間で合戦があったと『普賢寺変遷史略』に記されている。

千鉾山から直接、大阪堂島と連絡することはできない立地にあるが、この近くに旗振り場がある。それは交野の旗振山である。伏見とも直接の連絡はできないので、天王山を経由したのであろう。

したがって、「大阪堂島、旗振山(交野)、千鉾山、天王山、伏見」という京田辺ルートが作られて、高船では千鉾山の山頂から、堂島方面と伏見方面との間で相場通信を行ったということになる。

平成一七年には「京田辺尾根筋ハイキングコース」が開通し、千鉾山の山頂には、筆者の「京都新聞」(平成一五年一二月五日付)の通信ルート地図の引用が見られる。

旗振山（交野）

三四五m

『交野町史』の「第八章交通と通信」の「8その他の通信方法」には原田英二氏が執筆した次のような旗振信号の項目がある。

「旗振信号に依るものが行なわれており、傍示集落（奈良県境の山間に所在し人家所在地の標高約三〇〇米の地域）に旗振所があった。同所は大阪城まで見通せる場所に在って、（中略）堂島の米相場が即日判明したとのことである。」

信号所の具体的な場所は、この文では、はっきりしないが、『交野市史』自然編Ⅰ（昭和六一年）には中光司氏（当時磯島高校教諭）が執筆した次の一文で明確となる。

「交野の旗振山は西は断層崖で大坂の方が一望できる立地の良さがあり、東の山城、大和へも次の中継地点が独立した山であれば、信号を送るにふさわしい場所である。旗振り通信が行われていたのは明治の初めまでで、電信が利用されるようになるとこの仕事も姿を消した。」「交野の人々もこの山で振られた旗の様子でいちはやく米の相場を知って米の売り買いの決断をした。」

旗振山は大阪府交野市傍示の最北端に位置しているので、集落部でなく山頂で旗振りが行われたわけである。

旗振山は標高三四五mで、交野山より少し高く、交野市内の最高峰であるが、あまり知られていないようである。しかし、旗振山のインターネット検索を行ってみると、須磨の旗振山の出現頻度は第一位で、交野の旗振山の出現頻度はその十分の一ではあるが第二位である。してみると、案外、知る人ぞ知る山なのかもしれない。

ちなみに、交野山の標高は、地形図には三四一mとあるが、交野市発行の地図を見ると、三四四mとなっている。交野山は都市名と混同して「かたのやま」と呼び間違える人がいるが、もともとは「神の山」で、神体山であり、地元では「こうのさん」と呼ばれて親しまれている。

旗振り山である千鉾山の存在がわかるまでは、交野の旗振山がどのような役割のために設置されたのか、よくわからなかった。なるほど、交野の地元に知らせればよいのだから、それはわかる。しかし、その東方に中継地点が存在するのかどうかわからなかったのだから、無理もないことであった。千鉾山が中継所であることによって、役割が明確になったといえるのではないだろうか。

コースガイド

自動車を利用して、高船の千鉾山、交野市の旗振山を巡ってみたので紹介する。

高船の笠上神社の麓に自動車を駐車させて、神社の石段を上る。広場に出ると、東側の展望が大きく開ける。すぐに不動明王の像があり、その横から忠実に尾根伝いの踏み跡をたどる(あまりよい道ではないので、やぶ慣れた人にしかおすすめできない)。ほどなく、千鉾山の山頂に着く。四等三角点(点名は高船)の石標と「歓喜天拝所」と刻んだ石碑があるが、周囲は竹林で視界は全くない。昔はここでも展望が開けていたの

旗振山の三角点標石

旗振山の山頂

であろう。南方への踏み跡があるが不明瞭なので、元の道を引き返した。

交野の旗振山へは、交野いきものふれあいの里の南端の駐車場（旗振山の北東麓。午後四時半に閉鎖される）に自動車を置く。すぐ南の野外活動センターへの入り口（午後四時半に閉まるゲートがある）から上がり、道が下りになると、すぐ右手の道標が旗振山まで往復一〇分と案内している。鉄塔のすぐ上が三等三角点（点名は蓮花石（れんげせき））で、横の一番高くなった所に旗振山と記した標柱がある。

山頂では東側が部分的に開けていて、高船の千鉾山の方向も見えている。西側は樹林に閉ざされていて、展望は全くない。

なお、電車・バスで千鉾山・旗振山を巡る場合には、近鉄奈良線富雄（とみお）駅から奈良交通バス、傍示行き（二番のりば、一時間に一本ぐらい）で高船口バス停で降りて、バス時刻を確認の上、千鉾山まで往復し、傍示バス停までバスを利用して旗振山まで歩き、京阪交野線河内森駅・JR河内磐船駅に出るとよい。

また、近鉄京都線三山木駅から奈良交通バス、高船行き（一番のりば）も利用できるが、一日に四便しかないので、インターネット等でバスの時刻を確認してからプランを立てるとよいだろう。

（平成一三年一〇月一四日歩く）

《コースタイム》

A（計二〇分）高船の笠上神社（片道一〇分）千鉾山

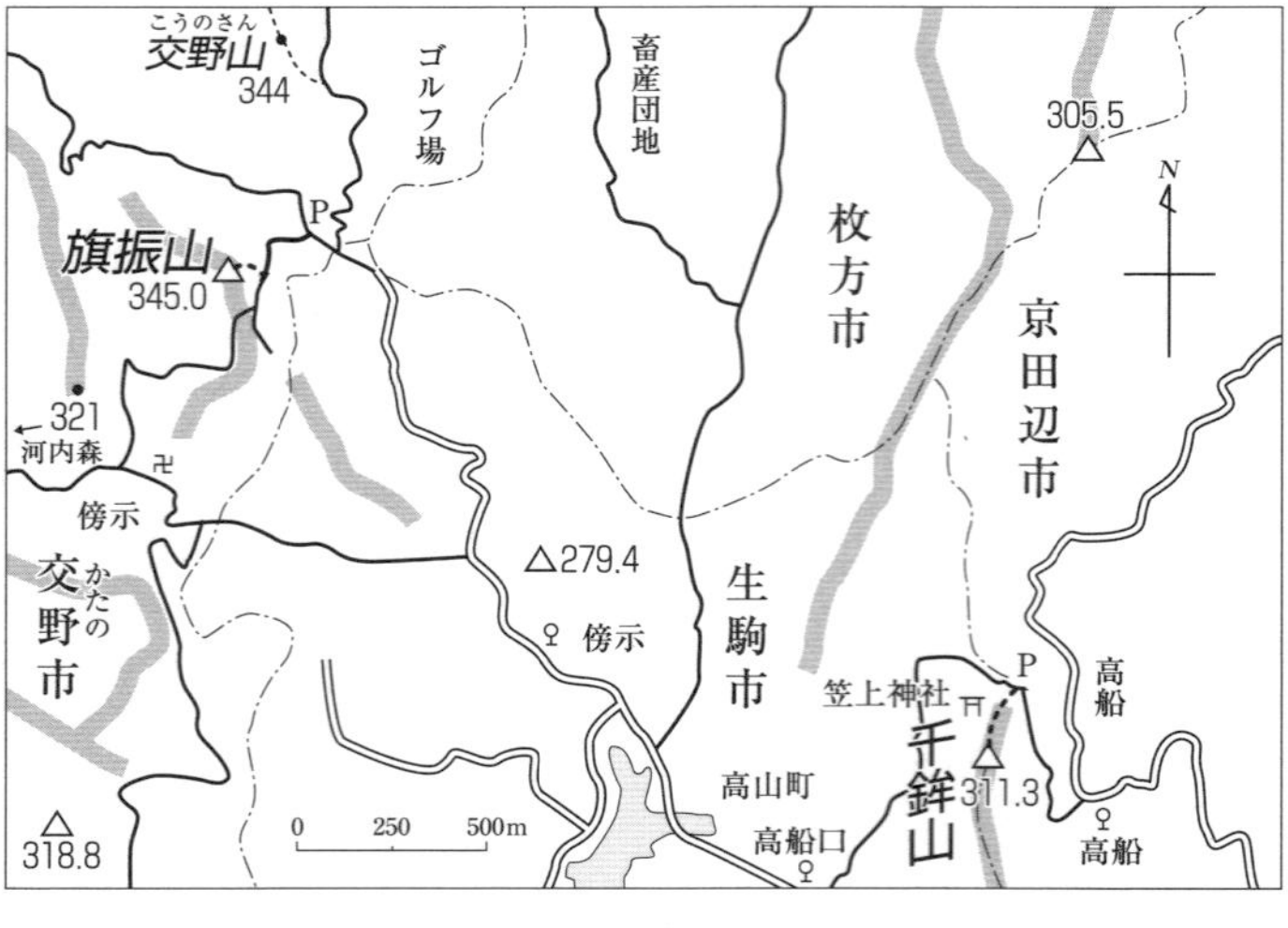

B（計二〇分）交野いきものふれあいの里駐車場（片道一〇分）旗振山
C高船口バス停（二〇分）笠上神社／高船バス停（一〇分）笠上神社／傍示バス停（四〇分）旗振山（一時間）京阪交野線河内森駅・JR学研都市線河内磐船駅
〈地形図〉二万五千＝枚方

相場の峰

三二〇m

筆者は、伊賀ルートで紹介した『俳諧職業尽』（天保一三年＝一八四二）の「火振」の記事から、「大坂、信貴山、笠置山、伊賀の布引山、勢州の青谷山、津、松坂」という相場通信（夜は松明を用い、昼は幟を用いた）のルートの存在を知ることができた。当然、笠置町に、旗振り場があったのであろうと予測して、笠置町教育委員会に『俳諧職業尽』の「火振」の記事を送って、問い合わせたところ、「笠置山」には旗振り伝承は残っていないということであった。

笠置橋と相場の峰（中央上）

ところが、平成一二年一〇月、笠置町教育委員会・社会教育指導員（当時）の中尾修氏から電話連絡があり、今まで教育委員会で全く把握していなかった旗振り場が判明したというのであった。

一〇月七日に、中尾氏によって、笠置町切山の長老（松本二三男氏）への聞き取り調査が行われ、地元で「相場のむね」と呼ばれている旗振り地点の存在が確認されたのであった。「むね」というのは、おそらく「峰」のことと推定され、「相場の峰」と表記するのが適当であろうという。

平成一三年一月一六日、松本氏(七六歳)、前田教育次長、中尾氏の三名によって現地調査が行われたという。檜林を最近開墾して作られたと思われる茶畑(軽トラックで近くまで入れる)の下に、台地状の地形が檜林の中に見え、これが旗振り場だというが、道は上から通じていないということであった(切山からは今でも山道が通じるとのこと)。

茶畑では南側と南西側に視界が開け、生駒山地も見えるが、旗振りの確認ができないほど遠くかすんでいる。茶畑から東方はよく見えるが高旗山は国見岳(五〇九・四m)に遮られて確認できない。いずれ

相場の峰の茶畑

茶畑の南端の縁石
(檜林の下に旗振り場の伝承地がある)

相場の峰の旗振り場の伝承地と思われる地点

にしても、旗振り伝承地では東方は樹木が生えて見通しは困難な現状である。立木がなければ東・西・南の展望が開ける。松本二三男氏が父(死亡)から聞いていたのはこの場所と呼称のみであり、前後の中継地点、旗振り人の氏名、年代ともに全く不明である(以上、中尾氏からの平成一三年一月二三日付の旗振り通信についての回答による)。

相場の峰(笠置町北笠置)は、笠置山(二八八m)と木津川をはさんで北側にあり、切山集落の東方の尾根の上にある。北笠置の役場の真北八〇〇mに位置する標高三二〇m地点である。切山の北東の三七五m独標の南南西二〇〇m付近にあたる。

筆者は、『俳諧職業尽』に記録された「笠置山」の旗振り場が「相場の峰」であろうという予想を立てて、現地確認の情報を待っていたが、その地点が明らかになってみると、思ったよりも低い位置にあり、高旗山への中継も不可能であることがわかり、この中継地点の役割が謎となってしまった。奈良の飛火野への通信はできないが、国見山(六八〇m)、安康陵、生駒山(天照山)への通信はできる立地にある。といっても、生駒山は遠すぎる。千鉾山や交野の旗振山からの受信も可能だが、立地上、やや不自然であり、真正面に見えている国見山から受信したと考えるのが最も妥当と思われる。相場の峰は遠くへの中継地点ではなく、笠置の人に米相場の情報を伝えるためだけに設けられた旗振り場であったのだろう。つまり、分岐ルートである。

「相場の峰」は、筆者が笠置町に問い合わせなければ、おそらく、永遠に日の目を見ることのなかった旗振り場であろう。西日本の各地には、同じように古老の記憶だけにとどまり、やがて忘れ去られて行く旗振り場も多いのではないだろうか。

『京都の地名　検証』(平成一七年)に、「相場の峰」を紹介したので、中尾修氏に知らせたところ、切山の長老、松本二三男氏は平成一六年一〇月にお亡くなりになりました、とのことであった。笠置町での旗振り伝承が失われることなく、後に語り継がれるようになったことは幸いであった。

筆者が、この本を著した理由として、そのような忘れ去られて行く旗振り場をもう一度、発掘して、通信ルートを再現できないものだろうか、という願いがある。この本を手掛かりにして場所の見当をつけ、未知の旗振り場を発見するために欠かせない古老の証言を掘り起こしてくれる人の現れることを願う。

それは聞き取り調査だけに限らない。町のタウン誌や、古いガリ版刷りの小冊子に貴重な証言が埋没しているのかもしれないのである。あなたの家や近くの地方図書館には、町の老人会のまとめた昔の思い出話集が残っていませんか。もしかすると、その中に貴重な証言が見つかるかもしれませんよ。さあ、あなたも未知の旗振り山を探してみませんか？

コースガイド

「相場の峰」の現況を確認するため、桜花満開の笠置駅から切山集落を目指した。切山水源の森（笠置橋

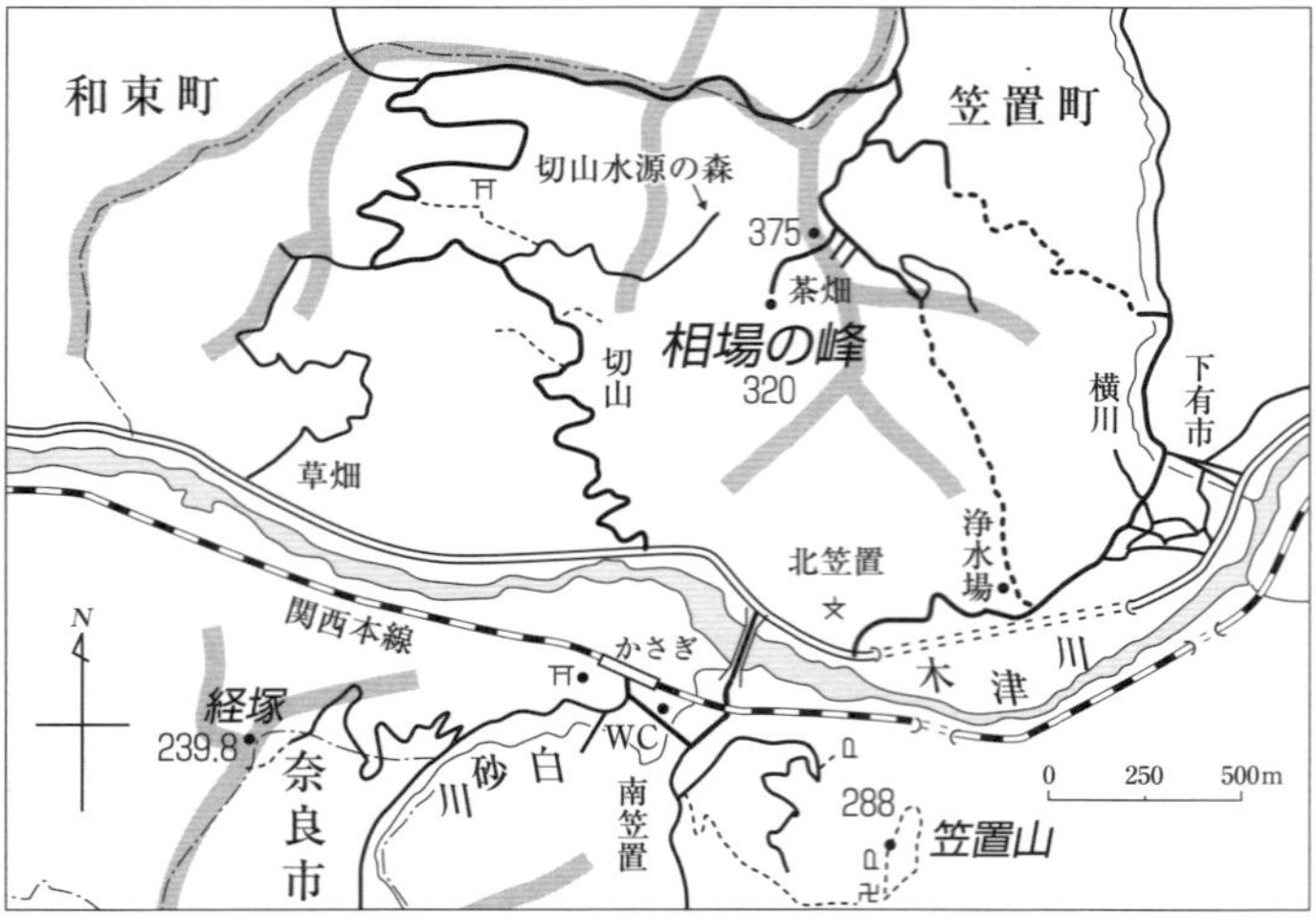

の北、一・二㎞)まで行ったが、そこから東に向かう山道は見当たらず、引き返し、北の尾根伝いの林道をたどって、分岐点で南下し、途中で右手の茶畑に達した。

茶畑からは、一体山が南方にはっきりと見え、その右側に、やや遠く国見山が姿を見せていた。茶畑の南端の縁石から下ると、平地があり、小丘になった場所がある。かつての旗振り場と推定される地点での視界はとざされているが、茶畑での広大な展望が、かつての状況を推測させる。近くには下り道は見当たらなかった。

茶畑で作業中の地主さんに、「調査か」と呼び掛けられたので、話を聞く。和束町出身という。茶畑の小字名は東掛谷といい、この茶畑は檜林を開いたもので、平成一三年で四年目になるという。収穫の初年は平成一〇年ということになるようだ。

旗振り場は松本氏の山林であり、旗振りのことを話すと、初耳なので、興味深く聞いておられた。茶畑をあとにして、有市浄水場へ下ろうとしたが、途中で工事をしていたので、逆に少し北に戻り、笠置町の一万分の一地図に示された東方への山道を下り、横川沿いの道に出て、笠置駅へ戻った。旗振り場まで往復するだけなら、有市浄水場からのコースを利用するのもよいだろう。

(平成一三年四月四日歩く)

《コースタイム》(計二時間四〇分)

JR関西本線笠置駅(四〇分)切山(一時間)相場の峰(一時間)JR笠置駅

〈地形図〉二万五千=笠置山

逓信協会雑誌

『逓信協会雑誌』大正三年二月号（逓信協会）の雑録、二六～二七頁に掲載された旗振信号の記事は興味深い内容なので、その全文をここで紹介する。

漢字は新字体に改め、原文には全く付されていない振り仮名を新仮名遣いで新たに加えたが、文体と用字は原文通りである。

大正三年といえば、旗振り通信が各地で終焉を迎えた時期であり、同時代における、「旗信号通信」の位置付けを見事にとらえたレポートといえる。「旗振り通信」という言葉も文中には見えていて、当時から用いられていたことがわかる。

「相場通信に利用されたる旗振信号の沿革」

左に掲くる記事は、元大阪急報社長松下松之助君から特に予に寄せられたものである。四五年前旗振信号の起原発達に関して調査したことがあつたが何等記録の徴すべきものがないので、その事実を審かにすることが出来なかつた。当時偶来省せら（ママ）た松下君が、旗振信号に関しては、寸分も聞知せることがあれば追て書き送るべしと誓はれたことがある。程経て予の机上に落ちたのがこの一文であつた。記事は断片的のものだが、有益で且つ面白い。斯ういふ材料が少し集まれば立派な沿革史を編むことが出来る。茲に原文のまゝ之を発表して読者の参考に供する次第である。これ等の事柄に関し何か確実な材料を有せらるゝ方があれば、是非拝見させて戴きたい。（恭堂生）

天保初年の頃大阪堂島米会所市場の外に、市内は天満龍田町、江戸堀三丁目、島之内の三ヶ所に米市場の如き会所ありたるが、此等の市場に於ては、専らに堂島の米相場の高低に拠り駈引を試みたり。之れが相場を速知する方法は、各々小使を堂島米市場の近傍に出張せしめ、同市場の問屋（即ち今の仲買店）の丁稚が、取引所内市場の公定直段を、その頃一匁五分とか二匁とか高声にて各仲買店へ報ずるを聞知して、件んの小使は手拭を以て、一二丁毎に乙の者手拭を持て待受け居るものへ合図(即ち信号)をなし、東西に漸次丙丁と夫々伝達し右の米市場三ヶ所へ手拭信号を以て相場を報じたりき。当時に在りては此通信に限り公然と堂島米市場に近寄らしめず、東は大江橋北詰、西は渡辺橋北詰に彳み居るものとして(抜け)と唱へて公衆は忌諱せり。件の信号者は、傍ら常に機敏なる米商人の駈引に依頼を受けて通信せしものなり。其の後漸次信号方法を改め遂に公然許可を得て旗信号通信となり、其信号の見分けに望遠鏡を用ゐたり。

又た地方への旗信号通信は安政六年頃より専ら各所に行はれ来れり。今其箇所を挙ぐれば左の如し、東は静岡、浜松、岡崎、豊橋、名古屋、桑名、四日市、津、松阪、山田、岐阜、大垣、長浜、彦根、水口、大津、伏見、京都、大和高田、堺、和歌山。

西は尼ヶ崎、伊丹、西ノ宮、灘、御影、神戸、兵庫、三田、須磨、明石、岩屋、洲本、市村、福良、撫養、徳島、姫路、曽根、網干、岡山、倉敷、津山、玉島、尾之道。

右は互に中継して遠方に伝達したるものにして、その区域は広大なり。

前記の各所信号者は日々望遠鏡を備へ前者よりの通信を待構え居るなり。旗信号に黒白布を利用するは、天候に依るなり。雨天曇天には信号移らず、忽ち差支を生ずる場合あり。大阪が晴天にても途中曇天なれば、黒旗を信号する事あり。遠距離への通信にても却て今日の電報電話も如かざる速度を有したり。

此旗信号通信は総て其頃より飛脚屋の附帯の業なりき。而して何れの地の飛脚屋業も皆自分免許を以て旗振通信の元祖なりと称するも、誰の考案なるか創案者詳かならず。大阪にては、其の当時より堂島中町に岩井屋六兵衛と云ふ飛脚屋なるもの専ら之れを行ひたり。然れども当初は公然免許を得たるにあらず。昔日は米会所のなき地に於ては斯かる信号通信を厳禁せり。維新後は堂島米会所に盛に此の旗振り通信の行はるゝに至りしが、明治七年の頃より公然許可を得、堂島米市場仲買店の屋上に於て東西の各地へ日々米相場を旗信号を以て報ずることを公行せり。是れより以前に於ける旗信号通信は市中より郊外に出て、始めて行ひ居たるなり。爾来此業者(駅逓局)の創立せられたるより、電話電報の利器に圧倒され遂に今日の如く衰へたり。元来この旗振信号は個人的の駈引に最も便利とすれども、之れに伴ふ弊害は実に恐ろしく一朝にして失敗を招くことあり。例へば他人と信号者と馴合て、故らに値違ひを信号して賄賂を収受するの類にて実に危険なり。為に損害の及ぶところ甚しく、商況を依托せらるゝ得意先より責問を受け、迷惑を蒙ること少なからず。されば旗振の技倆に長ずる者と雖も、妻子を有し最も信用の重き者を撰みて雇聘するに努め、之れ等の陋習を矯正なしたるが、それとても往々間違を生じたり。俗に小人は利に迷ふなり。

旗信号に関し特筆すべきは、先年露国皇太子殿下大津に於て御遭難の際の如きは政府の電信局に於て暗語電報の掛合中に件の旗信号(イロハ附を以て報じ)は商況と共に大阪へ五分間にて報ぜり。各新聞社にてはこの驚くべき事実を不知こと五時間位なりき。大阪堂島に於ける米飛脚屋は岩井屋六兵衛、堺屋喜兵衛、米屋某、長崎屋某など聞えたるものなるが、各々其の当時未だ郵便、電信の文明の利器のなき頃には、各飛脚夫が朝一番米相場の寄附(今の八時頃なり)公定値段の附くや、自分の抱へらるゝ飛脚屋に、木板活字を植字し墨汁に依り竹の皮(バレン)を以て印刷し、吾れ一と迅速に刷成してその相場状を綱の袋に投入して肩よりハスにかけて駈走りたるものなり。斯くて各飛脚は夫々東西に分れて行く、仮令は岩井屋の飛脚は赤手拭の鉢巻といふが如く甲乙丙丁各自の飛脚夫に於て、各々堺屋なり、長崎屋なり、米屋なり、赤白黄浅黄と自然に手拭の色分けをなして、吾れ一と駈出し旗信号地沿道筋の受信者へ米相場状を配達したるが各々競争して一番状の着次第大なる駈引となり損益を試みる資料となせる也。当時斯の如き利便なりし通信方法も遂に今日の時世に適せざるに至れり(云々)

参考文献

【旗振り通信の基礎文献】（年代順）
（旗振り通信の主要な文献を地方史の一部を含めて網羅した。◎は重要なものを示す。）

・茶静編『俳諧職業尽』天保一三年（一八四二）刊（「火振」の項目）（日野栄子編著『俳諧職業尽・誹諧職人尽画図並びに索引』昭和五九年、新潟県立図書館所蔵）
・「相場旗振」（『風俗画報』第百七十二号（東陽堂、明治三一年九月、一二頁）
・「堂嶋の信号」（『風俗画報』第二百七十六号、明治三六年一〇月、五〜六頁）
◎「旗振信号の沿革及仕方　附、伝書鳩の事」（『明治大正大阪市史　第七巻　史料篇』、昭和八年）（この原本「旗振信号の沿革及仕方」は、明治四二年、大阪市役所調査ノ分である。大阪商工会議所調査ノ分もあるが、ほとんど同じ内容。どちらも逓信総合博物館に所蔵されている。）
◎松下松之助「相場通信に利用されたる旗振信號の沿革」（『逓信協会雑誌』大正三年二月号、逓信協会、二一六〜二一七頁）
・大阪中央電信局編『大阪中央電信局沿革誌』（大正三年）（二一〜四頁、二四一頁）
・逓信博物館「徳川時代の旗振通信」（『陳列品目録』大正六年）
・樋畑雪湖「信号通報の歴史」（『民族』第二巻第二号、昭和二年一月、一四七〜一五二頁）
・三田村鳶魚「大阪町人の相場通信」（『太陽』第三十三巻第十二号、昭和二年十月号、博文館、二〇二〜二〇五頁）（三田村鳶魚「大坂町人の相場通信」全集第六巻、中央公論社、昭和五〇年。鳶魚江戸文庫18『札差』中公文庫、平成一〇年）
・南方熊楠「旗振通信の初まり」（昭和四年。全集第四巻、昭和四七年）
◎岡長平『岡山太平記』（宗政修文舘、昭和五年）
・樋畑雪湖『江戸時代の交通文化』（刀江書院、昭和六年）
・近藤文二「大阪の旗振り通信」（『明治大正大阪市史紀要』第四十七号、昭和七年九月一五日発行）（『経済史研究』三五号、昭和七年）
◎近藤文二・小島昌太郎「大阪の旗振り通信」（『明治大正大阪市史　第五巻　論文篇』（昭和八年）（前掲論文を編集

したもの）
◎水谷與三郎「旗ふり通信」（『上方』昭和一四年九月）
・篠崎昌美『浪華夜ばなし』（朝日新聞社、昭和二九年）
・山田宗作「三木の眼がね通信」（『東播タイムス』昭和三〇年）（『歴史と神戸』第22巻第6号、昭和五八年一二月に再録）
・松永定一『北浜盛衰記』（東洋経済新報社、昭和三四年）（新版『新北浜盛衰記』東洋経済新報社、昭和五二年）
・藪内吉彦「大阪堂島の旗振り通信」（『歴史と神戸』第五巻第二号（昭和四一年五月、二一～二三頁）
・大阪読売新聞社編『百年の大阪2明治時代』（浪速社、昭和四二年）
・近畿電気通信局編『近畿の電信電話』（昭和四四年）
◎渡辺久雄「のろし山」（『忘れられた日本史』創元社、昭和四五年）
・萩野秀（本名は桑島一男）『岡山の電信電話』（日本文教出版、岡山文庫61、昭和五〇年）
・古谷「火と馬と旗（十一）（十二）」（近畿電気通信局文書広報課編『近畿』第18巻第2・3号、昭和五一年二・三月、国立国会図書館蔵）
・落合重信「旗振山」（『山陽ニュース』昭和五一年四月）
◎古谷勝『近畿における情報伝達の歴史的発展　その五「旗振り」』（近畿電気通信局経営調査室、昭和五一年一〇月発行）（逓信総合博物館所蔵）
・鷲尾治兵衛「旗振山について」（『歴史と神戸』第16巻第3号、昭和五二年五月）
・落合重信『埋もれた神戸の歴史』（神戸史学会出版部、昭和五二年）
・『巷説・岡山開化史』（岡長平著作集第一巻、岡山日日新聞社、昭和五二年）（「旗振り速報」六二八～六三〇頁）
・『岡山始まり物語』（岡長平著作集第二巻、岡山日日新聞社、昭和五二年）（「明治六年春、岡山電信局開局」三〇二～三〇五頁）
・樋口清之「世界最大の望遠鏡、米相場で活躍」（樋口清之『こめと日本人』家の光協会、昭和五三年）
・善住国一「相場振り」（『安土ふるさとの伝説と行事』サンブライト出版、昭和五五年）
・桑島一男『倉敷の電信電話』（日本電信電話公社倉敷電報電話局内事業史編集委員会、昭和五五年）
・落合重信『神戸の歴史　研究編』（後藤書店、昭和五五年）
・兵庫探検総集編「旗振山」（昭和五五年五月二七日付、神戸新聞）（次の本に編集再録）
・神戸新聞社学芸部兵庫探検・総集編取材班著『兵庫探検・総集編』（神戸新聞出版センター、昭和五六年一〇月二五日発行）
・落合重信『地名にみる生活史』（神戸新報社、昭和五六年）

◎日本ボーイスカウト兵庫連盟西宮地区ローバー・ムート旗振り通信実行委員会（文責＝吉井正彦）『旗振り通信』を調査　12月6日（日）大阪・堂島―岡山間で再現へ～全長170km、26の中継地点を経て～」（昭和五六年、再現実験報道用資料）

◎岡山ルートの再現実験（姫路までの実験を含む）についての新聞記事（約六〇紙面）
（昭和五六年七月一八日付、読売新聞）
（昭和五六年七月一二日付、神戸新聞）
（昭和五六年八月四日付、神戸新聞）
（昭和五六年八月一三日付、山陽新聞夕刊）
（昭和五六年八月三一日付、神戸、読売新聞）
（昭和五六年一一月二九日付、神戸新聞）
（昭和五六年一二月二日付、朝日新聞）
（昭和五六年一二月四日付、オカニチ）
（昭和五六年一二月七日付、毎日新聞大阪版、読売、大阪、山陽、サンケイ、朝日、神戸、オカニチ、徳島、京都新聞、愛媛新聞夕刊）

◎川合隆治「旗振り通信について」（『三重の古文化第48号』通巻第89号、三重郷土会、昭和五七年一〇月一日発行）
（三重県立図書館・天理大学附属図書館蔵）

・寺脇弘光・報「御着付近の旗振り通信」（『歴史と神戸』第22巻第3号、昭和五八年六月）

◎中島伸男「滋賀県内の旗振り通信ルート」（『蒲生野20』昭和六〇年一二月、八日市郷土文化研究会）

・高橋善七「旗振り信号」（『日本史小百科23通信』近藤出版社、昭和六一年）

◎中島伸男「三重県向けの旗振り通信ルートについて」（『蒲生野22』昭和六二年一一月）

・田中眞吾編著『六甲山の地理』（神戸新聞出版センター、昭和六三年）（小林茂執筆）

・白山晰也『眼鏡の社会史』（ダイヤモンド社、平成二年）

◎木谷幸夫「姫路付近の旗振り山について」（『歴史と神戸』第29巻第6号、第163号、平成二年一二月）

・木谷幸夫編「『別所町』をたずねて」（文化財見学シリーズ28、姫路市教育委員会文化部文化課、平成四年二月二九日発行）

・「相場伝えた旗振り通信研究」（平成四年八月一五日付、朝日新聞兵庫版、姫路支局）

・服部英雄「飛脚篝によせて」（『景観にさぐる中世』新人物往来社、平成七年）

・福田アジオ「旗振り通信」（福田アジオ他編『日本民俗大辞典　下』吉川弘文館、平成一二年）

・西村忠孜（ただし）「米相場と旗振り山」（『北摂　続　羽束の郷土史誌』六甲タイムス社、平成一二年）

・鈴木応男「米相場と旗信号」（荒井・櫻井・佐々木・佐藤

共編『日本史小百科　交通』東京堂出版、平成一三年）

・『郵政』平成一三年七月号（郵政弘済会）（ていぱーく所蔵資料紹介〈123〉）

◎柴田昭彦「旗振り通信の研究①～㉚」（『新ハイキング　別冊　関西の山』（57～89号、平成一三年三月～一八年七月）

◎柴田昭彦「米相場を伝えた旗振り山の解明―姫路以西のルートを中心に―」（『歴史と神戸』第41巻第5号、第234号、平成一四年一〇月）

◎柴田昭彦「兵庫県内の旗振り山について」（『歴史と神戸』第42巻第5号、第240号、平成一五年一〇月）

・柴田昭彦「京都地名散策26二石山」（平成一五年一二月五日付、京都新聞）

・亀山俊彦「正法寺報」第6～10号（平成一六年一月～平成一八年一月）

・柴田昭彦「大阪の米相場　旗振り速報」（平成一六年二月一七日付、日本経済新聞）

・河合卯平「旗振り通信」（天狗山登山レジュメ、平成一七年一月）

・柴田昭彦「旗振り山と瓦屋山正法寺―インターネット検索の活用―」（『歴史と神戸』第43巻第2号、第243号、平成一六年四月）

・柴田昭彦「千鉾山」「相場の峰」「二石山」（『京都の地名検証―風土・歴史・文化をよむ』勉誠出版、平成一七年四月、所収）

・中西大二「旗振り山めぐり①～④」（平成一七年四月二二・二三日、五月六・七日付、神戸新聞夕刊）

・亀山俊彦「旗振り山と正法寺」（『摂播歴史研究』第41・42合併号、平成一七年七月）

・吉田節雄「旗振り台で旗振り通信」（岡山市富山（とみやま）公民館主催講座資料、平成一七年九月）

【旗振りの様子を絵・写真で紹介したもの】

・「日本交通図会　葵の巻（8）」（西村青歸　画）（旗振りの絵図）（通信総合博物館所蔵）（年代不明）

・榊原英吉編輯『市内漫遊大阪名所図絵』（明治二三年）

・『上方』第百五号（堂島号）（上方郷土研究会編輯、創元社発行、昭和一四年九月）

・宮本又次『大阪商人太平記―明治中期篇―』（創元社、昭和三六年）

・山下武夫「通信」（朝日新聞社編『日本科学技術史』昭和三七年所収）

・宮本又次『キタ―風土記大阪―』（ミネルヴァ書房、昭和三九年）

・『今は昔＝船場・堂島・北浜＝相場物語』（投資日報社、昭和四七年）

・『明治大正図誌　第11巻　大阪』（筑摩書房、昭和五三年）
・NHKデータ情報部編『ヴィジュアル百科　江戸事情　第二巻産業編』（雄山閣出版、平成四年）
・『商人の舞台—天下の台所・大坂—』（大阪市立博物館、平成八年）
・若井登監修『無線百話』（クリエイト・クルーズ、平成九年）
・宗政五十緒・西野由紀『なにわ大阪　今と昔　絵解き案内』（小学館、平成一一年）
・脇田修監修『図説大坂　天下の台所・大坂』（学習研究社、平成一五年）

【旗振り通信にふれた地方史文献】（地域別）

〈一般〉
・横井時冬『日本商業史　全』（金港堂書籍株式会社、明治三一年）
・横井時冬『日本商業史』（白揚社、大正一五年）（改造社、改造文庫、昭和四年）（改造図書出版発行、覆刻版、昭和五二年）
・横井時冬『日本小商業史』（白揚社、昭和七年）
・『通信社史』（通信社史刊行会、昭和三三年）
・春原昭彦・香内三郎「通信社変遷小史」（新聞研究、201号、昭和四三年四月号）
・『体系日本史叢書24　交通史』（山川出版社、昭和四五年）（第三章第三節）
・今井幸彦『通信社』（中央公論社、中公新書、昭和四八年）
・宮本又次『町人社会の人間群像』（ぺりかん社、昭和五七年）
・丸山雍成編『日本の近世6　情報と交通』（中央公論社、平成四年）
・石井寛治『情報・通信の社会史』（有斐閣、平成六年）
・樋口清之『うめぼし博士の逆・日本史1—庶民の時代・昭和→大正→明治』（祥伝社、昭和六一年）（文庫、平成六年）
・樋口清之『うめぼし博士の逆・日本史2—武士の時代編・江戸→戦国→鎌倉』（祥伝社、昭和六二年）（文庫、平成七年）
・読売新聞大阪本社編『モノ語り日本史　歴史のかたち』（淡交社、平成一七年）

〈兵庫県〉
・朝日新聞神戸支局編『兵庫の素顔』（海文堂書店、昭和五二年九月）
・田岡香逸『西宮地名考—地名から見た西宮の歴史—』（民俗文化研究会、昭和四五年）
・田岡香逸『地名でわかる歴史—西宮市の事例—（民俗文化

研究会、昭和四六年）（『西宮地名考』と同一の内容）
・『夢とロマンのライン　神戸　姫路　山陽電車沿線ガイド』（浪速社、昭和五三年）
・『史跡と坂のまち　神戸散歩』（神戸市、昭和五三年）
・神戸市教育委員会編『神戸の史跡』（神戸新聞出版センター、昭和五〇年、五六年）
・川上博『神戸背山風土記　手近なうら山への招待』（神戸新聞出版センター、昭和五八年）・神戸新聞社編『神戸の町名』（のじぎく文庫、昭和五〇年）
・本山村誌編纂委員会編『本山村誌』（同委員会・委員長林勇次郎発行、昭和二八年）
・田辺眞人『東灘の史跡と木かげ』（東灘区役所、昭和五〇年）
・田辺眞人『東灘歴史散歩』（初版、昭和五五年。新版、平成四年。新訂第2版、平成一〇年）
・田辺眞人「金鳥山北の旗振り場」（『歴史と神戸』第20巻第5号、昭和五六年一〇月）。
・『区制50周年記念誌　東灘のあゆみ』（東灘復興記念事業委員会、平成一二年）
・落合重信『兵庫の歴史―明治維新から戦後現代まで―』（兵庫区役所、平成七年）
・垣貫與祐（かきぬきおきすけ）著『豪商　神兵（しんぺい）　湊（みなと）の魁（さきがけ）』（明治一五年）（神戸史学会、復刻版、昭和五〇年）
・玉起彰三『六甲山博物誌』（神戸新聞総合出版センター、平成九年）
・川口陽之（きよし）『垂水史跡めぐり』（垂水区役所広報相談課、昭和五〇年初版）（改訂版、昭和五二年初刷、昭和五四年二刷）（第四次改訂版、昭和五七年）
・『垂水史跡めぐり』（垂水区役所まちづくり推進課、平成八年三月）
・中谷吉次郎編『大蔵谷史』（昭和三五年）
・明石市教育委員会編『ふるさとの道をたずねて』（昭和四七年）
・川口陽之（きよし）『赤石のくに』（みるめ書房、昭和四九年）
・『明石市立文化博物館総合案内』（一九九一年）
・藤井昭三『神出むかし物語』（友月書房、平成一六年）（改訂増補版、平成一七年）
・『増訂印南郡誌』（大正五年）
・『志方町誌』（昭和四四年）
・『別所村史』原稿、昭和二七年編
・『新修加東郡誌』（昭和四九年）
・『小野市誌』（昭和四四年）
・滝野町ふるさと研究青年部編『滝野町拾遺集1』（昭和五〇年）
・上月輝夫「米相場と旗振り」（「ふるさとやしろ」社町老人会、年代不明）

・荻野淳一編『成松町誌』（成松町誌編集会、昭和三二年）
・『青垣町誌』（昭和五〇年）
・高橋秀吉『大正の姫路』（昭和四九年）
・播磨地名研究会・編著『姫路の町名』（神戸新聞総合出版センター、平成一七年）
・橘川真一・著、大国正美・解読『播磨の街道「中国行程記」を歩く』（神戸新聞総合出版センター、平成一六年）
・赤穂市総務部市史編さん室編集『赤穂の地名』（赤穂市・赤穂市教育委員会発行、昭和六〇年）

〈岡山県〉
・『三石町史』（昭和三四年）
・『日生町誌』（昭和四七年）
・太田健一編『倉敷・岡山散歩25コース』（山川出版社、平成一四年）
・『岡山市の歴史みてあるき』（岡山市教育委員会、昭和五二年）
・間壁忠彦・間壁葭子『日本の古代遺跡23岡山』（保育社、昭和六〇年）
・「操山ガイドマップ」（発行・制作／岡山市公園緑地部緑政課、平成一一年）（操山公園里山センター）
・「秋から冬の操山ガイド」（操山公園里山センター、平成一二年）
・「国府村誌」（石原孝次郎編、明治二九年）（『長船町史史料編近現代』平成一二年、所収）

〈山口県〉
・『小郡町史』（昭和五四年）
・井上祐「萩往還の狼煙山」（『山口県地方史研究』第70号、平成五年一〇月、五八～六二頁）

〈福岡県〉
・紫村一重『筑前竹槍一揆』（葦書房、昭和四八年）
・「明治六年嘉穂騒動」（『日本庶民生活史料集成13』三一書房、昭和四九年）
・多田茂治『筑前江川谷　竹槍一揆から秋月の乱まで』（葦書房、昭和五四年）（「肥前の基山」とあるが「筑後の箕山」の誤り）
・上杉聰・石瀧豊美『筑前竹槍一揆論』（海鳥社、昭和六三年）

〈大阪府〉
・佐古慶三、近松の「はたした衆」考（『上方』三十六号、昭和八年一二月）
・『十五万になった大阪電話―62年の歴史―』（日本電信電話公社・近畿電気通信局、昭和三一年）

・大阪商工会議所編『大阪商業史資料第二十巻』（昭和三九年）（堂嶋ノ旗振リ）
・『大阪百年』（毎日新聞社、昭和四三年）
・花登筐『堂島』（徳間書店、昭和四三年）
・『きんてつニュース』第２９９号（昭和四七年一月一日）
・『大阪の情報文化』（毎日放送、昭和四八年）
・藤本篤『大阪府の歴史』（山川出版社、昭和四四年一版、平成元年二版）
・宮本又次『随想大阪繁盛録』（文献出版、平成三年）
・薮内吉彦「堂島の旗振り通信」（高橋善七『郵便風土記—近畿編—』逓信新報社、昭和四六年、一七〜二〇頁）（高橋善七『郵便風土記　西日本編』示人社、昭和五八年、復刻版）
・薮内吉彦「堂島の旗ふり通信」（『大阪春秋』第13号、昭和五二年三月、九八頁）
・岡本良一・脇田修監修、大阪民主新報社編『地名は語る大阪市内篇』（文理閣、昭和五七年）
・桂米朝『米朝ばなし　上方落語地図』（講談社文庫、昭和五九年）
・読売新聞大阪本社社会部『おおさかタイムトンネル　浪速写真館』（朋興社、昭和六〇年）
・中村平之助『思い出の記　明治時代の堂島・曽根崎』（昭和六二年）
・『上方おもしろ草紙』（朋興社、昭和六三年）
・『北区誌』（昭和三〇年）
・阪本一房『ききがき吹田の民話』（吹田市市長公室広報課、昭和五九年）
・『目で見る豊中・吹田の１００年』（郷土出版社、平成七年）
・「茨木自然歩道」パンフレット（茨木市）
・郷土史編集委員会編『安威郷土史』（郷土史委員会発行、宇津木秀甫執筆・編集、平成一〇年）
・奥村寛純（ひろすみ）編著『水無瀬野をゆく—島本町の史跡をたずねて—』（郷土島本研究会、昭和六三年）
・西川隆夫『豊能ふるさと談義』（平成七年）
・沢井浩三『八尾の史跡』（初版、昭和四三年。改訂版、昭和四八年）（棚橋利光編、新版、昭和六二年。改訂版、平成一一年）
・高安城を探る会編『夢ふくらむ高安城』（第二集、昭和五二年。第五集、昭和五五年。第六集、昭和五七年。第七集、平成四年）
・『高安城と烽　基本資料集』（高安城を探る会、平成一三年六月）
・『喜田貞吉著作集13学窓日記』（平凡社、昭和五四年）
・『喜田貞吉著作集14六十年の回顧・日誌』（平凡社、昭和五七年）

・『探訪ブックス〔城5〕近畿の城』（小学館、昭和五六年）
（高安山）
・滝川政次郎「高安城と日唐戦争（下）」（史迹と美術、529号、昭和五七年一一月）
・『北九州瀬戸内の古代山城』（名著出版、昭和五八年）
・『交野市史自然編Ⅰ』（昭和六一年）
・『交野町史』（昭和三八年）（増補改訂二、昭和四六年）

〈京都府〉
・京都新聞社編著『京都　滋賀　秘められた史跡』（昭和四八年初版、同五一年増補改訂版）
・京都新聞社編著『京・近江の峠』（昭和五五年）
・『山科の歴史を歩く』（山科の歴史を知る会、平成元年）
（京都府立総合資料館所蔵）

〈滋賀県〉
・北川舜治『近江名跡案内記』（明治二四年）
・『近江国滋賀郡誌』（明治一六年）
・『新修大津市史第四巻』（昭和五六年）
・『大津市志中巻』（明治四四年）
・『藤尾の歴史』（ふるさと創生事業実行委員会、平成七年）
・『守山市史（中巻）』（昭和四九年）
・『近江八幡　ふるさとの昔ばなし』（近江八幡市教育委員会、昭和五五年）
・『新　風土記5』朝日新聞社、昭和五〇年（大谷晃一「新風土記460」を収録）
・『野洲町史1』（昭和六二年）
・『野洲町物語』（同町立歴史民俗資料館、昭和六二年）
・鈴木儀平「菩提寺小史8」（菩提寺地区ミニコミ誌『ぼだい人』第10号、平成四年三月一五日発行）
・『こうらの民話』（サンブライト出版、昭和五五年）
・『彦根市史（下冊）』（昭和三九年）

〈三重県〉
・『三重県史』（三重県、昭和三九年）
・『三重県ふるさとの散歩道』（国土地理協会、昭和六〇年）
・田畑美穂（よしほ）『三重県文化史キーワード年表』（伊勢の國・松坂十樂、平成一〇年）
・堀田吉雄『日本の民俗24三重』（第一法規、昭和四七年）
・堀田吉雄『生きている民俗探訪　三重』（第一法規、昭和五六年）
・堀田吉雄他編著『桑名の民俗』（桑名市教育委員会、昭和六二年）
・『桑名市史本編』（昭和三四年）
・『桑名市史補編』（昭和三五年）
・西羽晃『桑名の歴史』（昭和三七年）

・西羽晃『桑名歴史散歩』（昭和四九年）
・『鈴鹿市史第三巻』（平成元年）
・『年表　四日市のあゆみ』（四日市市役所、昭和五二年）
・舌津顕二編『白子郷土史後編』（白子郷土史研究会、昭和三五年）
・『河芸郷土史』（昭和五三年）
・『津市史第二巻』（昭和三五年）
・『多度町史』（昭和三八年）
・「史跡、三本杉の相場振り」（手書きの資料、年代不明）
・『上野市史』（昭和三六年）

〈愛知県〉

・「尾張の遺跡と遺物臨時号」（名古屋郷土研究会、昭和一五年七月刊）（犬山出身の歌人斎藤富三郎氏の多度の旗振りの文「愛宕山＝旗信號＝河川原如（ママ）文化」を収録）（昭和五七年の『三重の古文化第48号』の川合論文に引用されているが、所蔵図書館は不明。臨時号は活字復刻版には未収録）
・岡崎市立東海中学校現職教育社会科（代表　二村義隆）編集『おかざき東海風土記』（岡崎市立東海中学校発行、昭和四九年）

〈奈良県〉

・池田末則『奈良県史　第14巻　地名』（名著出版、昭和六〇年）
・池田末則『奈良県史　第12巻　民俗（上）』（名著出版、昭和六一年）
・池田末則『地名伝承論―大和古代地名辞典』（名著出版、平成二年）
・池田末則『飛鳥地名紀行』（ファラオ企画、平成二年）
・池田末則『地名風土記―伝承文化の足跡』（東洋書院、平成四年）
・池田末則『地名伝承学』（五月書房、平成一四年）
・池田末則『地名伝承学論　補訂』（クレス出版、平成一六年）
・「奈良県観光」（昭和六一年四月一〇日）（奈良県立図書館所蔵）
・『斑鳩散歩24コース』（山川出版社、平成一二年）
・『當麻町史』（昭和五一年）
・『三郷町史』（昭和五一年）
・『三郷路を歩く』（三郷町教育委員会、平成元年）
・『王寺町史民俗編』（昭和四四年）
・『新訂王寺町史本文編』（平成一二年一一月）
・『山辺郡史』（大正五年）
・『五ケ谷村史』（平成六年）

【その他の地方史文献】（地域別）

・『兵庫の街道』（神戸新聞社、昭和四九年）
・落合重信『ひょうご地名考』（後藤書店、昭和五八年）
・落合重信『ひょうごの地名再考』（神戸新聞総合出版センター、昭和六三年）
・西谷勝也『伝説の兵庫県』（のじぎく文庫、昭和三六年。神戸新聞総合出版センター、平成一二年復刊）
・兵庫県郷土グラフ第三篇『神戸・六甲』（北尾鐐之助著、兵庫県観光連盟発行、昭和二五年）
・神戸史学会編『新　神戸の町名』（神戸新聞総合出版センター、平成八年）
・野村貴郎『北神戸　歴史の道を歩く』（神戸新聞総合出版センター、平成一四年）
・田辺眞人編著『神戸の伝説』（神戸新聞出版センター、昭和五一年。新版、平成一〇年）
・田辺眞人編著『ながたの民話』（長田区役所、昭和五八年）
・田辺眞人『須磨の歴史散歩』（神戸市須磨区役所、平成九年。改訂版、平成一〇年）
・『須磨の近代史—明治・大正・昭和史話—』（神戸市須磨区役所、平成一〇年）
・神戸女子大学史学研究室編著『須磨の歴史』（平成二年）
・『由緒あるまち兵庫』（兵庫区役所、平成四年）
・川口陽之『垂水郷土史』（垂水区役所、平成三年）
・『明石の史跡』（明石市芸術文化センター、昭和五七年）
・『新明石の史跡』（あかし芸術文化センター、平成九年）
・『明石市史下巻』（昭和四五年）
・新見貫次『淡路の歴史』（大阪淡友会編集・発行、昭和五二年）
・『丹波氷上郡志』（昭和二年）
・『有馬郡誌上巻・下巻』（昭和四年）
・西村忠孜（ただし）『北摂　羽束の郷土史誌』（平成七年）
・『三田市史下巻』（昭和四〇年）
・『三田市史第三巻古代・中世資料』（三田市、平成一二年）
・「ふる里の山名絵地図、高砂市北部」（昭和六三年）
・田中早春（さはる）・編『姫路市小字地名・小字図集』（平成六年）
・『播磨鑑（全）・摂陽群談（上）』（歴史図書社、昭和四四年）
・『飾磨郡誌』（昭和二年）
・『太子町史第二巻』（平成八年）
・『郷土誌　おおいち』（太市郷土誌編輯委員会、平成三年）
・『龍野市史第一巻』（昭和五三年）
・『揖保郡誌』（昭和六年）
・相生市教育委員会編集・発行『相生ふるさと散歩』（平成四年）
・『熊山町史　通史編　上巻』（平成六年）
・後藤仁郎『浪花おもしろ史一〇一話』（大阪ミニガイドシリーズ「歴史の散歩道」第十九集、昭和六三年）「第五十

五話　火縄相場」
・渡邊忠司『大坂見聞録』（東方出版、平成一三年）
・津田康『天保山物語』（たる出版、平成六年）
・池田半兵衛『ふるさとの想い出　写真集　明治大正昭和吹田』（国書刊行会、昭和六〇年）
・『吹田市史第8巻』（昭和五六年）
・『報道記事より見た　幻の高安城を探る』（高安城を探る会、平成一三年六月）
・『岸和田風物百選』（岸和田市役所企画課、昭和五八年）
・山口正雄『高天原（邪馬台国）と天孫降臨』（平成六年）
・『田辺町郷土史　社寺篇』（田辺郷土史会、昭和三八年）
・『甲西路をいく』（昭和五五年）
・中葉博文『北陸地名伝承の研究』（五月書房、平成一〇年）
・『鈴鹿関町史下巻』（昭和五九年）
・中山善郎『よっかいち歴史と文化財散歩』（四日市郷土史研究会、昭和五二年）。
・『朝日町史』（昭和四九年）
・市田進一「遠見塚古墳」（伊賀盆地研究会会報ＮＯ14、昭和五五年一一月一日）
・『伊賀町史』（昭和五四年）
・山本茂貴『遺産と心』（平成一三年）
・『長田郷土史』（中村竹次郎氏遺稿一、長田公民館発行）
・『日本の古代遺跡48愛知』（保育社、平成六年）
・『一宮市今伊勢町史』（昭和四六年）
・『新編一宮市史本文編上』（昭和五二年）
・小早川秀雄『鶉巣村風土記』（昭和五八年）
・林春樹（責任編集）『図説・美濃の城』（郷土出版社、平成四年）
・『改訂大和高田市史後編』（昭和六二年）
・池田末則「日本の原風土を伝える地名」（『地理学がわかるアエラムック、平成一一年四月、朝日新聞社、九四～九七頁）
・『山添村史（上）』（平成五年）
・『豊原村史』（昭和三五年）

【米取引に関する文献】（年代順）

・『北濱と堂島』（日本取引所研究会、大正元年）（復刻版、明治後期産業発達史資料３９３巻、龍渓書舎、平成一〇年）
・『神戸米穀株式取引所史』（日本取引所研究会、大正二年）
・中沢弁次郎『日本米価変動史』（明文堂、昭和八年初版）（柏書房、昭和四〇年再刊・柏書房、平成一三年復刻）
・鈴木直二『大阪に於ける幕末米価変動史』（四海出版、昭和一〇年）（国書刊行会、昭和五二年復刻
・須々木庄平『堂島米市場史』（日本評論社、昭和一五年）
・上林正矩『商品取引所の知識』（中央経済社、昭和二九年）

・武藤誠他編『京阪神史話』（上方出版印刷、昭和三五年）
・松田太郎『阪神地方の歴史』（旭書房、昭和四〇年）
・守田志郎『米の百年』（御茶の水書房、昭和四一年初版、昭和五九年新装版）
・石井良助『商人と商取引その他』（自治日報社出版局、昭和四六年）（石井良助『商人』明石書店、平成三年、改題版）
・土肥鑑高『米と江戸時代』（雄山閣、昭和五五年）
・土肥鑑高『江戸の米屋』（吉川弘文館、昭和五六年）
・原田伴彦編『浪花のなりわい』（町人文化百科論集４）（柏書房、昭和五六年）
・大阪市史編纂所編『大阪市史史料第十二輯　堂島米会所記録』（昭和五九年）
・岩佐武夫『近代大阪の米穀流通史』（清文堂、昭和六〇年）
・木佐森吉太郎『相場道の極意』（三笠書房、知的生き方文庫、昭和六一年）
・岡本良一『大阪の歴史』（岩波書店、ジュニア新書、平成元年）
・大阪都市協会編『まちに住まう―大阪都市住宅史』（平凡社、平成元年）
・山種グループ記念出版会編『日本市場史　米・商品・証券の歩み』（日経事業出版社、平成元年）
・津川正幸『大阪堂島米会所の研究』（晃洋書房、平成二年）
・高橋幹夫『江戸あきない図譜』（青蛙房、平成五年）（ちくま文庫、平成一四年）
・島実蔵『大坂堂島米会所物語』（時事通信社、平成六年）
・産経新聞大阪本社社会部『大阪の20世紀』（東方出版、平成一二年）
・『江戸時代人づくり風土記　大阪の歴史力』（農山漁村文化協会、平成一二年）
・林どりあん『歴史が教える相場の道理』（日経ビジネス人文庫、平成一三年）
・加藤慶一郎『近世後期経済発展の構造「米穀・金融市場の展開」』（清文堂、平成一三年）
・宮本又郎「大阪の蔵屋敷と堂島米市場」（『なにわ大阪再発見』第４号、大阪21世紀協会、平成一三年）
・土肥鑑高『米の日本史』（雄山閣、平成一三年）
・佐藤健一『日本人と数　続・和算を教え歩いた男』（東洋書店、平成一五年）
・柳沢逸司『堂島のＤＮＡを取りもどせ』（財界研究所、平成一五年）
・中江克己『お江戸の意外な「モノ」の値段』（ＰＨＰ文庫、平成一五年）

【伝書鳩による相場通信に関する文献】

・黒岩比佐子『伝書鳩―もうひとつのＩＴ』（文春新書、平成一二年）

・石井研堂『明治事物起原6』（ちくま学芸文庫、平成九年）
（軍用鳩）

【狼煙に関する文献】（年代順）

・『地誌取調上申書』（明治一六年）（「伊賀国山田郡出後村」）
（大山田村指定文化財）
・『防長風土注進案　小郡宰判之部第二』（防長文化研究会、昭和一二年）
・『下関の伝説』（下関市教育委員会、昭和四六年）
・春木一夫『阪神間の謎』（中外書房、昭和五三年）
・加堂義男『老眼聾乃能勢誌（おいのめみみのせのふみ）』（昭和五七年）
・『尾道JC三〇年のあゆみ』（尾道青年会議所、記念誌、昭和六三年）（「大阪―尾道のろしリレー」のレポート）
・『AERA』（1988・7・26）（六二～六三頁）
・シンポジウム「古代国家とのろし」宇都宮市実行委員会／平川南／鈴木靖民［編］『烽［とぶひ］の道』（青木書店、平成九年）
・江口春太郎『花火ものがたり』（中日新聞本社、昭和五七年）
・坪井清足監修、NHK取材班編『邪馬台国が見える！』（日本放送出版協会、平成元年）
・暮らしの文化探検隊（事務局：三重県伊賀県民局生活環境部）の発行した『暮らしの文化探検隊レポートVol・2』（平成一二年三月）
・西ヶ谷恭弘編『定本日本城郭事典』（秋田書店、平成一二年）
・佐原真『魏志倭人伝の考古学』（岩波現代文庫、平成一五年）

【腕木通信に関する文献】（年代順）

（腕木通信はフランスでシャップにより一七九三年に開発・建設され、翌年に実用化された。高さ一〇mほどの腕木通信機を約一〇km間隔に設けて、望遠鏡で確認しあって、リレー式に伝達した。時期は日本の米相場の視覚通信の方が早い。以後、英米独露蘭・スウェーデン・デンマーク・アルジェリアでも、種々の視覚信号通信機が用いられた。一九世紀中頃に電信の普及により廃止された。）

・日本経済新聞社編『郵便と電信電話』（日本経済新聞社、日経文庫、昭和三二年）
・『腕木通信から宇宙通信まで』（国際電信電話株式会社資料センター、昭和四三年）
・三谷末治『旗と船舶通信（改訂新版）』（成山堂書店、昭和六二年）
・三谷末治・古藤泰美共著『旗と船舶通信』（成山堂書店、平成一二年）
・奥澤清吉・奥澤熙『学校では教えない　のろしから宇宙

通信』（誠文堂新光社、平成元年）
・山崎俊雄・木本忠昭『新版　電気の技術史』（オーム社、平成四年）
・若井登・高橋雄造編著『てれこむノ夜明ケ』（財団法人電気通信振興会、平成六年）
・直川一也『科学技術史―電気・電子技術の発展―』（東京電気大学出版局、平成一〇年）
・井上照幸『電電民営化過程の研究』（マルコ、平成一二年）
・小林直行『通信のしくみ』（ナツメ社、平成一二年）
・中野明『腕木通信　ナポレオンが見たインターネットの夜明け』（朝日新聞社、朝日選書、平成一五年）

【辞典・事典類】
・島本得一編『株式期米　市場用語字彙』（文雅堂書店、大正六年）
・『世界大百科事典21』（平凡社、昭和四七年版）（「通信」）
・『国史大辞典5』（吉川弘文館、昭和五九年）（「けしきみ（気色見）」）
・郵政省通信総合研究所編『通信の百科事典―通信・放送・郵便のすべて』（丸善、平成一〇年）
・『三重県の地名』（平凡社）「多度山」
・『奈良県の地名』（平凡社）「高安山」
・『福井県の地名』（平凡社）
・『佐賀県の地名』（平凡社）
・角川日本地名大辞典『兵庫県』（小林茂「旗振山」「金鳥山」）
・角川日本地名大辞典『三重県』（「岸岡山」「上野市三田・遠見塚」）
・角川日本地名大辞典『奈良県』（高安山）
・角川日本地名大辞典『滋賀県』『大阪府』『京都府』『香川県』『岡山県』『山口県』『福岡県』
・『角川日本地名大辞典　別巻Ⅰ　日本地名資料集成』（平成二年）・・・池田末則「大和国地名用字考」（八一一～八二二頁）
・池田末則・丹羽基二監修『日本地名ルーツ辞典』（創拓社、平成四年）
・池田末則監修・村石利夫編著『日本山岳ルーツ大辞典』（竹書房、平成九年）
・関口精一『津市地名辞典』（平成七年）
・富本時次郎編纂『帝国地名大辞典』（明治三五年）
・楠原佑介・溝手理太郎編『地名用語語源辞典』（東京堂出版、昭和五八年）
・丹羽基二『地名苗字読み解き事典』（柏書房、平成一四年）
・松田良一『近代日本職業事典』（柏書房、平成五年）
・石上堅『日本民俗語大辞典』（桜楓社、昭和五八年）
・『日本伝奇伝説大事典』（角川書店、昭和六一年）
・『日本説話伝説大事典』（勉誠出版、平成一二年）

・小野秀雄編『新聞資料明治話題事典』（東京堂出版、昭和四三年。新装版、平成七年）
・『明治ニュース事典第一巻』（昭和五八年）
・『新聞集成明治編年史』第三巻（昭和一〇年）
・『岡山県歴史人物事典』（山陽新聞社、平成六年）
・『俳文学大辞典』（角川書店、平成七年）
・『三省堂日本山名事典』（平成一六年）
・『事典　古代の発明』（東洋書林、平成一七年）

【その他】

・林英夫監修『基礎　古文書のよみかた』（柏書房、平成一〇年）
・白尾元理（もとまろ）『双眼鏡クラブ』（誠文堂新光社、平成九年）
・『江戸さいえんす図鑑』（インテグラ発行、そしえて発売、平成六年）
・『飛鳥・藤原京の謎を掘る』（文英堂、平成一二年、一五五頁）。
・『日本の古墳と天皇陵』（同成社、平成一二年）
・高橋善七『郵便風土記　西日本編』（示人社、復刻版、昭和五八年）
・高橋善七『郵便風土記』（総括・外国編）（東日本編）（示人社、復刻版、昭和五八年）
・『三井事業史　本篇第一巻』（三井文庫、昭和五五年）
・和歌森太郎『山伏』（中公文庫、昭和三九年。復刻版、平成一一年）
・田岡香逸『日本神信仰史の研究』（民俗文化研究会、昭和四六年）
・高頭式『日本山嶽志』（明治三九年）
・志賀重昂『日本風景論』（岩波文庫、平成七年）
・住谷雄幸『江戸百名山図譜』（小学館、平成七年）
・住谷雄幸『江戸人が登った百名山』（小学館文庫、平成一一年）
・斎藤一男『日本の名山を考える』（アテネ書房、平成一三年）
・『東海道名所図会［上］』（ぺりかん社、平成一三年）
・倉田正邦「鈴鹿山脈山名考」（『山と渓谷』、昭和二五年一〇月号、二六～三二頁）
・中島利一郎『日本地名学研究』（日本地名学研究所、昭和三四年）
・週刊朝日編『値段史年表　明治・大正・昭和』（朝日新聞社、昭和六三年）
・『日本人の暮らし』（講談社、平成一二年）

【旗振り通信にふれたハイキングガイド】（地域別）

・『京阪神近郊ハイキングすいせん１００コース』（日本交通公社関西支社、昭和二八年）

・『京阪神Ｌｅｔ，ｓ　Ｇｏハイキング』（日本交通公社、昭和五七年）
・『日帰りハイキング関西』（ＪＴＢるるぶ情報版、平成一五年）
・岡弘俊己『関西　里山・低山歩き』（実業之日本社、平成一五年）
・清水正弘・吉田尚・蒲田知美『イラストで歩く　関西の山へ行こう！』（南々社、平成一四年）
・中庄谷直『関西周辺　低山ワールドを楽しむ』（ナカニシヤ出版、平成一三年）
・『一等三角点の名山と秘境』（新ハイキング社、平成八年）
・『六甲摩耶』（日地出版→ゼンリン、地球の風、登山ハイク、平成一一年）
・小鯛叡一郎『京阪神ベストハイク・六甲の山』（七賢出版、平成七年）
・『阪急ハイキング』（阪急電鉄、平成九年）
・『新・阪急ハイキング』（株式会社阪急コミュニケーションズ、平成一六年）
・姫路歴史研究会編『姫路の山々』（中島書店、平成八年）
・播磨地名研究会・編『播磨　山の地名を歩く』（神戸新聞総合出版センター、平成一三年）
・横山晴朗『はりま歴史の山ハイキング』（神戸新聞総合出版センター、平成一五年）
・中島篤巳『岡山県百名山』（葦書房、平成一二年）
・矢吹喜志雄『二人三脚山登り』（昭和五五～五九年、自費出版）
・守屋益男編『岡山の山百選』（山陽新聞社、平成四年）
・守屋益男編『改訂・岡山の山百選』（山陽新聞社、平成八年）
・福田明夫編・守屋益男監修『新ルート　岡山の山　百選』（吉備人出版、平成一五年）
・『岡山県の山』（山と渓谷社、平成八年）
・岡山徒歩の会編『最新版岡山を歩く』（山陽新聞社、平成九年）
・瀬川負太郎・植山光朗・古荘智子編著『おもしろ地名北九州事典』（小倉タイムス、平成三年）
・瀬川負太郎『おもしろ地名　北九州事典　増補総集版』（文理閣、平成九年）
・中庄谷直・木村俊之『大阪府の山』（山と渓谷社、平成七年）
・岡田敏昭・岡田知子『大阪府の山』（山と渓谷社、平成一七年）
・『大阪50山』（大阪府山岳連盟、平成一〇年）
・大阪府山岳連盟編『大阪50山』（ナカニシヤ出版、平成一四年）
・中庄谷直・吉岡章・根来春樹『大阪周辺の山を歩く』（山

と渓谷社、平成一〇年)
- 和歌山県自然保護課編『紀のくに　ふるさと歩道―あの道　このみち　おもいでの道―』(和歌山県自然公園協議会発行、昭和五三年)
- 児嶋弘幸『和歌山県の山』(山と渓谷社、平成七年)
- 『大阪周辺の山２５０』(山と渓谷社、平成一三年)
- 『関西周辺の山２５０』(山と渓谷社、平成一五年)(『大阪周辺の山２５０』の改題版)
- 慶佐次盛一『兵庫丹波の山(上)』(ナカニシヤ出版、平成三年)
- 慶佐次盛一『近畿周辺三角点山名』(大阪低山跋渉会、平成八年)。
- 慶佐次盛一『北摂の山(上)東部編』(ナカニシヤ出版、平成一三年)
- 慶佐次盛一『北摂の山(下)西部編』(ナカニシヤ出版、平成一四年)
- 『山城三十山』(ナカニシヤ出版、平成六年)
- 内田嘉弘『京都滋賀南部の山』(ナカニシヤ出版、平成四年)
- 木村至宏編『近江の山』(京都書院、昭和六三年)
- 『京阪神から行ける滋賀の山』(かもがわ出版、平成一二年)

【その他のガイド】(地域別)

- 近畿登山研究会『近畿の登山』(ヤナギ会、大正一三年)
- 山崎恒雄『近畿乃山々』(近畿登山研究会、昭和三年)(『近畿の登山』の改訂新版)
- 仲西政一郎編『近畿の山』(山と渓谷社、昭和四八年版)(「神野山」の項目)
- 坂井久光『関西とその周辺の山』(創元社、昭和五三年)
- 中庄谷直『関西の山　日帰り縦走』(ナカニシヤ出版、平成一〇年)
- 『関西ハイキングガイド』(創元社、平成八年)
- 岳人編集部『すぐ役立つ四季の山　西日本70コース』(東京新聞出版局、平成六年)
- 堀淳一『地図で歩く古代から現代まで』(ＪＴＢ、平成一三年)
- 慶佐次盛一『兵庫丹波の山(下)』(ナカニシヤ出版、平成一四年)
- 松川良衛『兵庫三角点の山をゆく』(自費出版、平成八年)
- 『兵庫県の山』(山と渓谷社、平成一一年)
- 兵庫県山岳連盟編『ふるさと兵庫50山』(神戸新聞総合出版センター、平成一一年。新版、平成一五年)
- 須磨岡輯『はりまハイキング』(神戸新聞総合出版センター、平成一二年)
- 須磨岡輯『たじまハイキング』(神戸新聞総合出版センタ

ー、平成一五年）
・伊達嶺雄『季節の道』（のじぎく文庫、昭和三九年）
・多田繁次『北神戸の山やま』（神戸新聞出版センター、昭和五七年）
・『六甲全山縦走マップ』（神戸市、平成一〇年）
・『文化・レクリエーションマップ』（神戸市、平成八年）
・六甲全縦市民の会『六甲全山縦走～25年のあゆみ～』神戸市、平成一二年）
・中島篤巳『広島県百名山』（葦書房、平成一〇年）
・『広島県の山』（山と渓谷社、平成一五年）
・中島篤巳『山口県百名山』（葦書房、平成七年）
・『山口県の山』（山と渓谷社、平成一七年）
・『福岡県の山』（山と渓谷社、平成六年）
・『福岡県の山』（山と渓谷社、平成一六年）
・『佐賀県の山』（山と渓谷社、平成六年）
・『滋賀県の山』（山と渓谷社、平成七年）
・『滋賀県の山』（山と渓谷社、平成一六年）
・京都趣味登山会編『京都滋賀近郊の山を歩く』（京都新聞社、平成一〇年）
・近江百山之会編著『近江百山』（ナカニシヤ出版、平成一一年）
・『歩きま専科京滋の１００山』（京都新聞出版センター、平成一四年）
・山口温夫・山口昭共著『鈴鹿の山』（山と渓谷社、昭和四一年）
・『渓谷』四号（西尾寿一編集、昭和五三年）
・西尾寿一『鈴鹿の山と谷６』（ナカニシヤ出版、平成四年）
・西内正弘『鈴鹿の山ハイキング～21世紀の山歩き』（私家版、中日新聞社出版開発局・制作、平成一二年）
・西内正弘『地図で歩く鈴鹿の山～ハイキング１００選』（中日新聞社、平成一五年）
・草川啓三『鈴鹿の山を歩く』（ナカニシヤ出版、平成一五年）
・『三重県の山』（山と渓谷社、平成一六年）
・与呉日出夫『鈴鹿・美濃』（ヤマケイアルペンガイド22、山と渓谷社、平成一二年）
・与呉日出夫『マイカー登山ベストコース［名古屋周辺］』（山と渓谷社、平成一一年）
・西山秀夫編『続・ひと味違う名古屋からの山旅』（七賢出版、平成七年）
・松井志津子編『名古屋から行く　隠れた名山64』（七賢出版、平成七年）
・上杉喜寿『越前若狭　続　山々のルーツ』（安田書店、昭和六二年）
・内田嘉弘『大和まほろばの山旅』（ナカニシヤ出版、平成一二年）
・『奈良県の山』（山と渓谷社、平成一六年）

旗振り通信ルート(1)

（無断転載禁止）

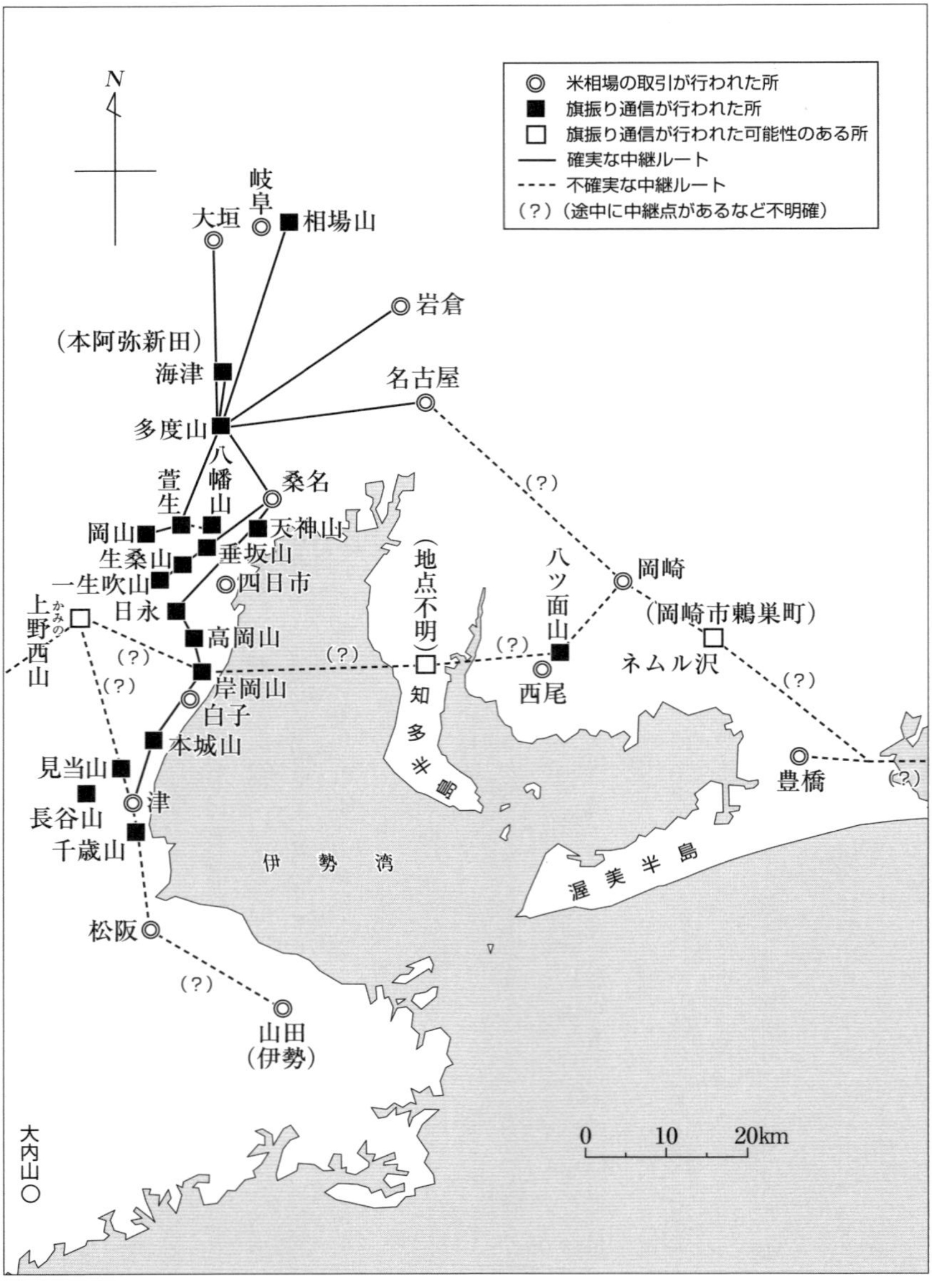

旗振り通信ルート(2)

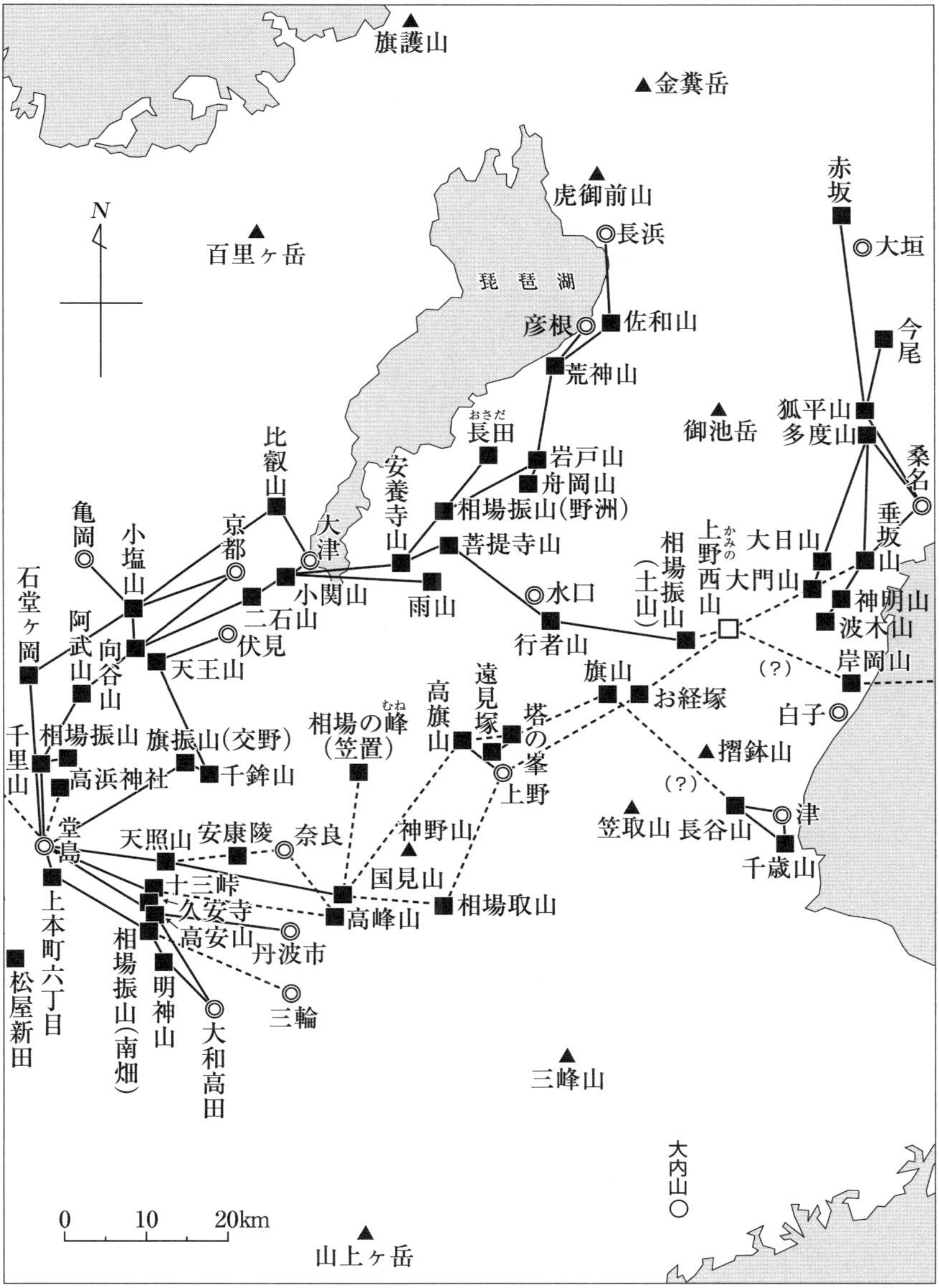
旗護山
金糞岳
虎御前山
長浜
百里ヶ岳
琵琶湖
N
赤坂
大垣
彦根
佐和山
今尾
荒神山
狐平山
多度山
御池岳
長田
岩戸山
舟岡山
比叡山
安養寺山
相場振山(野洲)
桑名
亀岡
小塩山
京都
大津
菩提寺山
相場振山(土山)
上野西山
大日山
垂坂山
大門山
神明山
波木山
石堂ヶ岡
小関山
雨山
水口
阿武山
向谷山
二石山
伏見
行者山
天王山
岸岡山
(?)
旗山
お経塚
高旗山
遠見塚
白子
相場振山
旗振山(交野)
相場の峰(笠置)
塔の峯
摺鉢山
千里山
高浜神社
千鉾山
上野
(?)
長谷山
津
堂島
天照山
安康陵
奈良
神野山
笠取山
千歳山
国見山
十三峠
久安寺
高峰山
相場取山
高安山
丹波市
上本町六丁目
相場振山(南畑)
明神山
三輪
松屋新田
大和高田
三峰山
大内山
0
10
20km
山上ヶ岳

旗振り通信ルート(3)

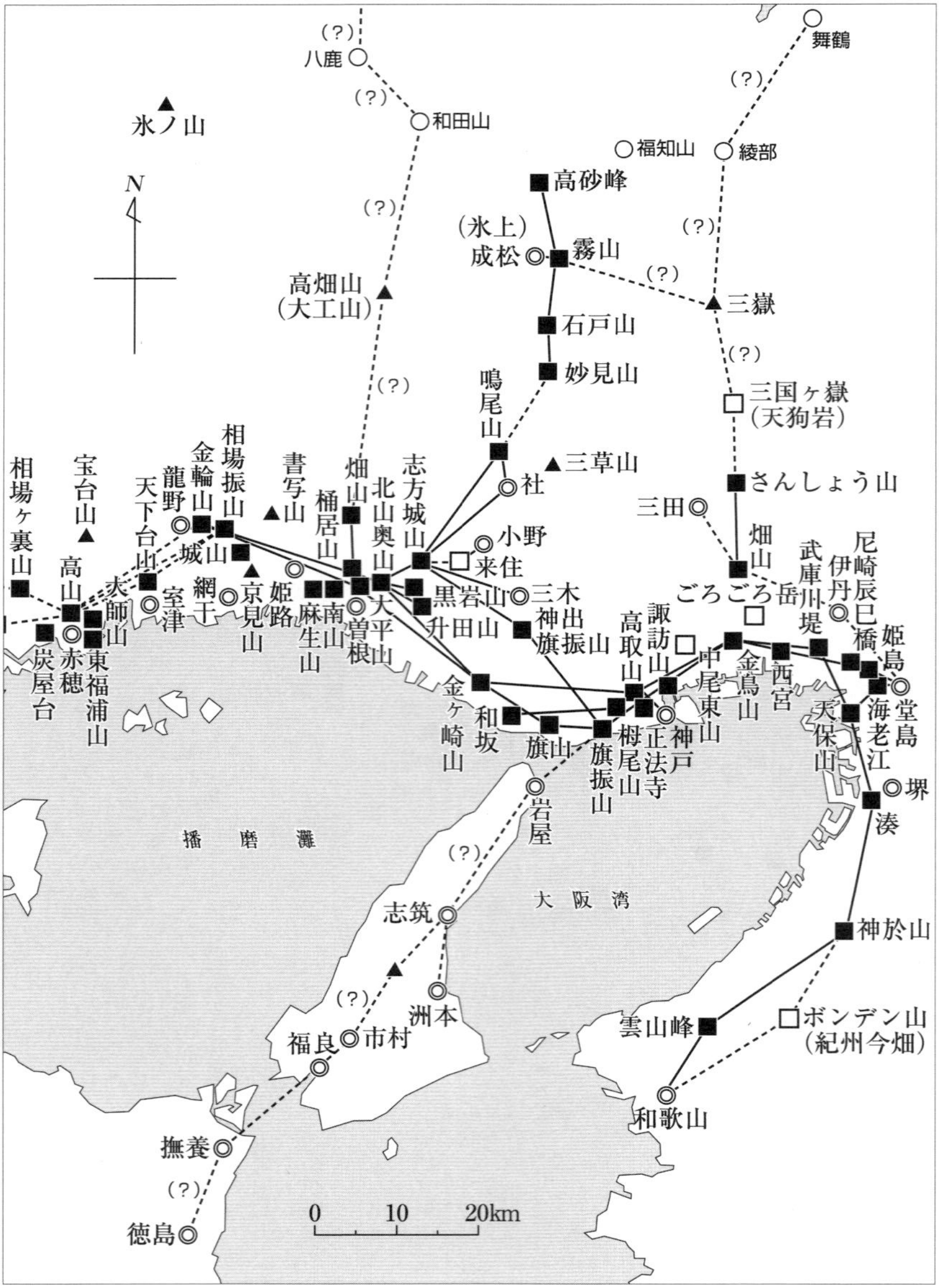

八鹿
和田山
氷ノ山
舞鶴
福知山
綾部
高砂峰
(氷上)
成松
霧山
高畑山
(大工山)
三嶽
石戸山
妙見山
鳴尾山
三国ヶ嶽
(天狗岩)
三草山
社
さんしょう山
三田
小野
来住
三木
畑山
ごろごろ岳
相場ヶ裏山
宝台山
相場振山
金輪山
龍野
天下台山
城山
書写山
畑山
桶居山
北山奥山
志方城山
黒岩山
升田山
神出旗振山
高山
太師山
室津
網干
京見山
姫路
麻生山
南山
曽根
大平山
炭屋台
赤穂
東福浦山
金ヶ崎山
和坂
旗山
旗振山
梅尾山
正法寺
神戸
高取山
諏訪山
中尾東山
金鳥山
西宮
武庫川堤
伊丹
尼崎辰巳橋
姫島
堂島
海老江
天保山
堺
湊
岩屋
播磨灘
大阪湾
志筑
洲本
福良
市村
神於山
雲山峰
ボンデン山
(紀州今畑)
和歌山
撫養
徳島
0
10
20km

旗振り通信ルート(4)

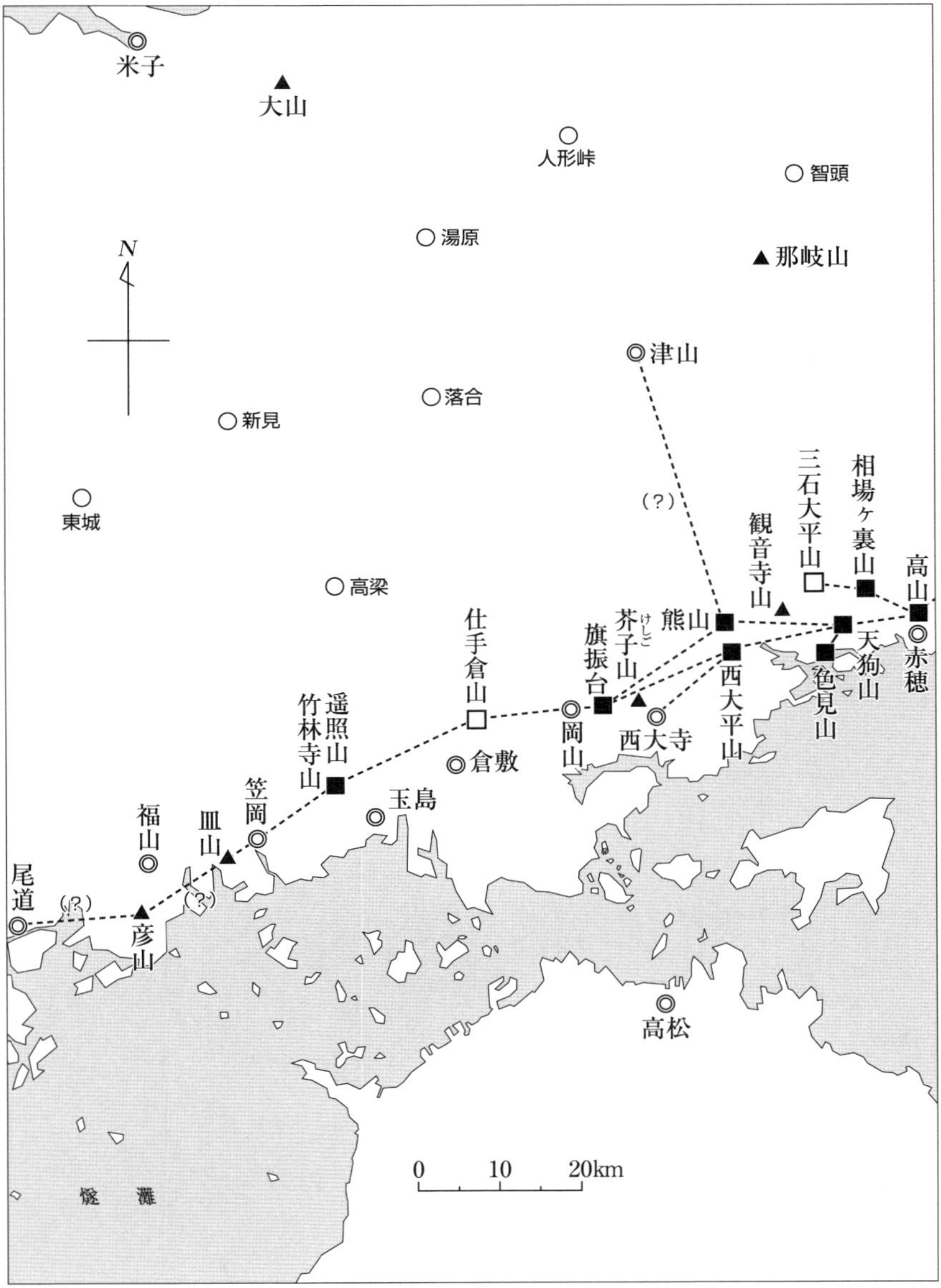

米子
大山
人形峠
智頭
湯原
那岐山
N
津山
落合
新見
東城
(?)
観音寺山
三石大平山
相場ヶ裏山
高山
高梁
仕手倉山
旗振台
芥子山
熊山
天狗山
赤穂
西大平山
色見山
遥照山
竹林寺山
岡山
西大寺
倉敷
笠岡
福山
皿山
玉島
尾道
(?)
(?)
彦山
高松
0
10
20km
燧灘

旗振り通信ルート(5)

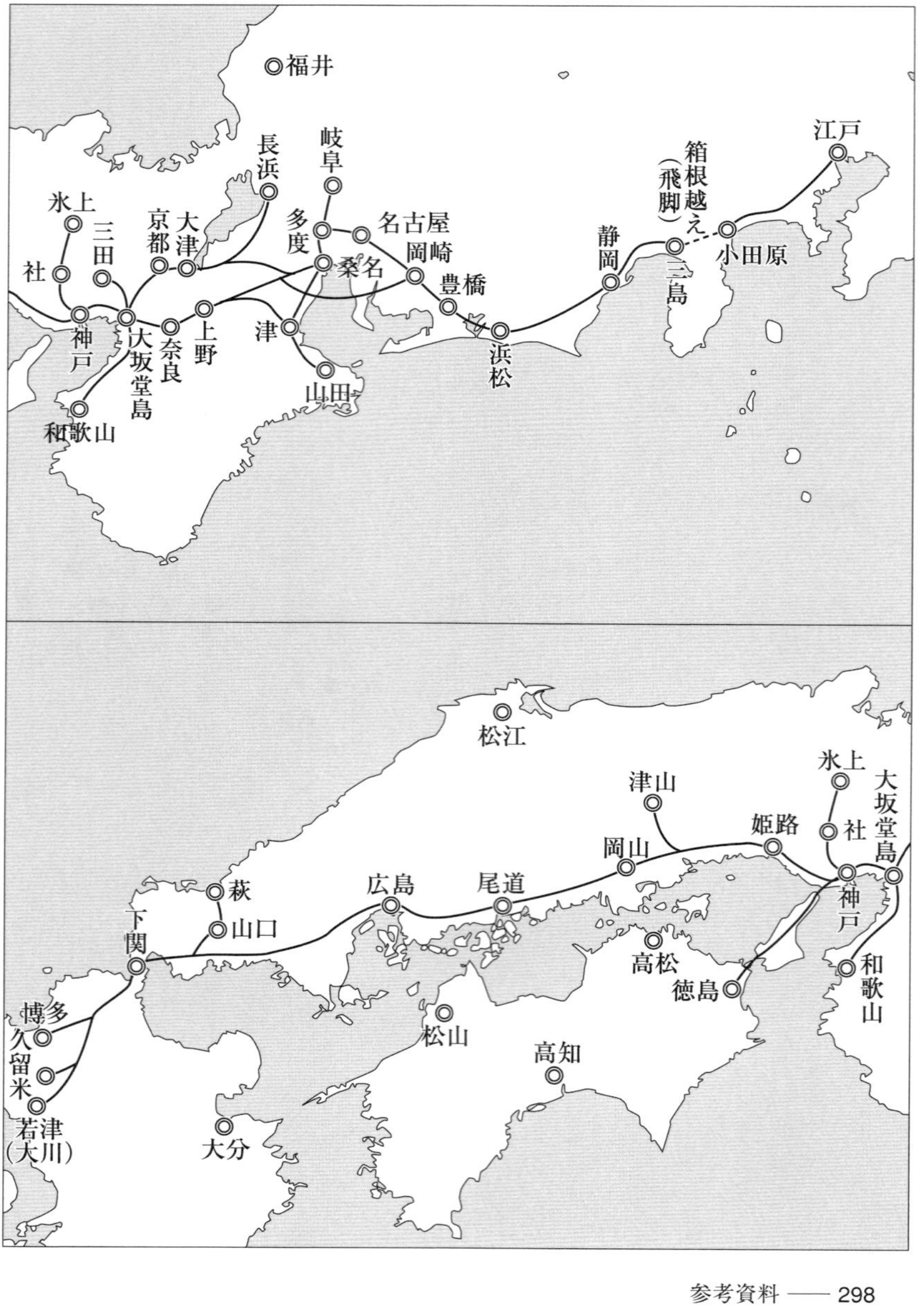

福井
長浜
岐阜
箱根越え
（飛脚）
江戸
氷上
三田
京都
大津
多度
名古屋
岡崎
静岡
三島
小田原
社
桑名
豊橋
神戸
大坂堂島
奈良
上野
津
浜松
山田
和歌山
松江
津山
氷上
大坂堂島
姫路
岡山
社
萩
広島
尾道
神戸
下関
山口
高松
徳島
和歌山
博多
久留米
松山
高知
若津
（大川）
大分

旗振り通信ルート(6)

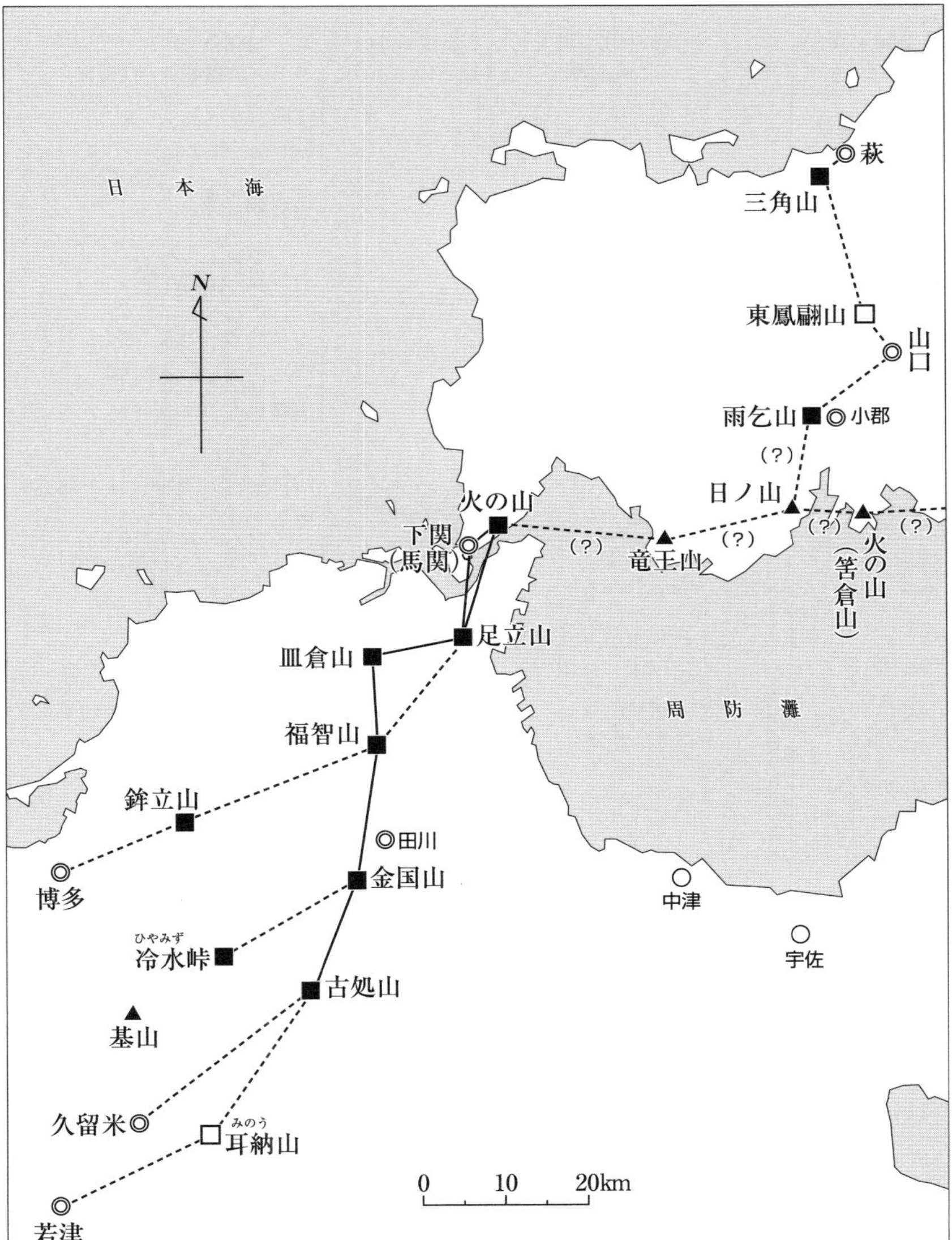

日　本　海
N
萩
三角山
東鳳翩山
山口
雨乞山
小郡
(?)
日ノ山
火の山
下関
(馬関)
(?)
竜王山
(?)
(?)
火の山
(箬倉山)
(?)
足立山
皿倉山
周　防　灘
福智山
鉾立山
田川
博多
金国山
中津
ひやみず
冷水峠
宇佐
古処山
基山
久留米
みのう
耳納山
0
10
20km
若津
(大川)

＜旗振り場一覧表1＞（大阪府・兵庫県）（※米穀取引所は除く）（◎電波塔あり）

旗振り場の名称 （地名・山名等）	旗振り場の場所 （新市町村字名）	旗振り場の 標高（m）	旗振り場を示す出典 旗振り場の位置等
姫島 （稗島）	大阪市西淀川区姫島	1	篠崎昌美 『浪華夜ばなし』
尼崎辰巳橋	兵庫県尼崎市東本町 ・大阪市西淀川区佃	3	古谷勝「旗振り」
武庫川堤	尼崎市・西宮市 （武庫川橋付近）	8 （堤防）	古谷勝「旗振り」
◎畑山 （旗山）	西宮市山口町	528.7	西村忠孜『北摂　続　羽東の郷土史誌』『有馬郡誌』
さんしょう山 （旗振り山）	三田市香下本郷	500.5	西村忠孜『北摂　続　羽東の郷土史誌』
三国ヶ嶽 （感応寺山）	三田市小柿・ 篠山市後川	630（山頂の東方の天狗岩?）	西村忠孜『北摂　続　羽東の郷土史誌』
東町三丁目 （東三公園）	西宮市石在町 （旧東町三丁目）	3	吉井正彦氏らの調査で判明 （新ハイ関西63号）
金鳥山 （御影山）	神戸市東灘区本山町 （六甲山頂の南方）	370（火見櫓跡の南200m）	『六甲摩耶』（日地出版） 火見櫓跡から少し下った所
諏訪山	神戸市中央区 神戸港地方	151	『六甲山の地理』（錨山説だと立地条件があわない）
▲ごろごろ岳（？） （剣谷山）	芦屋市・西宮市	565.3（旗振場かどうか不明）	『六甲山の地理』 （小林茂氏の研究による）
▲中尾東山（？） （摩耶山南方）	神戸市中央区葺合町 （中尾町の北方）	368（旗場？） 308（東山）	『六甲山の地理』 （小林茂氏の研究による）
正法寺（水晶閣） （瓦屋山正法寺）	神戸市長田区 片山町二丁目	50（水晶閣） 45（現在）	亀山俊彦「旗振山と正法寺」 （正法寺のホームページ）
◎高取山 （鷹取山）	神戸市長田区 高取山町	328	『大蔵谷史』 兵庫市場の相場も受信
栂尾山 （相場取山）	神戸市須磨区 多井畑・東須磨	274	鷲尾「旗振山について」 （歴史と神戸）
◎旗振山 （須磨旗振山）	神戸市須磨区 下畑町・西須磨	252.6	『大蔵谷史』（山電展望台） 『別所村史』原稿（一の谷）
畑山（旗山） （大蔵谷旗山）	明石市大蔵谷東山	42.4	『大蔵谷史』 『ふるさとの道をたずねて』

＜旗振り場一覧表2＞(兵庫県)(▲旗振場かどうか不明)(△正確な地点は不明)

旗振り場の名称 (地名・山名等)	旗振り場の場所 (新市町村字名)	旗振り場の 標高(m)	旗振り場を示す出典 旗振り場の位置等
和坂 (かにがさか)	明石市和坂	20	鷲尾「旗振山について」 (歴史と神戸)
金ヶ崎山 (相場山)	明石市魚住町金ヶ崎	82 (当時) 80.1 (現在)	『別所村史』原稿 近藤「大阪の旗振り通信」
北山奥山	高砂市阿弥陀町・ 加古川市志方町	182.8	『増訂印南郡誌』(魚橋山) 『志方町誌』
大平山 (地徳山) (北宿大平山)	姫路市別所町北宿・ 高砂市阿弥陀町地徳	194	『別所村史』原稿 (明治27年設置、大正6年廃止)
南山 (火の山)	姫路市別所町佐土・ 四郷町見野	166.8	寺脇弘光「御着付近の旗振り通信」(歴史と神戸)
桶居山 (おけすけやま)	姫路市別所町佐土新 ・飾東町唐端新	247.6	高橋秀吉『大正の姫路』 『姫路の山々』
畑山	姫路市豊富町豊富	311.7	木谷幸夫「姫路付近の旗振山について」(歴史と神戸)
麻生(あさお)山 (播磨小富士山)	姫路市奥山	171.8	吉井正彦氏らの調査で判明 (昭和56年再現実験に利用)
▲書写山 (?)	姫路市書写	371 (旗振場かどうか不明)	萩野秀『岡山の電信電話』 (旗振り伝承は未確認)
相場振山	姫路市西脇 (太市地区)	247.9	『兵庫探検・総集編』 (「旗振山」の項目)
神出旗振山 (お茶山)	神戸市西区神出町東	163.8	『新修加東郡誌』 藤井『神出むかし物語』
城山 (志方城山) (中道子山)	加古川市志方町	271.6	『増訂印南郡誌』 『新修加東郡誌』
黒岩山 (裏山)	加古川市東神吉町	132.5	『増訂印南郡誌』 (東神吉村東の裏山)
升田山 (枡田山)	加古川市 東神吉町升田	105.1	『増訂印南郡誌』
△来住の山 (◎138m峰?)	小野市下来住町・ 加古川市上荘町白沢	138 (正確な地点は不明)	『小野市誌』 『新修加東郡誌』
鳴尾山	加東市上滝野・ 西脇市板波町	236.2	『滝野町拾遺集1』 (志方城山から社へ中継)

＜旗振り場一覧表3＞(兵庫県・岡山県)

旗振り場の名称 (地名・山名等)	旗振り場の場所 (新市町村字名)	旗振り場の 標高(m)	旗振り場を示す出典 旗振り場の位置等
▲三草山（？）	加東市（旧社町） 山口・馬瀬・畑	423.9（旗振場かどうか不明）	『新修加東郡誌』 (ただし、裏付け証言なし)
妙見山（いね谷山） (稲谷山)	丹波市山南町笛路・ 西脇市黒田庄町門柳	622.0	山南町老人クラブ会報 (古谷勝「旗振り」所収)
石戸山	丹波市氷上町・ 山南町・柏原町	548.8	柏原町の古老の証言 (新ハイ関西67号)
霧山 (高畑)	丹波市氷上町市辺	371.7	『成松町誌』 (三田経由と伝わる)
高砂峰 (盃山)	丹波市青垣町佐治	420	『兵庫丹波の山（上)』 『青垣町誌』
城山（太田城山） (栖岩城跡)	太子町太田	250.1	『播磨の街道「中国行程記」を歩く』江戸中期の旗振り
◎金輪山 (龍野片山)	たつの(旧龍野)市 龍野町片山・神岡町	227.8	吉井正彦氏らの調査による (相場の盗眼事件記録あり)
◎天下台山	相生市相生・那波野	290(のろし台) 321.4(山頂)	HP「とんび岩通信」 (新ハイ関西82号)
八方台 (東福浦山)	赤穂市御崎	60	広山堯道氏の父の証言 (『景観にさぐる中世』)
炭屋台 (旗振り台)	赤穂市塩屋	91.4	『赤穂の地名』 (赤穂西中学校の北)
大師山 (おだいしやま)	赤穂市加里屋	161.6	『赤穂の地名』 (雄鷹台山の南西400m)
◎赤穂高山 (高山)	赤穂市木津・塩屋	299.3	落合重信 『地名に見る生活史』
相場ヶ裏山	赤穂市西有年・ 備前市三石字福石	394.9	『三石町史』
▲三石大平山（？） (相場山)	岡山県備前市三石 (大平鉱山)	210（旗振場かどうか不明）	岡長平『岡山始まり物語』 (旗振り伝承は未確認)
天狗山	備前市日生町寒河・ 備前市蕃山	392.3	吉井正彦氏らの調査で確認 『日生町誌』『岡山県百名山』
色見山 (烏山)	備前市日生町日生	188.5	石橋澄氏証言、新ハイ69号 (天狗山の旗信号を盗眼)

＜旗振り場一覧表4＞(岡山県・山口県・福岡県)

旗振り場の名称 (地名・山名等)	旗振り場の場所 (新市町村字名)	旗振り場の 標高(m)	旗振り場を示す出典 旗振り場の位置等
◎熊山 (旗ガ峯?)	赤磐市(旧熊山町) 勢力・奥吉原	507.8	岡長平『岡山太平記』 石橋澄氏の証言
西大平山	瀬戸内市長船町磯上 ・備前市福田	327.2	長船町牛文の太田氏の証言 (『岡山の山百選』)
▲芥子山(?) (けしごやま)	岡山市	232.8(旗振場 かどうか不明)	桑島一男『岡山の電信電話』 (旗振り伝承は未確認)
旗振台古墳 (操山の南東)	岡山市 奥市・円山・湊	120	岡長平『岡山始まり物語』 『岡山市の歴史みてあるき』
▲仕手倉山(?) (日差山の西)	倉敷市山地・総社市 (旧山手村)	223.8(旗振場 かどうか不明)	岡長平『岡山始まり物語』 (旗振り伝承は未確認)
◎遙照山 (東の目がね)	矢掛町南山田・ 浅口市鴨方町本庄	405.5	岡長平『岡山始まり物語』 南山田の古老の証言あり
竹林寺山 (西の目がね)	矢掛町南山田・ 浅口市鴨方町本庄	385.5	桑島一男『倉敷の電信電話』 南山田の古老の証言あり
▲皿山(?) (笠岡市城見)	笠岡市茂平(?) (旗振場地点は不明)	95.8(正確な 地点は不明)	岡長平『岡山始まり物語』 (旗振り伝承は未確認)
三角山	山口県萩市椿	354.0	井上祐「萩往還の狼煙山」 (『山口県地方史研究70』)
△東鳳翩山(?)	萩市(旧旭村)・ 山口市	734.2(正確な 地点は不明)	井上祐「萩往還の狼煙山」 (鳳翩山から山口へ伝達)
◎雨乞山	山口市小郡町	258.0	『小郡町史』 (山手の山上で旗振り)
◎火の山 (日の山)	下関市前田・椋野	268.2	紫村一重『筑前竹槍一揆』
足立山 (霧ヶ岳)	福岡県北九州市 小倉北区・小倉南区	597.8	「明治六年嘉穂騒動」 (日本庶民生活史料集成13)
◎皿倉山 (帆柱山)	北九州市八幡東区 (八幡西区)	622.2	紫村一重『筑前竹槍一揆』 (帆柱山は総称名)
福智山	北九州市・直方市・ 福智町(旧赤池町)	900.6	紫村一重『筑前竹槍一揆』
金国山 (猪ノ膝山)	田川市猪国	421.6	「明治六年嘉穂騒動」 (高倉山は別の山で誤り)

＜旗振り場一覧表5＞（福岡県・大阪府・和歌山県）

旗振り場の名称 （地名・山名等）	旗振り場の場所 （新市町村字名）	旗振り場の 標高（m）	旗振り場を示す出典 旗振り場の位置等
古処山	嘉麻市嘉穂町・ 朝倉市（旧甘木市）	859.5	紫村一重『筑前竹槍一揆』 （久留米方面へも送信？）
△耳納山（？） （箕山）	久留米市	367.9（正確な地点は不明）	紫村一重『筑前竹槍一揆』 （箕山は耳納山と推定）
冷水峠 （ひやみずとうげ）	飯塚市筑穂町・筑紫野市	283	「明治六年嘉穂騒動」 （日本庶民生活史料集成13）
鉾立山	若宮市（旧若宮町） ・篠栗町	663.2	瀬川負太郎『おもしろ地名北九州事典　増補総集版』
天王寺	大阪市天王寺区	15	「旗振信号の沿革及仕方」 （明治大正大阪市史7）
生玉	大阪市 天王寺区生玉町	20	近藤「大阪の旗振り通信」 （明治25～36年設置）
天下茶屋	大阪市 西成区天下茶屋	2	『百年の大阪2明治時代』
住吉	大阪市住吉区住吉	7	水谷與三郎「旗ふり通信」 （『上方」第百五号）
平尾新田	大阪市大正区平尾	2	近藤「大阪の旗振り通信」 （明治36年設置）
東小橋元町	大阪市東成区東小橋 （ひがしおばせ）	3	近藤「大阪の旗振り通信」 （明治36年設置）
海老江	大阪市福島区海老江	1	近藤「大阪の旗振り通信」 （明治10年頃）
天保山	大阪市港区築港	4.5	近藤「大阪の旗振り通信」 （明治10年頃）
湊	堺市西湊町・東湊町	2	近藤「大阪の旗振り通信」 （明治10年頃）
神於山	岸和田市神於町	296.3	近藤「大阪の旗振り通信」 （明治に入ってから設置）
△ボンデン山（？） ◎（紀州今畑）	和歌山県紀の川市打田町今畑	468.6（正確な地点は不明）	近藤「大阪の旗振り通信」 江戸期（明治初期に廃止）
雲山峰 （落合山）	和歌山市弘西	490.2	近藤「大阪の旗振り通信」 『紀のくに　ふるさと歩道』

<旗振り場一覧表6>(大阪府・京都府・滋賀県)

旗振り場の名称 (地名・山名等)	旗振り場の場所 (新市町村字名)	旗振り場の 標高(m)	旗振り場を示す出典 旗振り場の位置等
本庄の森 (本庄の塚)	大阪市北区本庄	2	近藤「大阪の旗振り通信」 (1745年頃の信号地)
大阪駅近辺の墓地	大阪市北区 福島6・大深町	0	近藤「大阪の旗振り通信」 (本庄の森に代えて利用)
▲長柄堤(?)	大阪市北区長柄	5(旗振り場かどうか不明)	『ききがき吹田の民話』
千里山三本松 (吹田桃山・五里山)	大阪府吹田市 千里山西	83.05(当時) 79(現在)	『ききがき吹田の民話』 緑地公園駅の東方500m
高浜神社 (はたふり松)	吹田市高浜町	5.8(水準点)	『ききがき吹田の民話』 神社で一番高い「鶴の松」
そばふり山 (相場振山)	吹田市千里丘中	70(当時) 50(現在)	『ききがき吹田の民話』 毎日放送の南方200m付近
阿武山 (美人山)(殿岡山)	茨木市安威・ 高槻市奈佐原	280.9 山頂 (212 古墳)	宇津木秀甫『安威郷土史』 (貴人の墓の西側説あり)
石堂ヶ岡 (相場振り)	茨木市泉原・ 豊能町高山	680.1	クラブハウス玄関の記念碑 (泉原と高山の古老の証言)
◎向谷山 (大沢山)(柳谷西山)	大阪府島本町大沢	478.3	奥村寛純『水無瀬野をゆく』 (新ハイ関西57・66号)
二石山 (二谷山)	京都市 山科区・伏見区	239.3	『京都　滋賀　秘められた史跡』(新ハイ関西54号)
◎小塩山 (大原野)	京都市西京区	642	新ハイ関西79号(証言あり) 近藤「大阪の旗振り通信」
◎比叡山	京都市・大津市	848.3	近藤「大阪の旗振り通信」 江戸時代後期に設置された
相場山(相庭山) (小関山)	滋賀県大津市藤尾奥町・神出開町	325.0	中島伸男『蒲生野20』 近藤「大阪の旗振り通信」
安養寺山	栗東市下戸山	234.1	中島伸男『蒲生野20』 近藤「大阪の旗振り通信」
相場振山 (田中山)	野洲市小篠原	283.2 (西峰)	中島伸男『蒲生野20』 (三ツ阪山の名で伝承)
長田(おさだ) (近江八幡)	近江八幡市長田町	96	『近江八幡　ふるさとの昔ばなし』(新ハイ関西66号)

＜旗振り場一覧表7＞(滋賀県・三重県)

旗振り場の名称 (地名・山名等)	旗振り場の場所 (新市町村字名)	旗振り場の 標高(m)	旗振り場を示す出典 旗振り場の位置等
岩戸山 (十三仏山・小脇山)	安土町内野・東老蘇	325.6	中島伸男『蒲生野20』 (観音寺山の名で伝承)
舟岡山 (船岡山)	安土町内野・東近江 (旧八日市) 市糠塚町	143.7 (展望台)	中島伸男『蒲生野20』 (受け場として利用)
◎荒神山	彦根市清崎町西清崎	220 (中腹)	中島伸男『蒲生野20』 清崎町からの旧参道の途中
佐和山	彦根市佐和山町	232.4	中島伸男『蒲生野20』 (山頂から長浜へ伝達)
雨山 (竜王山)	湖南市 (旧石部町) 雨山	280.7	中島伸男『蒲生野22』 (小関山から受信か?)
菩提寺山 (桜山・竜王山)	野洲市南桜・湖南市 (旧甲西町) 菩提寺	320 (相場岩)	鈴木儀平「菩提寺小史8」 山頂北方の雨岩 (相場岩)
行者山	甲賀市水口町巉峨	264.9 (当時) 240 (現在)	中島伸男『蒲生野22』 現在は削平してゴルフ場内
相場振山	甲賀市土山町山女原 三重県亀山市池山町	544	中島伸男『蒲生野22』 旧安楽峠の南のピーク
△上野の西山 (?) (◎野登山・鶏足山)	鈴鹿市西庄内町 上野 (かみの)	426.2 (正確な 地点は不明)	『鈴鹿市史第三巻』 (新ハイ関西59・60号)
垂坂山	四日市市垂坂町・ 羽津	75.0	『三重県史』 (年表の明治24年の項)
神明山 (相場振山)	四日市市西日野町	71.5	新ハイ関西79号 (日野親睦会の案内板)
波木の山 (羽木の山)	四日市市波木町 (はぎちょう)	83.26 (当時) 45 (現在)	新ハイ関西79号 (日野親睦会の案内板)
萱生城山 (城山)	四日市市萱生町 字城山	55	新ハイ関西59号 (旧萱生城跡) 暁学園あり
岡山	四日市市上海老町 県(あがた)地区	67.2	新ハイ関西59号 桑名からのルートの終点
生桑山毘沙門天	四日市市生桑町	60	新ハイ関西59号 四日市商高の北700m
一生吹山	四日市市智積町・ 川島町	109.6	新ハイ関西59号 (旧出城山城) 配水地の隣

＜旗振り場一覧表8＞(三重県・岐阜県・愛知県・福井県)

旗振り場の名称 (地名・山名等)	旗振り場の場所 (新市町村字名)	旗振り場の 標高(m)	旗振り場を示す出典 旗振り場の位置等
登城山 (日永城跡)	四日市市 日永町字登城山	64.3	新ハイ関西59号 (旧日永城跡)
大門山	四日市市川島町	91.2	中日新聞 (H17.2.19) 新ハイ関西84号
大日山	四日市市寺方町	64.0	中日新聞 (H17.2.19) 新ハイ関西84号
◎多度山 (三本杉)	桑名市多度町	403.3	『多度町史』
本阿弥新田	岐阜県海津市 海津町本阿弥新田	2	新ハイ関西59号 佐野家で旗振りを行った
狐平山 (きつねひらやま)	海津市 南濃町下一色区	475(鉄塔32号) 多度山北西1km	「相場振り」説明板、石碑 新ハイ関西84号
今尾	海津市平田町今尾	2	狐平山「相場振り」説明板 新ハイ関西84号
赤坂	大垣市赤坂町	16	狐平山「相場振り」説明板 新ハイ関西84号
◎相場山 (相場山砦)	岐阜市伊奈波山東洞	197 伊奈波神社東南東300m	林春樹『図説・美濃の城』 新ハイ関西84号
八ッ面山 (やつおもてやま)	愛知県西尾市 八ッ面町	67.0	川合『三重の古文化48号』 (斎藤富三郎氏による)
△ネムル沢 (ネムリ沢)	愛知県岡崎市鶇巣町	308.6 (正確な地点は不明)	『おかざき東海風土記』 新ハイ関西62号
▲旗護山 (?) (愛宕山)	福井県敦賀市・ 美浜町	318.4 (旗振場かどうか不明)	『日本山岳ルーツ大辞典』 元福井大の杉本壽氏の証言
天神山	三重県朝日町大字縄生 (なお)	40	新ハイ関西60号 苗代神社の北側の裏山
八幡山 (はちまんやま)	朝日町大字埋縄 (うずなわ)	17 (現在は宅地)	新ハイ関西60・63号 善照寺の東100m付近
高岡山	鈴鹿市高岡町	46.8	『白子郷土史後編』
岸岡山 (見当山) (旗振り山)	鈴鹿市岸岡町	45.0	『白子郷土史後編』 『鈴鹿市史第三巻』

<旗振り場一覧表9>(三重県・奈良県・京都府)

旗振り場の名称 (地名・山名等)	旗振り場の場所 (新市町村字名)	旗振り場の 標高(m)	旗振り場を示す出典 旗振り場の位置等
本城山 (ほんじろやま)	津市河芸町上野	38	『河芸郷土史』
見当山	津市一身田上津部田	53	川合『三重の古文化48号』 (川合隆治氏の聞き取り)
千歳山 (青谷山)	津市垂水字千歳	45	川合『三重の古文化48号』 (倉田正邦氏の聞き取り)
◎長谷山	津市(旧津市・ 旧安濃町・旧美里村)	320.6	『津市史第二巻』 (暗峠を経由してきた)
お経塚 (経塚山)	亀山市(旧関町) 加太	623.4	中島伸男『蒲生野22』 新ハイ関西60号
旗山	伊賀市(旧伊賀町) 柘植町	649.5	『京阪神近郊ハイキングすいせん100コース』
塔の峯	伊賀市 (旧上野市・旧阿山町)	426.3	新ハイ関西60・63号 (山本茂貴氏による)
遠見塚	伊賀市(旧上野市) 三田	420	角川日本地名大辞典『三重県』 (上野市三田)
高旗山	三重県伊賀市・ 滋賀県甲賀市信楽町	710.1	『上野市史』 中島伸男『蒲生野22』
相場取山	奈良県宇陀市室生区 大字上笠間小字峠	550	『山辺郡史』 新ハイ関西61号
▲◎神野山(?)	奈良県山添村	618.8(旗振場かどうか不明)	仲西政一郎『近畿の山』 (地元で裏付け証言なし)
国見山 (国見岳)	奈良市長谷町・天理市福住町	680	『五ヶ谷村史』 新ハイ関西61号
◎高峰山 (相場取山)	奈良市米谷町・天理市福住町	632.5	池田末則『地名風土記』 『五ヶ谷村史』
相場の峰(むね)	京都府笠置町北笠置	320	新ハイ関西62号 (松本二三男氏の証言)
天王山	京都府大山崎町	270	新ハイ関西57号(古老証言) 近藤「大阪の旗振り通信」
千鉾山 (せんぼこやま)	京都府京田辺市高船	311.3	『京・近江の峠』 (三国峠の項目に記載)

＜旗振り場一覧表10＞(大阪府・奈良県)

旗振り場の名称 (地名・山名等)	旗振り場の場所 (新市町村字名)	旗振り場の 標高(m)	旗振り場を示す出典 旗振り場の位置等
旗振山	大阪府交野市傍示	345.0	『交野町史』『交野市史　自然編Ⅰ』
天照山 (暗峠の北)	大阪府東大阪市・奈良県生駒市	510	『きんてつニュース』第299号 (古老の証言)
松屋新田（泉州） (大和川南岸)	大阪府堺市松屋町	1	近藤「大阪の旗振り通信」 (江戸期、摂津を避けた)
十三峠	大阪府八尾市神立	430	近藤「大阪の旗振り通信」 『當麻町史』
相場振山 (ソバフリ山)	奈良県平群町久安寺	447	『夢ふくらむ高安城』 第6集、第7集
◎高安山 (相場振山)	大阪府八尾市服部川	487.5	『江戸時代の交通文化』 (喜田貞吉の目撃談あり)
上本町6丁目辺	大阪市天王寺区 上本町6	20	近藤「大阪の旗振り通信」
相場振山 (ソバフリ山)	奈良県三郷町南畑	430	『三郷町史』 『三郷路を歩く』
明神山 (春日山)	奈良県王寺町畠田	273.7	『王寺町史　民俗編』 『當麻町史』
安康天皇陵	奈良市宝来町古城	102.7	池田末則『地名伝承論－大和古代地名辞典－』

(注1) 平成18年1月現在で判明している旗振り場を一覧表にしたものである(無断転載禁止)。
(注2) 旗振り場は中継地点を網羅したが、米市場・米穀取引所は省略している。
(注3) 旗振り場の場所の表示は平成の市町村大合併(平成18年3月)に従った。
(注4) この一覧表に掲げた旗振り場は154ヵ所である(137ヵ所がほぼ確実)。
(注5) 一説に旗振り場とも言われるが、裏付けがとれない場合は▲を付した。
(注6) 旗振り場があったことはほぼ確実だが、地点が不明確な場合は△を付した。
(注7) 現在、山頂に電波塔がある場合には、山名に◎を付した。山頂に設けた確実な旗振り場（約110ヵ所）のうち、電波塔があるのは21ヵ所。

◎著作リスト（『新ハイキング関西』掲載分）

<「旗振り通信の研究」連載一覧>

		号数	年・月
1.	文献紹介と京都・大津ルート	57	2001. 3
2.	滋賀県内ルート	58	5
3.	三重県北部ルート	59	7
4.	三重県中部ルート	60	9
5.	奈良県内ルート	61	11
6.	京都南部・和歌山・江戸ルート	62	2002. 1
7.	三田ルート	63	3
8.	神戸ルート	64	5
9.	姫路ルート	65	7
10.	三木・社ルート	66	9
11.	氷上・姫路北部ルート	67	11
12.	淡路・徳島ルート	68	2003. 1
13.	岡山ルートⅠ	69	3
14.	岡山ルートⅡ	70	5
15.	岡山ルートの再現	71	7
16.	広島ルートと狼煙リレー	72	9
17.	山口・福岡ルート	73	11
18.	研究の経緯と文献	74	2004. 1
19.	旗振り通信の基礎知識Ⅰ	75	3
20.	旗振り通信の基礎知識Ⅱ	76	5
21.	旗振り通信の資料Ⅰ	77	7
22.	旗振り通信の資料Ⅱ	78	9
23.	旗振り通信の資料Ⅲ・総索引	79	11
24.	旗振り通信の資料Ⅳ	82	2005. 5
25.	旗振り通信の資料Ⅴ	84	9
26.	旗振り通信の資料Ⅵ	85	11
27.	旗振り通信の資料Ⅶ	86	2006. 1
28.	旗振り通信の資料Ⅷ	87	3
29.	旗振り通信の資料Ⅸ	88	5
30.	旗振り通信の資料Ⅹ	89	7

＜コースガイド一覧＞

■旗振り山を紹介したガイド ★比較的よく知られた山のガイド	『新ハイキング関西』 号数	年・月
1. おうとう越	25	1995.11
おうとう越（追加・訂正）	26	1996. 1
2. 九重越	27	3
3. 日下の直越	28	5
4. 庄兵衛道	29	7
5. 宝山寺旧参道	30	9
6. ★鳥見山と外鎌山	31	11
7. 生駒山系中腹道	32	1997. 1
8. ★烏ノ塒屋山	33	3
9. 小仏峠越	34	5
10. ★長者屋敷越	35	7
11. 清九郎道	36	9
12. 矢立峠越	37	11
13. 畑屋越	38	1998. 1
14. 玉手丘と国見山	39	3
15. ★万字越	40	5
16. ■高御位山と日笠山	41	7
17. ★青貝山と天台山	42	9
18. ★飯盛山（河内）	43	11
19. 学文峰と井谷ノ峰	44	1999. 1
20. ★金勝アルプス（大津コース）	45	3
21. ★金勝アルプス（栗東コース）	46	5
22. ★明ヶ田尾山	47	7
23. かぶと山（兜黛山）	48	9
24. ★田上山と呉枯ノ峰	49	11
25. フキガッポ（ダス原峰）	50	2000. 1
26. ■国見山（国見岳）	51	3
27. ■相場振山（田中山）	52	5
28. ★行市山	53	7
29. ■二石山（二谷山）	54	9
30. 城山（篠原岳）	55	11

31. ★金糞岳	59	2001. 3
32. 見張山と城山	67	2002.11
33. ★鴻応山（鴻野山）	73	2003.11
34. ★湯谷ヶ岳	76	2004. 5

＜随想一覧＞

	『新ハイキング関西』	
	号数	年・月
1.「金糞岳」山名考	42	1998. 9
2. 八ツ淵の滝・「八徳」について	43	11
3.「ポンポン山」山名考	45	1999. 3
4.「逆さ観音」について	46	5
5.「鶏冠山」山名考	48	9
6. オグラスとボボフダ峠	50	2000. 1
7. オランダ堰堤の築造年	52	5
8.「鴻応山・千頭岳」山名考	55	11
9.「大尾山」山名考	56	2001. 1
10.「籔法ヶ岳」山名考	57	3
11.「土倉岳・三重嶽」山名考	62	2002. 1
12. 山の名前が変わる話	64	5
13. 飯ノ浦峠とアチラ坂峠	69	2003. 3

※『新ハイキング関西』の問い合わせ先
〒610-0121　京都府城陽市寺田大畔10-10
（TEL・FAX　0774-53-2754、19時30分以降）

おわりに

♪笠形山の空高く真白に浮かぶ雲のよう♬

私の故郷である多可郡八千代町(現多可町八千代区)からは、八千代西小学校の校歌にうたわれているそのままに、兵庫県の秀麗峰、笠形山(播州富士)が見えている。小学生の頃、遠足で登った思い出もなつかしい。大阪では、しばらく、山とのつきあいはなかったが、昭和六二年の夏、八ヶ岳に登って、山の素晴らしさに気付き、健康のための体力づくりを目的にしながら、各地の山々に登るようになった。

社会人ハイキング・サークルに入って、近郊の山に出かけたり、仲間と百名山の山々に登って、素晴らしい景観を満喫できるなど、楽しい思い出は作れたが、何か物足りないものを感じながら過ごす日々であった。

そんな時、中庄谷直氏の古道探索の本を手にした(平成七年)。もともと地図が好きで、大学では地理学を専攻していたから、古地図などを集めていたこともあって、古道探しの魅力にはまることとなった。資料あさりをしているうちに、中庄谷氏の九重越のルートが納得できないことに思い至り、連絡をして、私説が著書に取り入れてもらえることとなったのは喜ばしいことであった(『関西山越の古道(下)』平成八年)。

世に多いガイドブックは同じようなハイキングコースを紹介していて、もちろん、それなりに人気のコースを紹介してはいるのだが、検証が不十分で、明らかに間違った内容や地図であっても訂正していないものが多いことがわかるようになってきた。国土地理院の地形図に載っている山道には明らかな間違いや廃道が多い（予算削減のために山道の現地調査はほとんど行われていない）。ガイドの添付地図は編集部が作ることも多いから、地形図の間違いがそのまま引きうつされることになりやすい。市町村や地理院から出ている一万分の一の地図を参考にすれば、もう少し正しい山道の表示ができるはずだと思う。

もっとも、山道の踏査には時間がかかり、使われない道は数年で廃道化するから、種々の困難さは理解できる。良心的で詳しい内容のガイドであるほどあまり売れず、軽薄短小なものほど売れやすいのは皮肉な現象ではあるが、利益を追究すれば仕方がないのだろう。

それなら、自分でガイドを書けばよいのではと考えるようになり、古道をテーマに執筆を始めた。在原業平（なりひら）ゆかりの「おうとう越」を『新ハイキング別冊　関西の山』に投稿して以来、金勝（こんぜ）アルプスの山道表示の誤り（磨崖仏付近の道は架空の位置に描かれている）、播磨アルプスの「鷹の巣山」の位置の考証と「鹿島山」が架空の山名であること、八ツ淵の滝の岩の碑文が「八淵」ではなく「八徳」であること、大尾山は地元に存在しない架空の山名で、本当の山名は「梶山」であること、登山地図でリトル比良地域の河川名等の表示に誤りが多いこと（見張山と城山）、などを公表してきた。

私自身は微力であり、大勢となっている現状を覆せる力はないが、正しい主張はいつか、受け入れられるものと信じている。悪貨は良貨を駆逐するというが、良貨が悪貨を駆逐する世の中であって欲しいと思う。

投稿したコースガイドのうちで、読者からの反響があったのは、長谷寺南方の「長者屋敷越」と桜井市の「鳥見（とみ）山と外鎌（とかま）山」などであった。静かな山でありながら、歴史の重みの感じられる山を紹介したことが評価されたものと思う。「金勝アルプス」で掲載した詳細な地図も好評を得ることができた。

コースガイドを執筆している過程で出会ったのが「旗振り山」であった。「高御位山と日笠山」(平成一〇年七月)の中で、大平山を旗振り場として紹介したのが最初であった。当時は一つのエピソードぐらいにしか考えていなかった。

平成一一年の夏、滋賀県立図書館で、中島伸男氏のまとめられた旗振り通信ルートに関する抜き刷り小冊子を見つけた。それをきっかけに、長らく行方不明になっていた「二石山」の場所を発見することができ、中島氏からは各地の通信ルートを解明してほしい旨を伝えられた。

平成一二年から一三年にかけて、本格的な調査を行い、その成果を「旗振り通信の研究」として、公表することができた。ハイキング雑誌の情報は一部の人にしか届けられないので、その一端を多くの読者にお伝えしたいと思い、本書にまとめたような次第である。

旗振り通信や旗振り山をテーマとして単行本にまとめたものは今まで一冊も出ていないから、本書が日本初、つまり世界初ということになるだろう。従来は、本にまとめるだけの内容を収集した人はいなかったというわけである。

旗振り通信ルートが従来、不満足な形でしか知られていなかったことを象徴するような反響を二つ紹介しておこう。

平成一四年一〇月、『歴史と神戸』二三四号に「米相場を伝えた旗振り山の解明」を公表したとき、芦屋市の宮崎修二朗氏(元のじぎく文庫編集長)からのハガキに、「このことに関心があった者ですが目の鱗がはがれ落ちたようです」とあった。

平成一六年四月、筆者はホームページ「ものがたり通信」を開設し、その中の「旗振り通信ものがたり」で通信ルートの情報を発信してきたが、平成一七年一月に吹田市千里山の山田さんから三本松(旗振り場)での景色を案内したいとのことで伺ったときの話では、ホームページを見たときの山田さんの感想は「目からウロコ」であったという。

旗振り山にはまだまだ謎が多い。西日本では、通信区域において、地元で古老にたずねれば、今まで知られていなかった旗振り伝承が見つかる可能性があるように思う。

新たな発見の見込みのある地域でのフィールドワークとして、総合学習や地理学生のためのテーマとしても有効ではないだろうか。

東海道・丹波・但馬・津山・岡山・広島・山口・福岡等の地域では未知の旗振り場の存在が予測でき、探索地域にふさわしい。そうして得られた旗振り地点に関する情報やお気付きの点など、筆者まで連絡いただければ幸いである。寄せられた情報は眠らせることなく、インターネットや雑誌を通して、皆さんにお知らせすることを約束したいと思う。

本書の内容の大部分は、平成一三〜一七年に構成したものであり、コースガイドの年代は平成九～一七年にわたっており、平成一二～一五年のものが多い。中には古くなったものもあるが、最新の内容であったとしても、リアルタイムでの更新が不可能な単行本にあっては、従来、知られていなかった情報の集大成を目的としており、その点はご了解いただければ幸いである。実際に出かけてみて、当時とどのように変わったかを確かめるのも、ハイキングの醍醐味であろう。

　本書をまとめることができたのは、中島伸男氏と吉井正彦氏による先駆的研究と、池田末則氏、倉田正邦氏、慶佐次盛一氏、中庄谷直氏、吉田節雄氏、亀山俊彦氏、森平爽一郎氏、福田アジオ氏からの激励の言葉と、新ハイキング関西の村田智俊代表の推輓のお陰である。中島氏と吉井氏の、古老からの綿密な聞き取りによる旗振り山の研究がなければ、本書を完成させることはできなかっただろう。

　旗振り場の情報は限定されており、本書で述べた内容には筆者のひとりよがりな独断が含まれているかもしれない。読者のご寛恕を請う次第である。疑問の点があれば、遠慮なくお知らせ頂きたいと思う。

　出版に当たっては、ナカニシヤ出版の中西健夫社長の暖かいご理解と、編集の林　達三氏、そして地図のトレースと装丁にご配慮いただいた竹内康之氏に、心から感謝申し上げます。どうもありがとうございました。

　旗振り通信に大きな関心を寄せられた落合重信先生と黒田実三郎さんの御霊（みたま）に本書を捧げたい。

須田千里さん、須田香織さん、菅原哲夫氏、木村実氏、岡秀善(ひでよし)氏、岡里美さん、黒田三代子さんには、掲載写真等でご協力いただき、感謝申し上げます。

とりわけ、カバー写真を旗振り通信用の望遠鏡で飾ることができたのは、岡夫妻と黒田さんのおかげである。

明石市立文化博物館および亀山市歴史博物館には、写真掲載についての許可をいただき、お礼申し上げます。

各新聞社の著作権担当者には、関係記事の転載について、使用許可のご高配をいただきました。使用料は、三社が有料、三社が無料との方針を示されました。無料での掲載許諾をいただいた日本経済新聞社、岡山日日新聞社、中日新聞社に厚くお礼申し上げます。

筆者の問い合わせに対して、情報をお寄せいただいた皆さん、どうもありがとうございました。本書の完成が、皆さんへの恩返しです。

最後に、私の調査を理解をもって見守ってくれた父・勝磨、母・ふみ子、兄・昌彦に感謝したい。

柴田　昭彦

二〇〇六年三月吉日

著者紹介
柴田　昭彦（しばた　あきひこ）
1959年　兵庫県多可郡八千代町生れ
1982年　大阪教育大学卒業
1982年～大阪府下の学校に勤務
1997年～大阪府立東大阪養護学校教諭
2013年～大阪府立摂津支援学校教諭
2019年3月退職
著　作　『新ハイキング関西の山』に，随想・ガイド・研究等を掲載
『歴史と神戸 234,240,243号』
『京都の地名 検証』一部執筆
『続京都の地名検証』一部執筆
『πの本』（1980年，私家本，国会図書館蔵）＊『πの本』の記憶詩と，著者の発見したπの新公式は，金田康正『πのはなし』に紹介されている。
「円周率1000万桁への歩み」（『数理科学』1982年3月号）
『旗振り山と航空灯台』（2021年，ナカニシヤ出版）
現住所　〒677-0132
兵庫県多可郡多可町八千代区大和 1772

志賀高原にて

旗振り山

2006 年　5 月 17 日　初版第 1 刷発行
2025 年　2 月 26 日　初版第 3 刷発行

定価はカバーに
表示してあります

著　者　柴　田　昭　彦
発行者　中　西　　　良
発行所　株式会社 ナカニシヤ出版

〒606-8161　京都市左京区一乗寺木ノ本町15番地
TEL　075-723-0111
FAX　075-723-0095
URL http://www.nakanishiya.co.jp/
e-mail iihon-ippai@nakanishiya.co.jp
郵便振替　01030-0-13128

印刷・製本　ファインワークス／写真・装丁　柴田昭彦／地図　竹内康之

ISBN978-4-7795-0076-3 C0025

日本經濟新聞　2004年(平成16年)2月17日(火曜日)

イ	二	レ	二四	コ	四六
ロ	三	ソ	二五	エ	四七
ハ	四	ツ	二六	テ	四八
ニ	五	ネ	二七	ア	五二
ホ	六	ナ	二八	サ	五三
ヘ	七	ラ	三二	キ	五四
ト	八	ム	三三	ユ	五五
チ	一二	ウ	三四	メ	五六
リ	一三	ヰ	三五	ミ	五七
ヌ	一四	ノ	三六	シ	五八
ル	一五	オ	三七	ヱ	六二
ヲ	一六	ク	三八	ヒ	六三
ワ	一七	ヤ	四二	モ	六四
カ	一八	マ	四三	セ	六五
ヨ	二二	ケ	四四	ス	六六
タ	二三	フ	四五	ン	六七

旗振り通信で用いたイロハ信号(近藤文二)

文化

大阪の米相場 旗振り速報

◇江戸―大正時代の中継ルート、76の山を踏査◇

柴田昭彦

お住まいの近くに、旗振山、旗山、相場山といった名の山がないだろうか。そこにはかつて米相場を伝える中継所があった可能性が高い。西は岡山、下関を経て九州へ、淡路島経由で四国へ。さらに東は江戸まで、最盛期には百カ所以上を結ぶ通信網があった。伝えたのは〝天下の台所〟大坂・堂島の米相場だ。

旗を振るリレー形式で、和歌山まで三分、京都四分、神戸七分、桑名十分、岡山十五分、広島四十分で伝わった。中継点は約十二㌔置きで、信号を解読し、次に伝えるのに一地点あたり一分しかかからなかった。江戸期半ばから一九一八年ごろまで機能したらしい。

◉◉□

幕府は飛脚だけ公認

私はこの相場の中継ルートを解明するため、西日本を中心に七十六の山を実際に踏査した。

一九九七年、趣味で関西の山々を登るうち、姫路市にある旗振山の名の由来をガイドブックで読んだ。ロマンに駆られた。

いざ調べ始めると、文献・資料の少なさに悩まされた。江戸幕府は飛脚だけを公認し、旗振り通信を禁じた。このため記録が残りにくかったのだろう。かろうじて頼りになるのは近藤文二氏の論考「大阪の旗振り通信」(一九三三年刊「明治大正大阪市史」に収録)ぐらいだ。あとは市場関係者などが残した文献四百三十件を探し出した。

それらを要約すると、十八世紀半ば、大和の商人が使用人などを立てて伝えさせたのが起源のようだ。堂島の相場情報をいち早く入手、地元の米取引所での売買に役立て、利ザヤを得たらしい。

やがて情報を欲しがる市場関係者が増えて通信業者が登場する。一七七五年には早くも禁止令が出るが、業者は各地で誕生。禁令が解かれた幕末のころには、京―大坂などの幹線で複数の業者が速さと正確さを競った。

◉□◉

堂島が全国の物価左右

堂島の相場を欲しがったのは、それが全国の物価を左右したからだ。江戸時代は幕府も大名も、経済力を米の生産高で表し、それを換金した。米の値が変動すると、年収の増減につながる。米相場には誰もが敏感だった。堂島には全国から大半の米が集まっていた。

ルート調査では、市町村や郷土史家による地誌が役立った。各地の教育委員会や図書館、民俗資料館に足を運び、往復書簡で問い合わせた。

地図・資料がそろうと現地調査だ。目指す中継地が史跡として整備されているのはまれ。多くはやぶに埋もれ、土砂採掘や宅地化で形状をとどめていない所もある。山の名前が地図・文献と違っていたり、実は隣の山だったり。古老の証言を基に改めたのも多い。前後の中継点の間にもう一つないと伝達が難しい場合は、推定で追加した。

中継所の標高は百㍍もないところから高くても八百㍍前後どまり。強風や雲・霧が障害となり、登り下りに不便な高い山は実用に向かなかったようだ。使われた望遠鏡は、伸び縮み式で最長一㍍前後、倍率は約二十倍あった。この精度だと手ぶれが生じるため、三脚などで固定していたはずだ。

日に二度、前場と後場の値が伝えられる。決められた時間に畳一枚ほどの白旗、黒旗(地域によっては白と赤)を使って伝えた。送信の速さを競う場合、解読者と通信手の二人が分担して仕事をしていたと思われる。

合図は例えば十四円三十五銭は十円が右へ一回、四円が左へ四回、三十銭が右へ三回、五銭が左へ五回と一ケタずつ振った。さらに盗み見を防ぐため、様々な符丁を加えて暗号化したようだ。

□◉◉

明治期には油や株

牧歌的な旗振り通信だが、「相場の変動を商機にいかす」という経済行動を各地の素封家は早々ととっていたわけだ。後に芽を吹く資本主義が、じっくり要件を発酵させていたと言えそうだ。

明治期には油や株式の相場も伝え、活況を呈したが、一九一四年に予約電話が認可され、各地の取引所と待ち時間なしの長距離電話で結ばれるようになると、旗振り通信は急速に忘れられた。

調査結果は兵庫県の郷土研究誌「歴史と神戸」234号などに発表してきた。しかし、まだ未踏査部分が多い。中継ルートや合図の地域差など、もっと詳しく調べたい。

一方で、記憶を語れる古老は減っている。市町村合併のうねりも、乏しい資料の散逸を招きかねない。急がなければ。(しばた・あきひこ=大阪府立東大阪養護学校教諭)

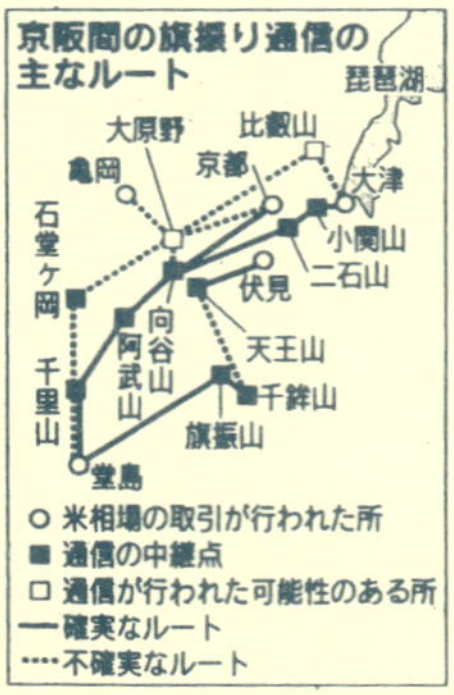

大津追分其二　相場旗振・官林巡邏図

(『風俗画報』第百七十二号、明治31年)